U0930896

设计走向完美

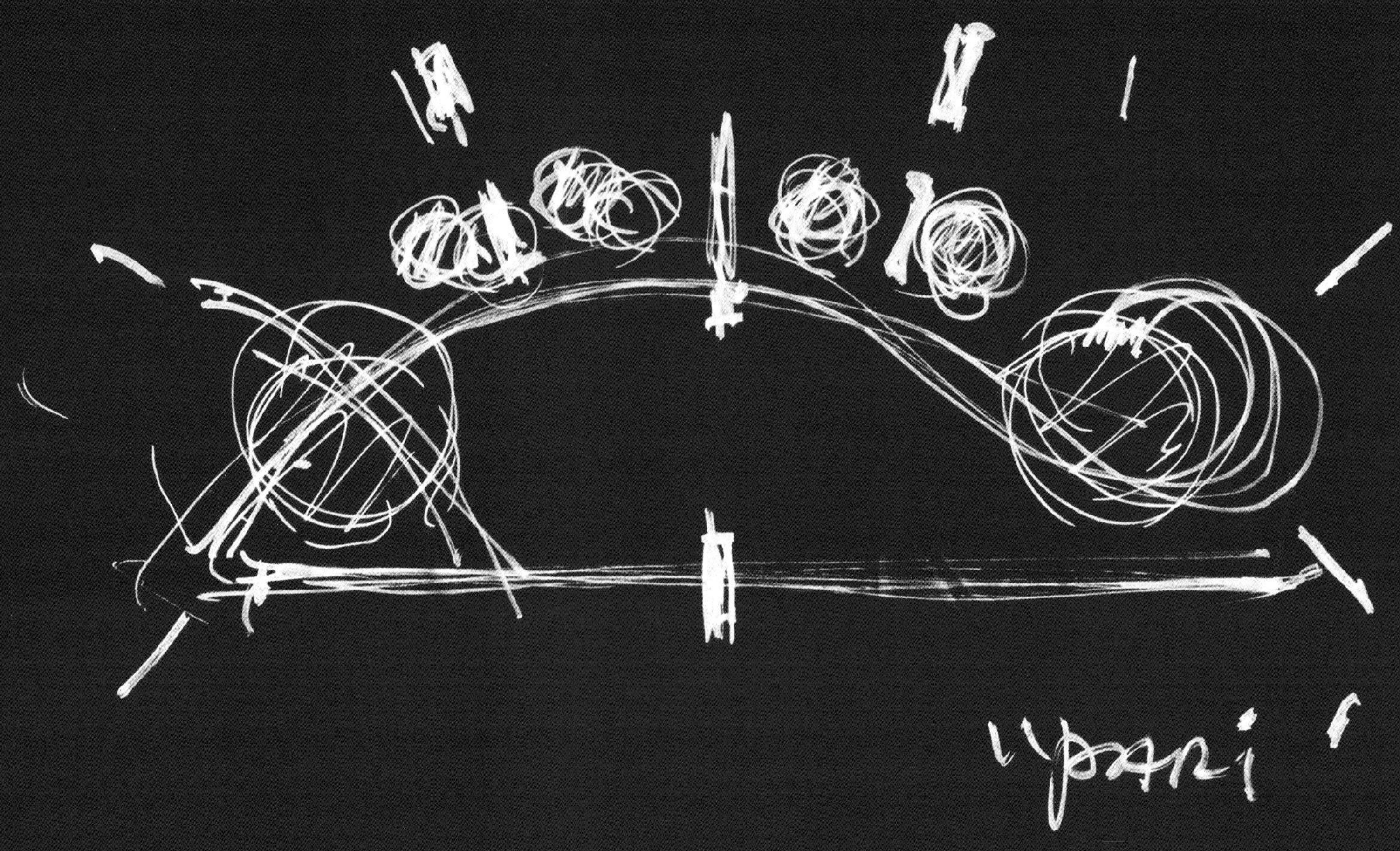

设计走向完美

DW设计事务所对理想景观、规划与城市设计的追求

[美] DW设计事务所　著
朱 强　黄丽玲　译
杜凤林　校

中国建筑工业出版社

著作权合同登记图字：01-2010-0631号

图书在版编目（CIP）数据

设计走向完美 DW设计事务所对理想景观、规划与城市设计的追求/（美）DW设计事务所著；朱强，黄丽玲译．—北京：中国建筑工业出版社，2011.7
ISBN 978-7-112-13275-1

Ⅰ.①设… Ⅱ.①D…②朱…③黄… Ⅲ.①景观设计-作品集-美国-现代 Ⅳ.①TU986.2

中国版本图书馆 CIP 数据核字（2011）第106664号

责任编辑：姚丹宁 率 琦
责任校对：姜小莲 刘 钰

设计走向完美
DW 设计事务所对理想景观、规划与城市设计的追求
[美] DW 设计事务所 著
朱 强 黄丽玲 译
杜凤林 校
*
中国建筑工业出版社出版、发行（北京西郊百万庄）
各地新华书店、建筑书店经销
北京嘉泰利德公司制版
北京利丰雅高长城印刷有限公司印刷
*
开本：880×1230毫米 1/12 印张：24 字数：500千字
2011 年 7 月第一版 2011 年 7 月第一次印刷
定价：198.00元
ISBN 978-7-112-13275-1
(20657)

目 录

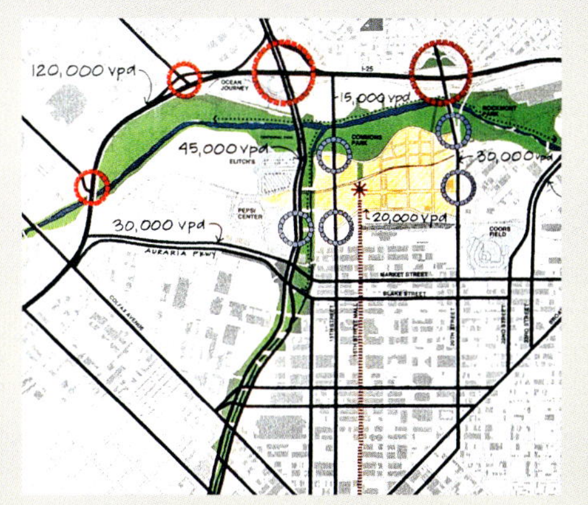

120,000 vpd
15,000 vpd
45,000 vpd
30,000 vpd
20,000 vpd

前 言

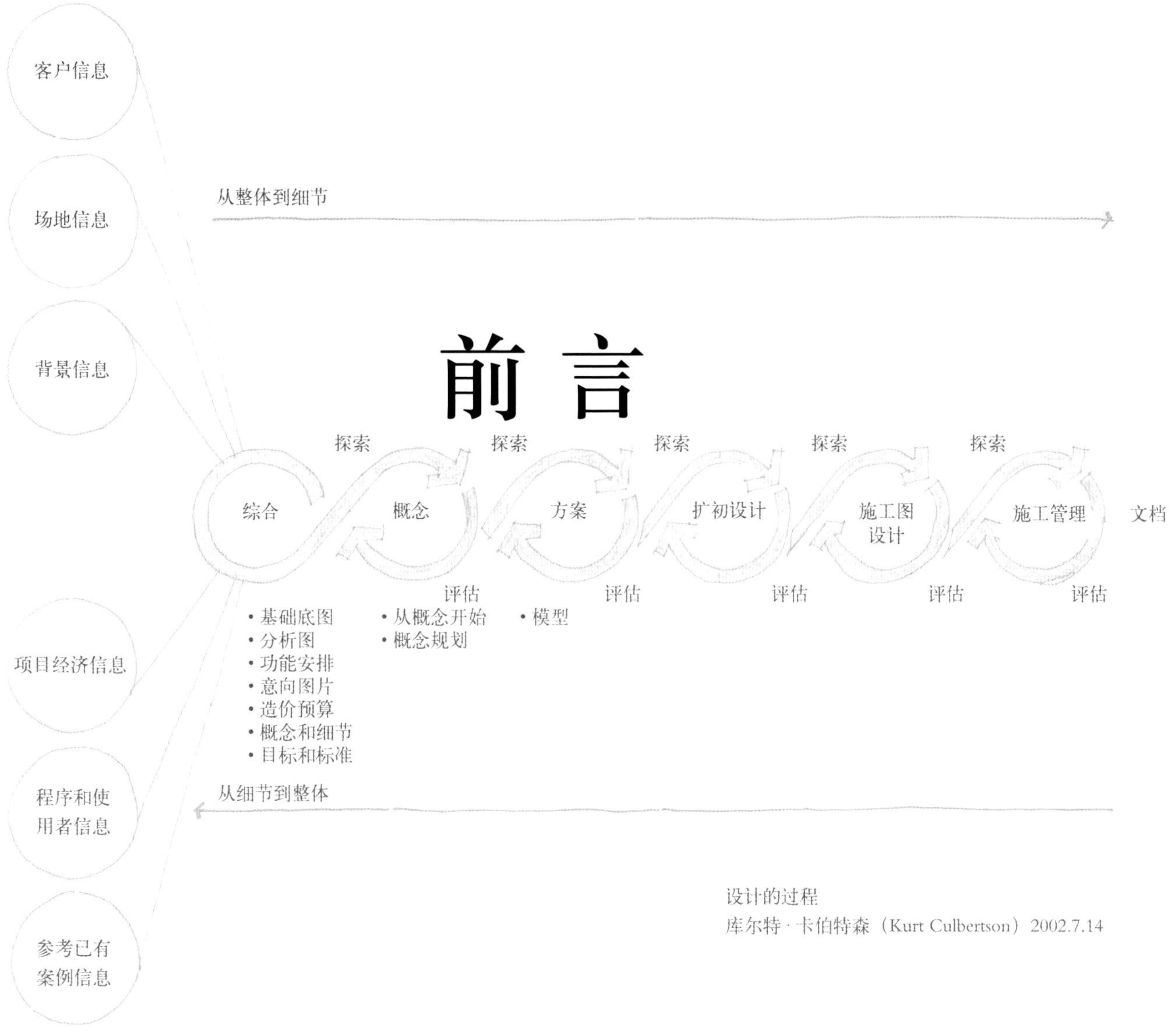

客户信息
场地信息
背景信息
项目经济信息
程序和使用者信息
参考已有案例信息

从整体到细节

探索 探索 探索 探索 探索

综合 概念 方案 扩初设计 施工图设计 施工管理 文档

评估 评估 评估 评估 评估

- 基础底图
- 分析图
- 功能安排
- 意向图片
- 造价预算
- 概念和细节
- 目标和标准

- 从概念开始
- 概念规划

- 模型

从细节到整体

设计的过程
库尔特·卡伯特森（Kurt Culbertson）2002.7.14

本书的内容、
撰写本书的原因，
以及阅读本书的方法。

当我们准备将过去 35 年的工作成果编成一本书时，我们决定：这本书的内容一定要比以往的工作总结更加深入。我们希望跟大家分享我们如何运营一个以创意为基础的公司，分享我们的理念和经验，以及两者彼此促进的过程，同时分享我们所遇到的挑战和胜利的喜悦。两年前，我们挑选出最好的项目，开始挖掘其概念、方法、成果和创造过程。通过集中分析每个项目的要点，我们将这些项目分为了五类：保护自然环境、营造场地、促进社区生活、增强联系和引导变革。我们发现许多项目似乎可以归入多个类别，但是它们着重表现的仅仅是其中某一方面。在每一个章节里，我们从相关主题入手，通过项目来阐述这些主题，并对追逐完美设计的项目进行深入讨论。这些项目极具挑战，并且从一开始就有成为子孙后代遗产的巨大潜力。

在本书中，你将看到一些需要大量财力支撑才可以完成的创造性项目，以及一些花费不多的项目。同时，你也将看到保护项目以及一些通过发展来拯救环境的项目。但有些项目非常棘手，许多年之后问题依然得不到解决，一些项目从开始就明显不可行，存在众多分歧，在这样的情况下，设计师和规划师只能坚守自己的想法，并且引导委托方和社区彻底了解项目过程中每一个步骤。因此，本书中也包括了一些仅仅取得有限成功，以及少量仅是用来学习经验的项目。我们希望通过这些案例来教育和启发读者，使大家在未来的类似项目中取得成功。

设计的过程

1. 目标：动机
目的
2. 数据
4 分析
3. 感受：意义
探索
草图，概念图
6. 综合：催化
感知
解析
表现
7.
思考
绘图
测试
循环
循环
循环
交流、反应
复审
8 评估 / 循环
9 模型制作 / 形象化
10. 循环 / 修订改编 / 细节
11. 编制文件

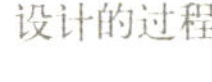

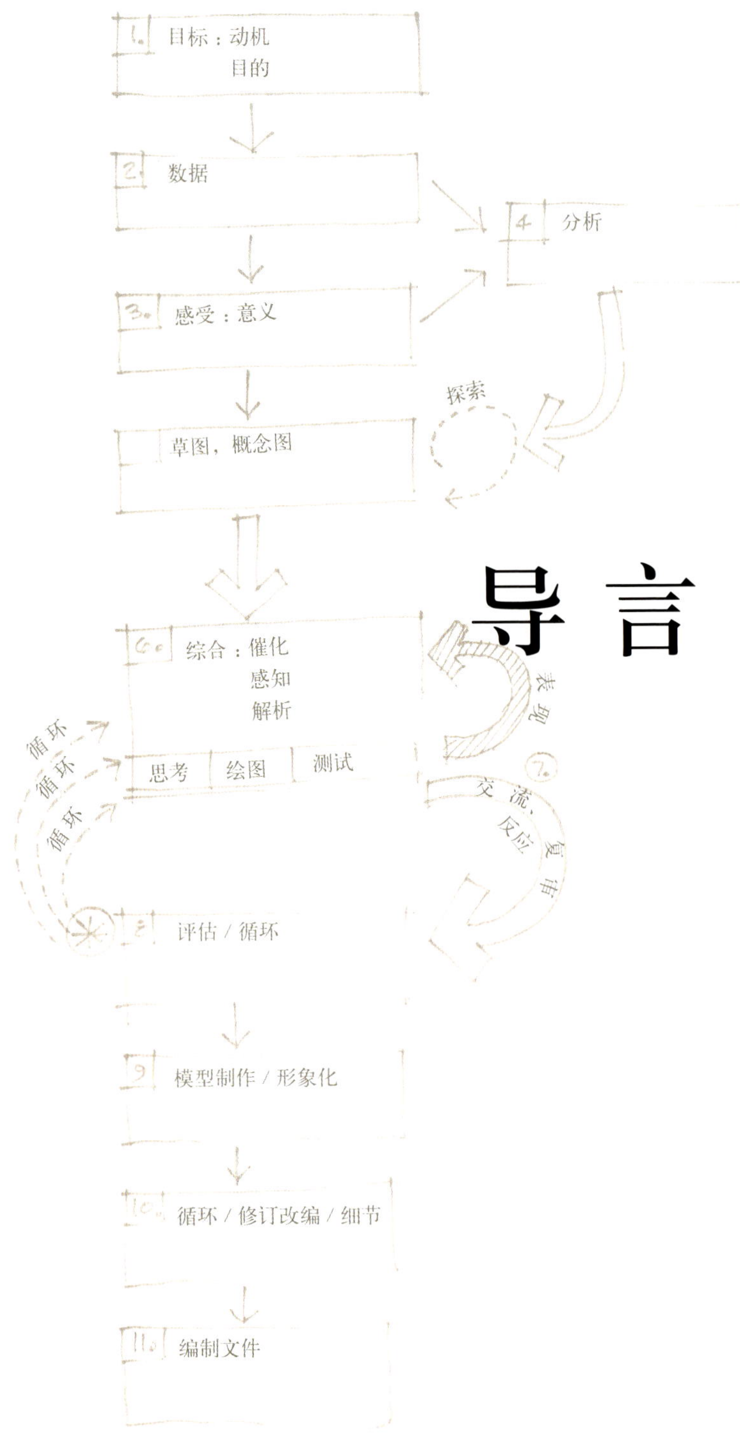

导 言

Design Workshop景观建筑设计及规划研究事务所（本书中简称为“DW设计事务所”）是一个源于学术界、以思想意识为基础的公司

它是一个不断学习的设计群体，力求解决具有复杂性和挑战性的项目，尤其是那些在学术上处于前沿地位的项目。公司创建伊始，公司成员力求具有广博的知识与多方面技能，立志要去解决任何有关土地的项目问题。其指导原则是，以最广泛的综合视角，并通过合作的途径来解决实际问题。其目标是做有重大影响力的工作，做与众不同的工作，做造福地球人类的工作，换句话说就是要做到最好。

公司建设之本：透明性和整体性

透明性包括在所有层次上的公开。这从公司的名字（Design Workshop）上显而易见，它描述了公司奠基人想要追求海纳百川的协作型的设计方式，即重视和欢迎所有意见、集思广益、公开讨论并且决策过程公开的方式。项目决策信息的来源可以是多方面、多角度、多层面的，也就是说，一个设计既不是只由主创设计师来决定，也不是只由高级设计人员来完成。一个好的设计可以有多方人员的参与，从前台人员到市场部门、财务部门等，我们都鼓励他们在公司里的公开的设计讨论会上各抒己见，从而使得我们可以从不同的方位和视角来看问题并且提出设计构想。

DW设计事务所（Design Workshop）自1969年成立以来就一直追求和实践着整体性原则，即一种综合性的设计方式。从成立之初，DW就强调综合整体的方法在规划设计中的重要性，考虑多个层面的设计元素，甚至包括那些具体项目设计范围之外的因素。为了对项目的整体背景有更深入的了解，并且让不同利益团体、不同工种的人员打破传统的集团界限或学科界限且彼此协作，我们需要在多种尺度上实践这种综合性、整体性的设计方式。

这两个基本原则促使设计者尽可能收集更多信息以做出更好的决定，尽量获得包括委托方、社会和使用者在内的广泛人群和团体的支持。公司的创立者之一唐·恩赛因（Don Ensign）说："我们一开始就有这样的直觉：好的工作需要综合化。这个思想已经植入公司的内涵。"

设计走向完美

随着公司的壮大，有必要对这种我们推崇的综合方式进行进一步界定，并使其更清晰且可传授下去。20 世纪 90 年代的一次董事会议上，与会者聚集在一起，讨论如何确定这个概念。"综合"当然意味着要尽可能地考虑广泛的背景，但也意味着要对项目进行深入探究。与会者希望提供一种能让设计者深入下去的方式。通过这种方式，当一个项目的"表面"情况可以界定任何一个项目的关键问题时，"深入探究"可以挖掘出问题的精髓，探索项目更深的含义，这能够使各方面进行综合，让规划设计的成果具有更深远的意义。

在梳理界定这个想法的过程中，董事会也力求融入当前比较前沿的但又相对比较单一的环境可持续发展理念。如此一来这个理念带给我们更为宽泛的自我认知和自我意识，并让我们在这个职业上更具责任感。董事会成员一致认为界定后的这个综合设计理念既包括了景观建筑设计的传统要素（艺术和环境），也涵盖了社会和经济这两个重要方面，而后面这两个方面是景观建筑行业考虑的重要方面却没有被业内外人士广泛意识到。

这四个要素与同时期出现的三重底线[1]中提到的要素很相似（参考约翰·埃尔金顿的《用刀叉的食人族》），但更坚持和强调了美对于人类的重要意义。为充分表达该要素，我们选择了更加有形的词汇——"艺术"来代替"美学"，它可以被理解为感知的学习或哲学的探索。这四个要素即为四个方面的价值：

环境：人类的生存依赖于对自然系统价值的认知以及保护自然价值的活动。设计应该根据土地状况，采用有利于后代和长远利益的方式。

社会：人们的相互联系维持着家庭、社群、城镇、城市和国家的文化，也是人类繁荣的基础。设计应该促进社会中的人际关系和相互间的接纳。

经济：项目的开发资金与回流资金决定了其经济可行性。任何一个项目都需要能够长期运作的经济机制来推动和保护场所的整体性。

艺术：美是永恒的。它使我们的生活更有意义和价值，并且是人们在精神层面修复的渠道，从而帮助我们建立更本质的目标。它也可以帮助提升经济价值，促进项目的可行性，吸引资金，确保项目的持久性。

为了抓住这个理念的本质，会议成员用简单易懂的语言将其提炼成一段话：

我们相信，当环境、艺术、社区和经济与土地支配、社会需要融洽结合时，神奇的场所随之产生，这是一种能振奋人心的场所，一种

1 1997 年，国际可持续发展权威、英国学者约翰·埃尔金顿（John Elkington）最早提出了三重底线的概念，他认为企业需要始终坚持三重底线原则，即企业盈利、社会责任、环境责任三者的统一。这三重底线，是企业的立身之本，是企业不断发展、长盛不衰的根基。——译者注

具有可持续的美、价值和品质的场所。我们致力于为我们的委托方、为社会、为我们地球的福祉创造这样的场所，为子孙后代留下宝贵的遗产。

这个设计理念的名称源自以上这段描述，用“完美”这个词来表达设计的时空特征，也就是说设计应当经得起时间的检验。这个理念由四个叠加的圆圈形象化，每个圆圈表示上述四个要素中的一个要素。这些圆圈交叉的中心，表示四个要素都处于平衡的状态，是一个项目的理想目标。如果工作开始时过于强调某一个要素，那么在过程中要尽可能地使其向中心靠近。为了在日常设计工作中强化这个复杂而缜密的思维过程，我们在外圈加上了第五个圆圈，这个圆圈代表了设计过程和项目资源管理中协调矛盾、优化结果的综合过程。

合伙人丽贝卡·齐默尔曼（Rebecca Zimmermann）说：“这个代表设计走向完美的圆圈图和相关讨论其实是建立了一个目标。这个目标帮助我们在工作中抓住重点、有的放矢。当我们进行一个注重环境或注重经济的项目时，我们保持清醒的意识，将这些项目向中心引导，并把其他要素整合进这个项目里。这帮助我们控制最初位于圈层外围的项目，并将这些项目向中心转移。它们会是完美的吗？也许会，也许不会。是否因为我们考虑了这些而使项目做得更好？当然！”

“完美设计（Legacy Design）”源自学术性 DW 设计事务所的理想。它的目标之一就是弥合不同派系间由于教育而产生的裂缝。“设计价值标准与设计技术的割裂在学术中早已形成。”合伙人、公司首席设计师托德·约翰逊（Todd Johnson）说，“在哈佛，有擅长形式和结构的教授，也有擅长如何解决问题的教授。这些偏向使学生（容易受到不同思想的影响）也分成不同派系。形式设计者穿黑色的衣服，阅读特定杂志，谈论共同话题。问题解决者没有奇装异服，他们关注于科学和理性的思考方法。这些极易

环境 经济
社会 艺术

受到影响的学生，往往忽略综合性的问题解决能力，而陷入某一价值认知中。这种现象使得学生的一些技能和价值受到另一些技能和价值的束缚。完美设计承认整体性解决方式的难度，但仍然会努力去将高目标与形式联系起来。”

这种理念根植于个人的价值观和信仰，并且从某种程度上说是一种信仰行为。它意味着只有少数能够经受时间考验的设计是这样做的：把环境敏感性、经济可行性和社区价值观这几个要素结合起来，使竣工后的项目提升到艺术的高度。这种场地设计理念体现了我们行业的崇高奋斗目标；在现代文明的基础上，它们的存在成为完美设计理念的一部分。当许多人还在强调完美设计理念中的单个要素时，它们已经在朝向满足各方面要求的途中遥遥领先了。弗雷德里克·劳·奥姆斯特德（Frederick Law Olmsted）设计的纽约中央公园，丹麦奥埃罗市（AErø）的集中“绿”岛，罗伯特·史密森（Robert Smithson）设计的位于犹他州盐湖的螺旋形防波堤和哥伦比亚（马里兰州）的新社区，得克萨斯州的伍德兰兹休闲公园（Wood lands），佛罗里达州的海滨和亚利桑那州的维拉多（Verrado）等等是一些卓越的案例。我们自己的作品中，有一些几乎已经达到完美设计的理念，在本书每一章结尾，我们将对这些项目的代表作品进行深入探讨。

在我们理念形成的初始阶段，公司董事会成员认为完美设计在本质上是一种理论。它主张在分析过程中，这四个要素之间产生的对话可以导致所有方面的综合和整合，产生最切实可行的解决方案。同时，尽管实现这些理想的努力可以被衡量，但不可能完全证明平衡了艺术、经济、环境和社会各方面的设计对后代来说就是完美的。公司坚持应用这种方式，因为到目前为止的应用结果是令人鼓舞的，而这个过程本身也能积累大量的知识。在公司的成员眼里，完美设计就是未来。

挑战和好处

“关于完美设计理念对真正实践的项目所能起到的作用，我认为我们的想法有点幼稚。”公司的创始人之一乔·波特（Joe Porter）说。大部分探索旅程是一个不断成长、学习和增强理解力的过程，然后用它来影响开发的实施方式。有时候经验是通俗易懂的，有时又是耐人寻味的。

合作伙伴理查德·肖（Richard Shaw）说，“如果许多委托方能够广泛考虑所有要素，结果可能会更好。”为了向委托方展现采用全面合作方式的各种好处，完美设计往往变成一个通过教育途径不断得到提升的理念。

合伙人库尔特·卡伯特森（Kurt Culbertson）讲述的正是这种情况，“在最近的一个采访中，我们展示了这个完美圆圈图的幻灯片，公司的经理中途打断了我。他说，‘这是一个非常有趣的图，但我们的业主只关注左边的圆圈，代表经济的那个圆圈。’我说，‘我能理解这一点，但是一个真正成功的项目设计，除了能带来更大的经济价值外，还应该在社会、环境和艺术水平方面都具有一定的价值。因此，如果业主真的对经济感兴趣，他们需要对设计整体感兴趣。’当他们思考得稍微长远一些时，他们会说，‘是的，我们确实没有从这些方面考虑过，但是我们愿意按照这种方法去做，就像我们曾经利用废弃的钢铁厂制造出美景一样。’这种更积极的立场远远超越了无损害理念。”

作为公司总经理兼合伙人的格雷格·奥克斯（Greg Ochis），也看到了这种效果。他说：“对项目团队和委托方来说，完美设计最有意义的一个方面在于它的应用能发挥多大的作用。如果人们只是考虑四个方面中的一个，那么打破常规的思维方式则非常重要。我们应该思考，真正创造价值的是什么，也许那些对社区感兴趣的人能理解哪些社会形式和环境能创造价值。项目能在短时间内迅速地发展到如此高的水平，对此，我常常感到惊讶。”

波特看到，在这个过程中，公司的目标至少有一部分已经实现。“项目实施理念的不断变化，在长时间内确实能使我们有所作为，这对我们至关重要，”波特说，“我们花了很多精力致力于户外舒适场地的建设，以推动完美理念向前发展。35 年后，我们能理直气壮地对人们说，我们一直在进步。我们拥有越来越多的客户，他们接受这种理念，并为如何使它更好地发挥作用而努力工作。”

由于这个理念促进了工作的开展，这个过程也给设计者提供了支持。“我认为设计的完美定义对年轻的项目管理者是真正有用的，”唐 · 恩赛因说，“当他们过度地关注预算、进度和过程管理时，常常忘记了全面地看待问题。完美概念使他们为了更本质的价值开始重视工程质量。”

最近几年，从抽象到具体，公司已经形成了几种结构性支持，用来优化完美设计的理念。它们被纳入公司的电子系统中，使设计团队掌握工程进度，认真思考工作背后的东西。为了理解场地，设计者利用系统分析问题，系统就会相应地做出解答。系统产生的方法可以对项目进行指导。这些支持系统用于描绘完美设计的目标，解决诸如材料的构成和应用等热点问题。项目经过一系列的设计审查，快速地多次修改形成更有意义的具有综合性和多层次的结果。

工作室的价值

工作室模式是一种使项目接近完美设计理念的最重要的方式。相对于个人崇拜和迷信天才神话来说，公司的创始人选择了一种能孕育开放工作环境的名称和方式，在这样的环境下，委托方和设计者能将设计与解决问题融合在一起。特定的情况下，需要做这样的工作：鼓励不同的观点，追求新知识，加强平等意识和提倡勇于发现的态度。

工作室是个理想的理念，是一种工作环境的状态，在这种状态中，发现和交流都是开放的过程。这是一种复杂的状态。需要默契使它具有创造性和高效性。它由设计主导关系建立，由所有的参与者维持。如同受政治方向影响的民主质量，工作室的特征与公司的特定倾向一致。在公司的工作室中，尽管专业团队是由经验丰富的人领导，但是中心趋势是人人参与的方式。工作室的基本行为原则包括：经验层次的交流、以项目指导原则为基础的决策、决策过程的开放性。工作室实际上是一种发现、信任、鉴别、改进和解决问题的方式，不止是单向流程，而是多次循环，使项目水平达到最高。

规划和设计需要结合多种资源信息，用这种方式替代传统的解决方案，以模型的形式输出，然后由设计者，委托方和其他人员进行评估，以便改进和完善。过程看起来简单，但是特定环境中的项目，由各种不同的人员一起完成，也是一个挑战。工作室的组织方式已经演变为解决问题和设计过程的开放交流方式。这一过程的核心是需要平衡好批判性的创造力。设计审查过程包括任务的协调和修改，工作室在其中的作用相当明显，而且这种作用使设计趋于完美。"在就共同目标的实现和对如何使项目趋于完美的理解上，工作室给我们营造了一种氛围。"约翰逊说。它也拒绝接受任何强加给委托方的设计实践，正像卡伯特森所说，"完美意味着在工作中，你必须乐观，而且要谦虚，要不断听取各方面的意见。"

追逐完美的设计

并不是只有我们公司采用这种新的工作和生活方式。伴随着社会活动的拓展，以及保护环境、培养人文精神和合作精神在日常生活的融入，社会对完美设计的需求也日益强烈。以下公司也开始采用这种新的方式：

- 通用电气，美国最大的公司，2005 年宣布公司将转变成环保公司。
- 沃尔玛，2006 年 11 月（沃尔玛首席执行官）惊人地宣布该公司的可持续发展目标，并将投入 5 亿美元支持这个目标。
- 获得麦克阿瑟奖的哈佛大学教授霍华德·加德纳（Howard Gardner）、米哈里·奇克森特米海伊（Mihaly Csikszentmihalyi）和威廉·戴蒙（William Damon）共同创建"好工作（Goodwork）"，它是一个以卓越的技术来进行工作的组织，它追求的是合乎伦理道德的、可靠的成果。
- 阿尔·戈尔（Al Gore）的全球变暖研究在电影《难以忽视的真相》（An Inconvenient Truth）中得到展示，相关网站也开始帮助人们了解如何节约能源和降低碳排放量：http://www.climatecrisis.org/。

上述举措带来一些希望，使可持续发展更具感染力，整个商界将会效仿这种举措。这些观点在文化领域将更加根深蒂固。市场也会顺应潮流，承担起更多的责任。但更重要的是，人们逐渐意识到理想主义和实践结合的重要性，他们也在生活和工作中寻找实现这一结合的方法。他们跟随走在最前沿的领导者。这已经成为设计工作室的重要经验，设计工作室创造了几种支持其完美设计的机制，包括每年聚集所有工作人员，对完美设计的理论和实践两方面进行更深入的探讨。这些努力和投资与公司价值体系是一致的。

本书是 DW 设计事务所追求完美设计的一个旅程。本书的写作过程就是一次艰苦的跋涉，需要组织企业员工进行个人思想总结，总结多年的项目经验，并找到适合自己的工作思想和方法。我们已经意识到这是个旅行的过程而不是直奔目的地。在这个独自前行的过程中，公司已经取得了一些成绩，也看到了还有更远的路要走。从企业层面上来看，在个体单位和独立团队中，对于每一个人来说，按照原则运行都是一个挑战。这不是仅仅通过加强目标和行动就能实现的；它需要一个设计公司从精神层面上产生根本性的转变。公司已经利用现有资源构建出一个体系，促使每一个项目都尽可能接近完美设计，但挑战依然存在。目标仍然难以捉摸，实现目标的方法也还不够清晰，但 35 年的设计实践表明，有这些思想的指导，我们在工作中的合作会更有力。

DW 设计事务所在工作中经常需要协调经济、环境、社区和艺术的关系吗？不。所有的设计都达到了完美理想的标准吗？不是。有促使其不断改进的推动力吗？有。这个理论被实践过吗？准确吗？结果匹配吗？能承担责任吗？每个项目都是在过去经验基础上实行的吗？如果不是，完美就只是欺骗他人、甚至欺骗所有人的一个简单的宣传口号。

为了确保不出现这种自欺欺人的状况，我们需要努力进行实践、衡量，并且真正解决问题。从经济角度看，是否能忽略项目的利润率和投资回报只关注其对社区造成的财政影响？从环境角度看，设计怎样才能使被破坏的景观得到持续恢复？从社会角度看，项目能否预测景观对该区域的犯罪率、就业和公共健康等社会因素的介入效果？最后，从艺术角度看，如何构建赏心悦目、触及灵魂的景观，甚至是具有神圣几何形式和文化故事的景观，在某种程度上，怎样保证这些建设的方式是永恒的，而不仅仅是煽动性的、昙花一现的呢？

这个确定完美设计理论的决定，是 DW 设计事务所为了成为可持续发展的组织，更好地满足人们对美景的需要而确定的。这是个有争议的观点。一个满足环境和人们需求的社会是健康的；一个满足环境和经济需求的社会是高效的。连接经济和社会是为了追求公正。因此，我们必须敢于创建一种文化，它用艺术性的设计来满足精神需求。它位于以上四种价值标准的交叉处，通过它们之间的对话，设计能开始并将持续承担更多的任务。它能让存在更有意义。

美国犹他州黎明社区的游客中心，"家的感觉"得到了体现，这是一个非常成功的项目，重要的环保措施都得到了实施，与自然也进行了深层次融合。

初始

公司创始人是一些志在让世界变得更美好的大学老师和教授

DW设计事务所于1969年在北卡罗来纳州立大学建立，它为景观建筑学的学生提供一个真实的体验平台。创建者是一些老师和教授，他们拥有让世界更美好的共同愿望。几年之后，他们意识到他们有从不同的角度来看待这一使命：创建人中的两个人——迪克·威尔金森（Dick Wilkinson）和文斯·富特（Vince Foote），认为工作室的价值主要体现在教学上，而另外两个人却希望利用工作室在飞速发展的工业中引领变革。在这样的情况下，乔·波特和唐·恩赛因创建了设计事务所，它的命名是希望能培养出一种他们期待的合作方式。

事务所早期的成就是与罗斯公司的成功合作，后者位于马里兰州的哥伦比亚。在那里，参与者学习到的不仅仅是新社区的规划设计，还包括这种综合事务的管理。这种工作不仅提高了人们管理各种更加复杂项目的能力，也培养了他们的使命感。在1972年北卡罗来纳松岛枪会（Pine Island Gun Club）的住宅开发项目中，参与者对公共政策进行了准确介绍，整合了不同尺度的规划，完成了使环境与经济相一致的设计挑战。在一种非常敏感的环境中应用他们的价值标准，参与者使小岛的生态系统成为保护这个有几十年行猎历史的小岛的基础，由奥杜邦协会（Audubon Society）对6000英亩的松岛进行的保护计划现已成功进行，人们采用了自然保护区的形式对其进行保护。

那些基于生态学的项目，将合作者引向出乎意料的方向，引起他们对有远见的开发商乔治·米奇尔（George Mitchell）的关注，后者正在得克萨斯州建设欣欣向荣的新林地社区。考虑到这两个敏感区域环境之间的关系，米奇尔在1974年聘请DW设计事务所设计滑雪场，这个滑雪场位于科罗拉多州靠近阿斯彭（Aspen）的枭溪桥（Owl Creek）村庄。受伊恩·麦克哈格（Ian McHarg）《设计结合自然》（Design with Nature）一书的强烈影响，开发商聘请了麦克哈格的团队来评估场地的生态性，并且应用这些信息支持公司进行不受约束的村庄计划，该村庄位于阿斯彭和斯塔马斯（Snowmass）之间的地段。环境和野生生物走廊都需要受到保护，设计加入了当时的创新性想法，包括运输系统和中央停车库。这个项目在当时由于政治原因被否定，但是该计划采用了使环境和经济保持平衡增长的方式，已成为皮特金县（Pitkin）未来开发的一种模式，并极大地影响了后来的阿斯彭及其周围土地的利用法规。随着事务所的不断强大以及对整体性思维的重视，公司的其他滑雪场设计工作也在该项目的经验基础上日臻完善，其中包括欧洲的项目，以及在加拿大黑梳山（Blackcomb）所做的早期规划。黑梳山现已成为一个世界上最受欢迎的和最具可持续性的滑雪胜地。

事务所通过滑雪项目赢得了卓越的声誉，但当时的经验收获远远超过在这片山脉以可持续方式进行开发的收获。公司合伙人开始看到，新社区开发项目可以同度假村项目使用同样原则。尽管是在度假村项目中有更高的期望和更多的资源，开发比典型社区更深入，但项目的核心仍然是相同的。事务所的员工也开始意识到，要通过一个项目实现他们的价值，必须超越理念、规划和设计，要通过实践来掌握所需要的技能。1978年，他们获得了可以一起学习、一起思考和进行紧密合作的一个项目机会，这个项目位于加拿大落基山脉的卡纳纳斯基斯山谷（Kananaskis Valley）（见第22页）。对于DW设计事务所来说，在这片未开发的大山谷进行度假村的设

卡纳纳斯基斯村庄静静地坐落在这片土地上，在这大片未开发的山谷中，自然和建筑环境紧密地融合在了一起。

计是一个持续10年的里程碑式工程，逐渐明确的是，如果项目的整个过程在设计开发、公共进程和建设方面都得到精心管理，事务所的理想将在这个大尺度的综合项目中实现。

卡纳纳斯基斯项目为事务所的许多成功项目奠定了基础，包括在20世纪80年代期间进行的一系列新社区建设。这些成功项目始于科罗拉多州25号州际高速公路以南的丹佛罗克堡（Castle Rock）的草地项目（该区域已被麦克哈格确定为主要增长廊道）。开发的规划设计范围包括村庄聚落和新设施，以及河岸的排水系统。后来，该开发商又聘请设计事务所进行了另一个项目的总体规划，项目位于埃斯特雷利亚市（Estrella）靠近菲尼克斯市（Phoenix）的地方，是为拉斯韦加斯西部边缘萨姆林（Summerlin）2万英亩的土地开发进行社区规划设计。

然而，在该项目中，有许多强大的力量制约着对萨姆林进行整体综合性规划的行为。该地区正以惊人的速度发展，开发的速度极快，并且有巨大的容量。拉斯韦加斯是一个在恶劣沙漠环境中发展起来的年轻城市，缺乏城市美化运动带来的传统邻里关系、公共基础设施、公园、综合性林荫大道和风景大道等。这里的人们更关注安全而不是社区，邻里关系相互隔离且封闭的趋势逐渐产生。

在长达10年萨姆林项目的参与过程中，公司发现，尽管设计者总有成功和失望，但使项目越来越接近理想总是有可能的。为了平衡机遇与冲突，他们建议保留在开发过程中幸存的村落集群，并使其成为整体开发的设计指导原则中的一部分，同时保留大部分联系邻里空间的人行街道（是已在原规划中废除的元素）。

公司在萨姆林最大的成功是第一个村庄山地公园（Hills Park）的建设。拟建公园是被勉强批准的，因为在美国的拉斯韦加斯，公园拥有一个不光彩的历史背景：它们通常是摩托车团伙和毒品交易的避风港。最初，事务所坚持的将公园面向家庭的理念受到其他项目工程师的反对，后者希望将山地公园做成一个独立的娱乐区域。但最终，面向家庭的想法在公园建成后得到实现，公园在开放日聚集了拉斯韦加斯各地的家庭来此野餐，同时公园也成为演出、庆典和特殊活动的主要场所。通过展示公园的重要性，山地公园还成功影响了该区域的其他规划，并促使拉斯韦加斯城与克拉克县（Clark）通过了在新开发中建设公园的条例。

本书中的许多项目是建立在一些早期项目的基础之上，它们充实着DW设计事务所的历史。事务所已经把教育作为实践的基石，并建立了一所企业大学（Design U），提倡不断学习。设计者在他们职业生涯的某阶段，会期望返回到学院继续深造；通过教学和联合研究，事务所也持续探索各种方式参与学术。DW设计事务所的完美设计理念从学术界的理想主义演化而来，并且这种理念在理论和实际水平都已经获得支持，将引导事务所向前发展。多年来，DW设计事务所已经拥有坚实而丰富的经验，在社区规划、交通开发、城市设计、棕地（指城中旧房被清除后可盖新房的区域，译者注）再开发和旅游区规划设计中追求可持续性。公司的领导和员工期望为后代创造完美的愿望一定会实现。

萨姆林山地公园音乐会前的场景，这里已成为拉斯韦加斯人群聚集的一个地方。

案例

卡纳纳斯基斯项目是将 DW 设计事务所的各经验方面进行整合的第一个项目。该项目为期 10 年，是在加拿大落基山脉未开发的山谷建造度假村。这个项目是理想与实践的完美结合，实现了完美设计的许多要求。我们在这里对其进行回顾性的分析介绍，以此说明它对事务所发展所产生的影响。

困境：20 世纪 70 年代，随着国外游客开始大量涌入艾伯塔省（Alberta）国家公园，省政府转向利用未开发的区域为当地市民建造娱乐场所。该场地的分析显示出严重的环境和经济问题，而当卡尔加里市（Calgary）赢得 1988 年冬季奥林匹克运动会的主办权时，政治压力使这些问题更为复杂化。

完美目标：

社区
建造一个以加拿大居民为首要目标群体的度假村，在夏季和冬季为居民提供休闲娱乐的场所；建造乡村式住所以促进社交活动；创造一个供人们聚会的活动中心。

环境
分析整个山谷的所有生态要素，以选择最合适的建造地点；设计度假村和娱乐设施，使村庄只对土地产生轻微影响；通过度假村无车行交通的步行系统设计来减轻污染。

经济
通过分析指导村庄和娱乐点的规模与数量；以基础设施成本最小化的方式进行选址；整合村庄内住宅、零售店和餐馆以鼓励步行交通。

艺术
采用将村庄融入景观的方式，以维持壮观的山脉环境景观；建造步道系统，引导人们步行穿过山谷，带来对自然的直观体验。

主题：在卡纳纳斯基斯山谷的度假村建设中，我们对土地和经济形势进行了深入分析，这帮助我们做出更恰当的选择。通过市民、政府、特殊利益团体和开发商的积极合作，施工建设过程会运作得更好。如果设计和建造过程在所有尺度上都以事务所的整体方法为指导，那么它将成为可以留给后代的完美场地。

案例：
卡纳纳斯基斯村庄

艾伯塔省，加拿大

自然荒野村庄的规划帮助赢得了奥运会的申办

概述

20世纪70年代中期，为给本地居民增加休闲和娱乐的选择，阿尔伯达省政府开始计划用石油遣散税收在卡纳纳斯基斯山谷规划建造滑雪场、高尔夫球场和住所。那时，加拿大内阁部长有一个在山谷上布置欧洲风格的高山度假小镇的构想，但是DW设计事务所联合卡尔加里土地规划协会通过对这里几乎完全未开发的10万英亩山谷土地的调研显示，这里并不适合那样做，反之他们另构建了一个区域总体规划来指导这里的发展。

历史/背景

1978年，应用综合性的土地分析，规划设计团队确定了项目目标，即建设一个富有逻辑性的、合理的、艺术感强、决策制定过程公正的项目，指导山谷娱乐资源的开发，同时保护其水体、野生生物和优美的景色。然而项目一开始，他们就发现原定用于度假村的场地是完全不切实际的，原因包括以下几点：其一，土地使用费用太过高昂；其二，该区域的度假村建设将严重扰乱野生生物的迁移路径；其三，这些场地的阳光太少，风太大，完全缺乏景观。同时，设计者还发现最初在山谷上布置三个高山小村庄的计划也忽视了土地状况、基础设施缺乏、可达性和维护等方面的因素。总体看，我们的设计者十分关注如何在有限、敏感的环境下确定土地开发的适宜性。

这片高海拔内陆地区十分广阔、地形复杂，需要卫星勘测资料对其进行分析。山谷位于北纬52°，某些区域的山谷完全被山脉阴影遮挡。冬天，太阳高度角极低。山谷大部分为基岩，没有土壤，所以在山谷上进行建设很困难、代价昂贵又对环境不利，在山谷上重建植被也不容易。但是古老冰川雕刻出的山谷形成了称为锅穴（Kettle holes）的洼地，留在那里的巨大冰块已经融化。有10~12英尺深，300~400英尺宽的区域，那里的土壤有机会得以形成，并发育形成了茂密的森林。其他因素包括诸如野火、严寒、温暖、不可预测的奇努克风（Chinook winds）等自然灾害，对土壤的形成、小气候以及动植物都有强烈的影响。

方式

首先，设计团队完成了一系列的广泛研究，从栖息地、景观到基础设施成本、娱乐偏好各方面，并构建了综合这些信息的预测模型。考虑到这些在前电脑时代是超前的，团队发明了整合土地数据的革新方法，绘制了40多张手绘分析图，涵盖朝向、坡度、视线和风向等各方面的分析，并根据政府要求的价值和目标权衡这些因素。在此基础上，他们确定了开发的最适场地，这里全年舒适宜人、建造费用最低、具有吸引人的美景、自然灾害最少，同时又对场所生态环境和景观影响最小。他们向广泛的利益群体展示了这些信息，这些群体包括公共和私有自然资源的官员、环境保护者、森林服务署及其他机构的代表，从省级官员到总理的政治官员。深入研究和分析产生了一个逻辑关系清晰、合理的区域规划，它指导了山谷接下来10年的开发，这与后来试图从1988年卡尔加里市奥林匹克运动会比赛场馆建设中获利的人所做的利己行为形成了鲜明的对比。

规划/设计

项目规划的重点是建造一个独立村庄中的住宅区。其位于距山谷入口不远的缎带溪（Ribbon Creek）上，班夫城（Banff）以东约20英里。这里，村庄建设既可以对土地产生很小的影响，又可以成为一个舒适的地方，而且因其美景而拥有自然真实的吸引力。省政府决定首先增建道路和公共设施，然后建造一个27洞的高尔夫球场，最后建造接近原计划住宅量三倍的卡纳纳斯基斯村庄。20世纪80年代，卡尔加里市被选为1988年冬季奥林匹克运动会的东道主，这是一个对建造卡纳纳斯基斯村庄有激励作用的事件。加拿大政府聘请DW设计事务所在山谷里对滑雪活动场地进行选址和建设。后来，省政府还决定在卡纳纳斯基斯村庄补充钓鱼设施、水上娱乐和残障人士户外娱乐项目。

设计使村庄看起来好像轻轻地落在原有的自然景观里。设计团队通过无车行交通，在村庄里围绕中央聚集区设置四个酒店以保留景观的主要特征，给人天堂般的感受。他们同样设计小路引导人们走出村庄到达荒野，并将少量餐馆和零售店布置于中心附近，使空间更有生机。

争论和调整使总体决策推迟了五年，只剩下30个月来为奥林匹克运动会建造村庄。团队在管理建设过程中坚持了最初的设计，与四个开发商和四个不同酒店的建筑师合作，保留了无车行交通区域和核心村庄的概念，对中心场地、联合建筑、中心广场、餐饮区和商业用地进行遮蔽，仅露出景观视线。

结果

这10年的努力造就了一个里程碑式的项目，它丰富了DW设计事务所有关休闲游憩度假元素的组织能力，创建一个有成效的整体项目的经验。卡纳纳斯基斯项目使事务所形成了把各关键性元素看成一个整体进行思考的方式，同时使事务所了解到在项目实施和建设管理过程中参与的必要性，只有这样才能使最终的建设成果与设计意图保持一致。设计者在各个水平上都进行了考虑，从区域规划到景观设计的微观细节层次上，力图解决经济、市场可行性、村庄、滑雪场和高尔夫球场管理等一系列问题。除了已经实现服务当地居民的最初目的之外，卡纳纳斯基斯村庄还享有更大的成功。村庄成功地举办了奥林匹克运动会，还成为其他一些重要事件的举办地，包括2003年八国集团的世界领导人会议。

从场地采集的岩石被用来建造大池塘和一条溪流，以及一个石板平台，形成了倾泻而下的壮丽瀑布景观。自行车道和步行小路系统使游客在不同的尺度上以各种速度来感受美景。村庄在某种程度上已经融入景观里，成为壮丽的山谷美景的一部分。

完 美

第1章 自然

简述

理查德·肖，1976 年加入 DW 设计事务所并成为重要合伙人，提出了自然恢复的想法，肖探索了文化与自然的矛盾，提出了发展与保护和谐统一的必要。以下的五个项目，将试图说明如何融入自然来加深场地的意义。

案例分析

阿瓜斯克拉拉斯（Aguas Claras）[1]：矿场的重生，通过总体规划将废弃矿坑转变为一个具有多种用途的社区。

核桃溪国家野生生物保护地（Walnut Creek National Wildlife Refuge）：农田恢复成一个长满高草的草地，为周边城镇提供一片绿洲。

25 号州际高速公路保护走廊：10 年的艰难磋商保护了两个城市之间的一条景观走廊。

冰川俱乐部（Glacier Club）：壮观的场地，特殊的环境实践和战略性的高尔夫球场设计，带来难以忘却的体验。

深度探究

克拉克县湿地公园：一块受损的、破败的废弃地恢复为拉斯韦加斯市的自然保护区。

1 西班牙语（Aguas Claras），清水的意思。——译者注

我们要认识到，对社区来说，自然可以是使其复兴的力量。

——理查德·肖

不只是灾难性武器，也包括普通的日常生活，人类自身的活动已经使地球处于不适宜居住的状态。地球养活着数十亿的人口，科技生产的副产品超过了其他任何社会时期，并且人类对不可再生资源的依赖正威胁着自身的生存。由于我们的影响范围和拥有的巨大破坏力，人类行为导致的各种后果已经无法挽回。我们才刚刚开始认识到这些事实，然而很多情况下人类的行为却使我们更加困扰。自然被毁坏的程度将难以支撑社会文明。

伴随着人口的不断增长，自然开始衰竭。我们曾经拥有可以利用的无尽财富。可现在，我们必须更加谨慎；我们必须懂得自然资源的有限性，了解如何利用和发挥自然的恢复力，以及如何使其维系人类的生活。

几千年来，我们与自然的关系充满了矛盾和变化。这其中包括恩惠和威胁。我们靠自然维持生计，我们害怕自然，控制自然，开发自然，但是我们也发现自然给予的美好体验能使我们复兴。我们开始以数不清的方式修整、塑造和精心设计自然，目的就是为人类重塑这些具有美感的境地。花园就是重建自然的缩影，并且已经出现各种各样的形式。传统的日本园林[1]中，私人重建的自然源自对业主钟爱景观的模仿，石头意指高山，池塘意指海洋。在典型的法国园林中，规整次序呈现的天堂似的景观是强加在自由自然之上的，以轴线形式进行控制管理，使各元素形成精美的图案。英国园林构造出风景如画的理想结构，用自然风景构造成现在的景观。这些人类有目的的创造的自然和随后控制的自然，是人类根据自然的文化价值，在单一的空间角度上，以接触自然、改造自然、向往自然或使自然理想化的各种方式，将创造和控制自然的痕迹强加给自然。

我们都已经在个人生活中感受到自然使我们振奋的力量：当我们想逃离时，我们会选择沙滩、山庄、城市公园或自己的庭院。我们还没有意识到的是，自然的美感能成为社会自我恢复的力量。作为地球上的一员，我

法国卢瓦尔河谷维朗德里城堡（Château de Villandry）的树篱迷宫（hedge maze）。人类以各种各样的方式强加给自然各种结构和设计。

1 日本园林深受中国园林影响，是在隋唐之前随佛教传入并发展起来的。文中提到的传统日本园林风格有中国风格的体现。——译者注

们目前的挑战是需要带着对自然的理解，在更高和更广的层次上融入自然，在不同尺度上，建立起与大地的养育关系。

美国的自然

在简短的历史背景下，美国人与自然拥有独特的关系。随着 18 世纪国家快速的城市化进程，城市里的人们开始懂得对自然景观进行欣赏，希望在城市中保留或创造它们，此时，社会改革者创建了能为人们带来阳光和空气的城市开放空间，并恢复了新社会的医疗社保体系。然而在城市之外，边远地区的美国人都在很大程度上把自然看做是被征服的事物，是对未来发展的障碍。他们开始在这些荒凉的、无管理的和一望无垠的土地上，期待找到无法想像的财富。但值得庆幸的是，在这一过程中他们逐渐发现，人们最终的任务是去保护这些神奇的土地，而不是进行开发。

在美国，还有一种文化就是将某些土地视为神圣的地方；资本主义文化追求平等和自由，人们意识到自然无形的价值和共享的公平。那些游览过美国黄石公园的人则更能够接受一些之前没有听说过的理念，比如基于私有经济利益对这些保护性土地的开发权应该被永久的剥夺。需要说明的是，在 1872 年，美国第一个国家公园——黄石公园成立。到 20 世纪早期，美国已逐步建立起了完整的国家公园体系，致使现在所有的美国人都能共享这已经占美国大陆 3% 土地的宝贵自然。到 20 世纪中期，这类地区还在进一步发展和扩大，包含野生动植物保护区、广阔的原始地区和位于城市边缘的无管理土地。美国人对这些土地进行永久保护的唯一的理由，可以引用华莱士·斯蒂格纳（Wallace Stegner）的一句话来概括，“开车来到这里，去了解它们、亲近它们，会让我们更理智。”在美国，这些受保护的土地不允许伐木、开采或放牧，仅作为欣赏。这种行为使我们就像是土地上的管家。

尽管有人类的干扰，大自然依然能实现自我恢复并逐渐繁荣。（上图）早期的加利福尼亚定居者驾着马车通过巨大红杉树干基部的隧道。

（对页图）在落基山兵工厂的旧址上，麋鹿正茁壮繁衍，在这里还可以远眺到丹佛城的高楼。很难想像，这里曾经是兵工厂有毒物质的高浓度中心，在超级基金的资助治理下，场地已逐渐恢复生机，成为上百种野生动物的栖息地，包括白头鹫（在此筑巢繁殖）。为了将这个 27 平方英里的地方改造为一个国家野生动植物避难地，DW 设计事务所为此制定了一个长达 15 年的综合管理规划。

总之，定义我们社会的，将不是我们创造的景观，而是那些我们未曾破坏的自然。
——约翰·C·索希尔（John C.Sawhill），大自然保护协会（The Nature Conservancy）前任主席

然而上述土地也面临一些问题，有许多的所有权不明确，并有内在的冲突。国家公园和原生态保护区缺乏投入，并受到资源开采的威胁；围绕这些公园和原生态保护区的周边区域通常难以承受大量的游客。而事实上，对这些区域进行保护的目的其实也不明确，到底是为了保护这些土地的原生状态，还是为了更好地享受这些资源，或者是为了子孙后代保留资源。但不管怎样，这些区域依然是我们给予自己的礼物，一种拯救我们的自然力量。

事实上，美国的城镇每天都需要寻求这种解救自我的自然力量。与这些质朴而优美的地区形成鲜明对比的是被人类居住和工业破坏占用的土地，后者包括有城市的大型工业区以及偏僻地区的新居住区。那时，我们经常自认为当时做的事情很优秀；却难以意识到我们的行为对自己和土地产生的影响。经济及其他力量驱动我们努力的方向，造成了一些没有预见性或难以使各社区沟通的行为规范和模式。今天，我们知道如果给予足够的支持，自然就可以拯救我们，正如自然可以拯救自然本身一样。土地可以从惨淡的状态恢复。我们需要有所付出，即使在最黑暗的情况下也要寻找新的可能和希望。

人们在大尺度景观上理解自然系统的历史比较短。早期仅集中在小尺度的研究和应用分析上，当伊恩·麦克哈格等人提出环境能够并会直接影响土地利用的概念时，人们对自然系统的理解范围才最终得以拓宽。麦克哈格通过《设计结合自然》一书阐述了他的规划方法，利用叠加和过滤图像得到空间和区域上的土地利用方案。他的这种方法现已成为当代环境规划设计的基础，并成为景观和环境设计的准则，即设计和开发决策必须是对人类有利的，而不是毁坏人类的环境。

20 世纪 70 年代，在美国科学基金会（National Science Foundation）的资助下，哈佛大学的卡尔·斯坦尼兹（Carl Steinitz）拓展了麦克哈格的规划方法。通过综合的预测模型，斯坦尼兹能够结合对水质、栖息地丧失、社会变化、视觉质量和大量的其他环境限制的信息，制定更有条理的、重要的和易懂的规划，来解决自然资源与城市化之间的冲突。此时，由信息、预测和分析方式构成的土地利用策略，能有效地塑造未来的社区、城市和景观。

自然与经济的和谐

我们在走向未来，同时也意味着我们最宝贵的资源——环境——将面对更无情的压力。在这个过程中，景观的修复和保护更显得至关重要。开发与保护两者间的冲突，始于自然特征和生态系统构成的天然集合体——水、肥沃的土壤和平地——这些都是非常适合人类定居、发展、生长和迁移的地理资源。在大多数情况下，这是一场为了承认两者共存的必要性而进行的思想斗争。规划最具吸引力和最有分量的部分，是在开发中保护稀有物种及其重要栖息地，或者是提供促进社会公平的开放式空间。

过去的几十年中，有一种评估“绿地”的范式转化思潮，但自然和经济两者之间的关系仍表现为对抗。只有通过社会和美学标准来平衡这两个要素，我们才能促使这两者实现自然共生。综合和整体地思考景观，意味着人类文明是自然世界的一个基本组成部分；如果人类社会要自我维持，那么自然就必须受到保护、恢复和延续。20 世纪，我们迎来了可持续发展理论，然而这一术语在实际应用中仍然没有明确的定义，它对我们与自然关系的影响是多方面的。本质上，可持续是指作为公民，我们要尽自己的能力做深思熟虑的决策，并时时牢记我们的每一个行动都一定会在未来产生相应的结果。人类与环境、与我们居住的土地和我们共享的地球资源是相互联系的。没有这些基本的理解，自然将不复存在，人类也将如此。

巴西铁矿的拥有者具有较为先进的理念，他们认为采矿是临时的土地利用方式，并在20世纪90年代初就开始对矿产资源枯竭后的矿区进行重新利用规划。通过总体规划把大型露天矿区及废弃地转换成大都市区域的一个卫星村。

案例分析：
阿瓜斯克拉拉斯村

贝洛奥里藏特市（Belo Horizonte），巴西

由铁矿区到社区

最近几十年，大型的矿业公司在矿场运行的初期，就开始规划矿区的后期利用形式，并将其作为矿区开发规划的一部分。公司的决策者意识到，这种规划可以使废弃的矿区得到有效的重新利用。行业的未来取决于它突破惯例的能力，也取决于它控制可能导致的经济、环境、社会和美学问题的能力。阿瓜斯克拉拉斯铁矿区则是对旧时代留下的遭受严重破坏的矿场再利用的良好典范。

从20世纪40年代起，巴西的第二大铁矿公司——巴西联合矿业公司（MBR），就开始在贝洛奥里藏特市南部开采铁矿，其中的阿瓜斯克拉拉斯矿场从1965年开始开发。到20世纪90年代初期，公司领导预计在未来10年内矿场资源将被开采完毕。而在此之后该怎么办成为公司需要面对的问题。为追求经济上的高效率和高盈利，同时也为了使土地再次富有活力，使环境的恢复起到推动区域经济发展的作用。MBR公司特别邀请了DW设计事务所为其制定一个总体规划，目标是在停止采矿之后恢复土地原有生态并得到重新利用。

初步的土地分析显示矿场中并没有毒素残留，适合人类的利用。而阿瓜斯克拉拉斯是村庄建设的一个理想位置，因为此地位于新兴的贝洛奥里藏特市南部边界的山体后坡上，该城市的人口超过300万，是巴西第三大城市。

设计团队和运作管理人员一起合作，准备进行再开发规划，希望将此地转变成具有综合使用功能的新型村

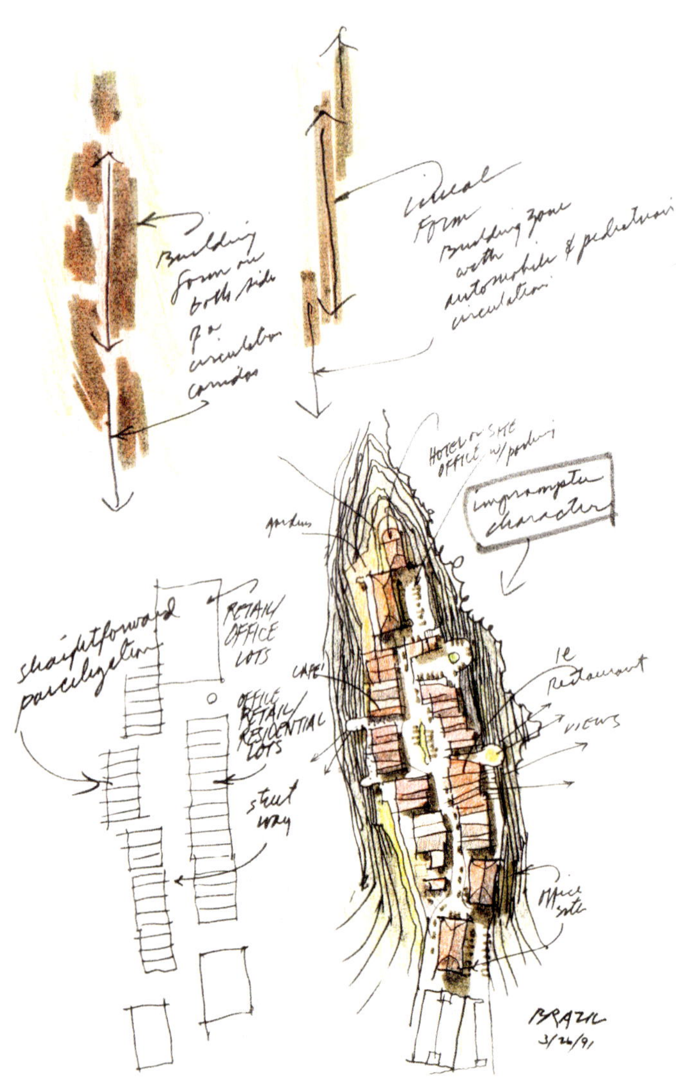

结合阿瓜斯克拉拉斯村庄与矿场开采区域的早期手绘设计草图，由凹陷矿井形成的湖泊周围设有亲水平台。

庄，并以一种适合步行的卫星村庄模式存在。这种模式既能满足当地经济增长的需求，同时对环境的影响也最小。我们把社区生活的核心放在社区的中央，包括了一座教堂、一所学校、商店、酒店、休闲俱乐部、音乐厅和会议中心，它们位于人们步行回家的范围内，为村民提供工作和服务的机会，是经济的基础。这种规划降低了人们对车辆的需求，使中产阶级居民用步行代替汽车作为主要的通勤方式，避免了许多郊区具有的交通拥堵现象。

该规划以适应性再利用为原则，保留了许多采矿过程中的元素（如道路系统）。规划考虑到城镇未来的发展需求，在社区的设计中融入美学原则，并且使用植被恢复技术使整个大区域重获丰富的生物多样性，其宗旨是为村庄创造一个美丽而实用的环境。本设计的核心是将凹陷的矿坑改造成一个湖泊，湖水由地下水和地表径流汇聚而成。规划利用了原来用于净化矿山径流的水处理设施，可以保护阿瓜斯克拉拉斯溪免受村庄建设和城市排水的影响。该规划同时呼吁，采矿的最后阶段要对废弃区域进行平整处理，以便更好地适应村庄的发展。随着 MBR 办公机构在场内的驻扎，整个规划也开始实施。

MBR 原预计矿场将在 1997 年被关闭，但是采矿工作一直持续到 2003 年 12 月才结束。在此期间（2001 年），公司被另一个巴西铁矿石生产商——巴西淡水河谷公司（CVRD）和日本三井贸易公司（Mitsui）联合收购。但公司和政府官员仍在一直探讨场地再利用的详细计划。值得一提的是，在 1992 年里约热内卢的地球首脑会议（the Earth Summit）上，阿瓜斯克拉拉斯总体规划作为可持续矿场再利用的案例成为展览中的亮点。

项目成员

规划 / 设计：DW 设计事务所

总设计师：乔·波特、塞里奥·桑塔纳（Sergio Santana）

设计师：塞里奥·桑塔纳

项目顾问：库尔特·卡伯特森

委托方：巴西联合矿业公司（MBR），Caemi Mineração e Metalurgia SA (Caemi) 分支机构

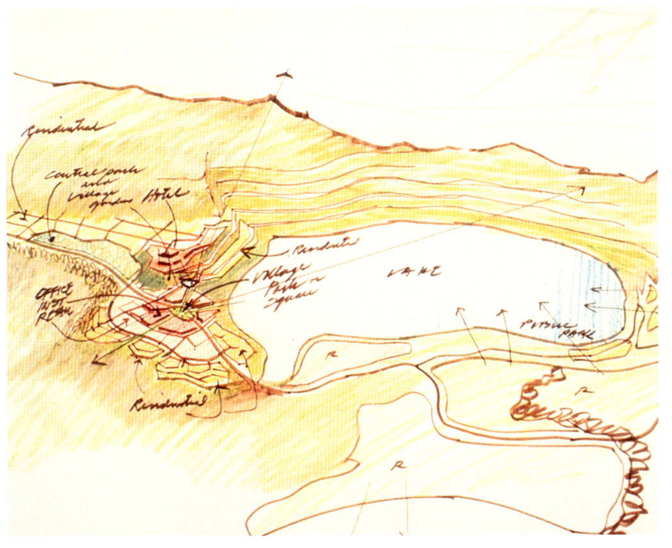

（左图）矿场、矿坑与湖泊村庄的对比图片。阿瓜斯克拉拉斯村庄被安置在湖泊岸边，前面的矿石堆放区改造成了办事处和就业区。

（右图）湖泊区的设计草图。利用周边的自然地形形成亲水平台。

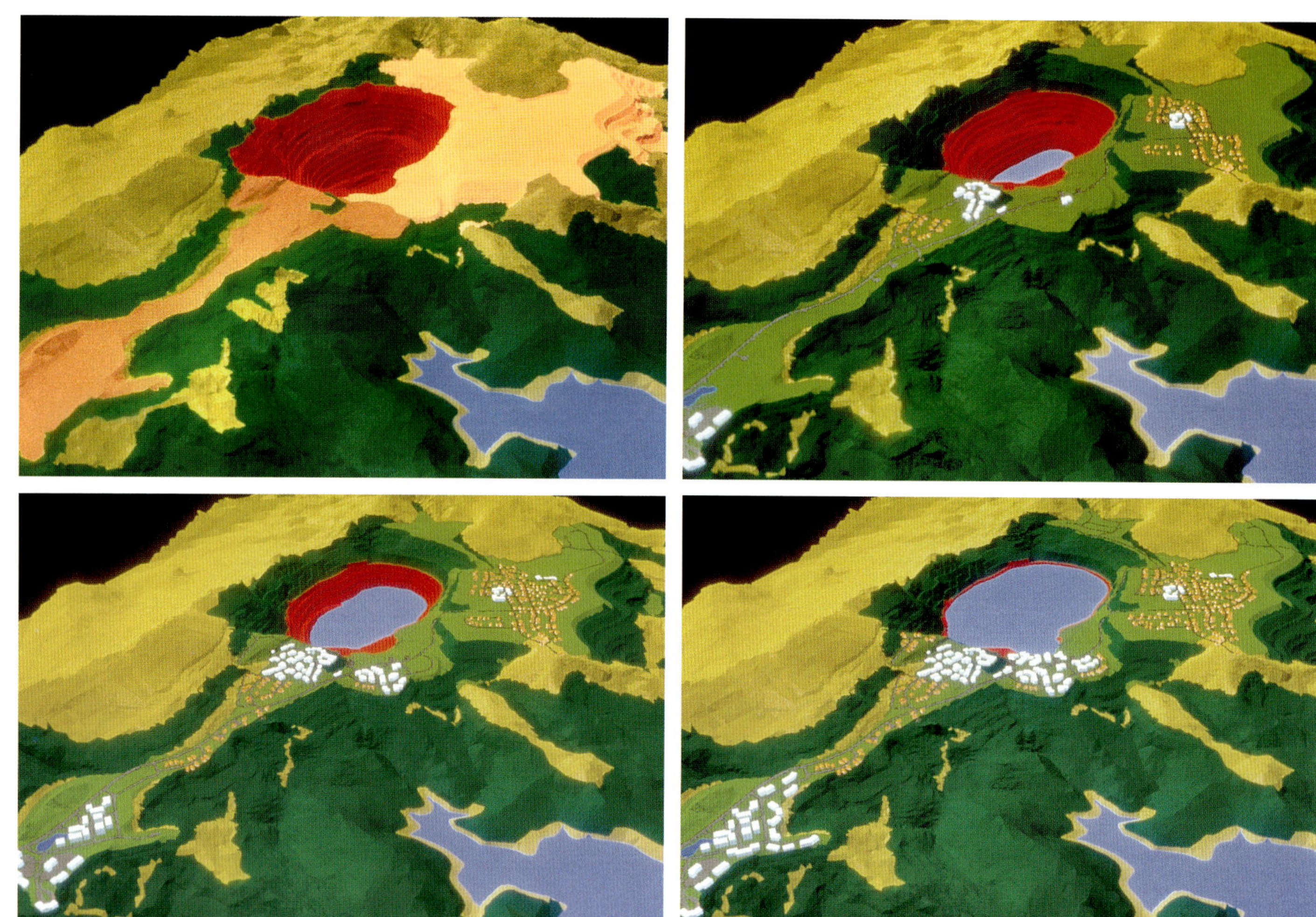

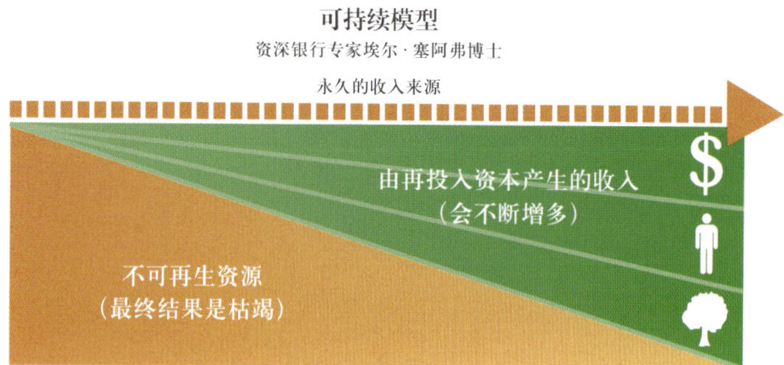

（左上图）GIS 图像表明，20 世纪 40 年代起，贝洛奥里藏特市东南部丰富的铁矿石资源开始被开采。1992 年在里约热内卢举行的地球首脑会议中，阿瓜斯克拉拉斯的矿场改造项目成为良好范例。

（右上图）矿场向居住区转变的模拟图。电脑模拟出改造后的场地。矿坑慢慢地形成一个湖泊，附近建设有村庄、居住区和就业中心。

（右图）可持续矿场发展模式指的是利用采矿的收入进行再投资使场地产生持续的新的收入。该图表由世界银行经济学专家埃尔·塞阿弗（Salah El Serafy）博士提出，同样的原理应用到了阿瓜斯克拉拉斯村庄的再投资中，创造出了一种环境和社会能自我持续的理想境地。

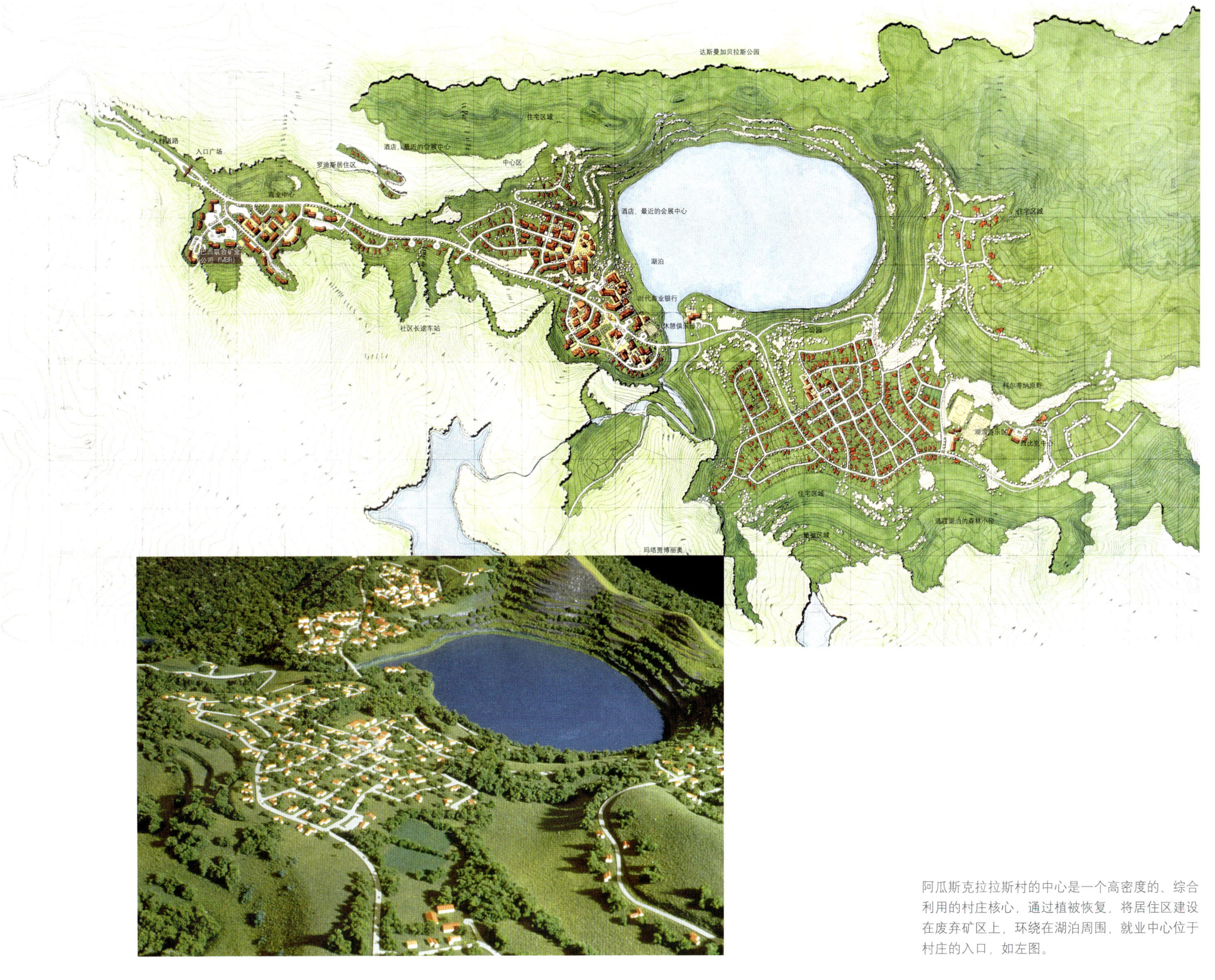

阿瓜斯克拉拉斯村的中心是一个高密度的、综合利用的村庄核心，通过植被恢复，将居住区建设在废弃矿区上，环绕在湖泊周围，就业中心位于村庄的入口，如左图。

当提议建电厂的计划失败后，牧场转变为一块为附近民众服务的公共土地。设计力图恢复土地原貌，建造出一个草原学习中心，使各年龄层的游客在此都可以了解到该区域的自然历史。

案例分析：核桃溪国家野生生物保护地

杰斯帕县（Jasper County），艾奥瓦州

重建大草原，让人们重新回归大自然的怀抱

20 世纪 80 年代，艾奥瓦州的一家电力公司购买了 8000 英亩的土地作为核电厂基地。但行业的变化使公司管理者取消了修建电厂的决定，他们打算出售这片土地。国会议员尼尔·史密斯建议联邦政府将其收购，作为国家野生生物保护地，用以研究、重建和宣传具有艾奥瓦州和许多美国中西部地区原始景观的高草草原生态系统。国会于 1990 年批准美国鱼类和野生生物服务署（U.S. Fish and Wildlife Service）收购这些土地，该机构于第二年取得土地所有权。当时，那里主要是现代农业耕作地。

DW 设计事务所通过严格的测试挑选出了一个多学科团队来进行项目的设计。在此之前，由于美国鱼类和野生生物服务署在野生生物保护地的建设上一直只是专注于保护和创建野生生物栖息地，缺乏公众参与，因而没有教育设施或市场的投入。但是当时，内政部投入到公众服务项目的资金急剧上升。在这样的情况下，为了获得更多的资金，政府专门机构转变了保护的思路，提议让普通的市民也能够参与到核桃溪的保护中来。

新的目标带来了机遇，同时也带来了挑战。在进行项目设计时，需要考虑如何将影响场地的复杂自然和文化因素向公众进行教育、演绎和解释。当然，这种目标带来的好处是公众参与能促进社会关系，为保护地吸引更多的志愿者，并增加联邦政府收入。

在这个项目的规划设计中，景观设计师、建筑师和解说系统设计者将焦点集中在如下的两个问题上，即如

（上图）通过将游客中心设置在进入保护地后两英里的地方，使人们在到达游客中心的教育展览处和小径前就能感受到宁静的草原和自然的游径。

（对页图）游客中心由当地材料建造，与草原自身给人的感觉产生共鸣。

何保护和恢复当地环境，同时使公众更好地理解和体验这里的独特北美景观。他们的设计方法是将实用性和感性进行不同寻常的整合。团队首先完成了一个市场调研，以确定保护地是否可以作为一个切实可用的公众旅游地。紧接着由美国鱼类和野生服务署进行的一系列密集的研究。部门官员还邀请到植物学家、生物学家和草原生态系统的教育专家陪同设计团队在草原环境中进行调研。某天清晨，官员甚至把他们从床上叫醒，去观看草原上的日出景观。

设计团队花了数周时间研究场地的设计方法，力图通过保护、利用景观，创造出能表现高草草原环境原始面貌的场地体验，使游客沉浸于景观之中。设计并没有将游客中心设置在保护地的边界，而是在人们进入场地之后两英里的地方，这让他们远离身后寻常世界的喧嚣而沉浸在对这个新场景的好奇与探索。

设计团队通过一系列的专家会议和集思广益对项目中的建筑体进行了探讨，我们参考了美洲土著和早期欧洲定居者使用的建筑材料和样式。公园建筑师和早期的草原派设计者代表如延斯·延森（Jens Jensen）和弗兰克·劳埃德·赖特的思想成为该项目的最主要灵感。项目最终共包含四栋建筑：一个4万平方英尺的游客中心和三个户外教室，整体建筑与周边场地有机地融为一体，但又能在视觉和形态上让游客容易识别。

建筑的设计形式与景观的辽阔、平坦特征相协调，同时使用本土元素的建筑材料，诸如灰泥、混凝土、木材等。项目采用自然过程以支持其在大地上存在的合理性：构建湿地用于过滤废弃物，使用太阳能并利用坡地地形设计使游客中心具有天然的冷热处理方式。

为恢复这片稀缺的生态系统，设计团队在场地上确定了残存的原始草原区域，其中大部分已经退化，需要每年通过燃烧的方式除去外来物种，恢复乡土植物。此外，我们的自愿者通过播种人工收集来的原始草原植物种子将有水流冲刷的溪岸和其他退化区域逐步恢复到一个更适于植被恢复的自然状态。

现在，200种乡土植物已被播种在场地上，包括有美国白杨、印度草、须芒草、加拿大披碱草、草原燃烧星、蝴蝶马利筋、黑心菊等。保护地中栖居的野生生物有水牛、麋鹿、白尾鹿、

我们的设计目标不仅仅是复兴这个牧场，
我们还要让人们融入其中。

（左图）保护地内，两位游客正在欣赏觅食的野牛。

（上图）随着植被恢复的进行，景观逐渐从以前的牧地演变为真正的高草草原。

（对页图）志愿者通过收集种子，在牧地上种植乡土草原植物来帮助保护地的恢复，这是一个花费很多年才能完成的工程。

雉、野火鸡、獾、臭鼬、野兔、浣熊、囊地鼠、乌龟、蝙蝠、燕八哥、红尾鹰、猎鹰、草地鹨和黑脉金斑蝶等。

项目后来出现的预算问题导致一些特征被改变。但是设计的核心得以保留，入口道路、车行环道、数公里长的解说小径和标志牌、户外的环境教育场地、营运设施和游客中心都与恢复的草原环境融为一体。

1998 年，场地被更名为尼尔·史密斯国家野生生物保护地。

项目成员

规划 / 设计：DW 设计事务所

总设计师：格雷戈尔·奥克斯

景观设计师：南希·洛克（Nancy Locke）、斯科特·乔米基（Scott Chomiak）

委托方：美国鱼类和野生生物服务署

合作者：戴夫·谢弗（Dave Schaeffer）、马克·马克瑟（Mark Marxen）、美国鱼类和野生生物服务署

展览设计：杰拉尔德·希尔夫蒂（Gerald Hilferty）及其同事

建筑师：OZ 建筑事务所

土木工程：巴氏（Butts）工程公司

景观顾问：邓巴·琼斯（Dunbar-Jones）

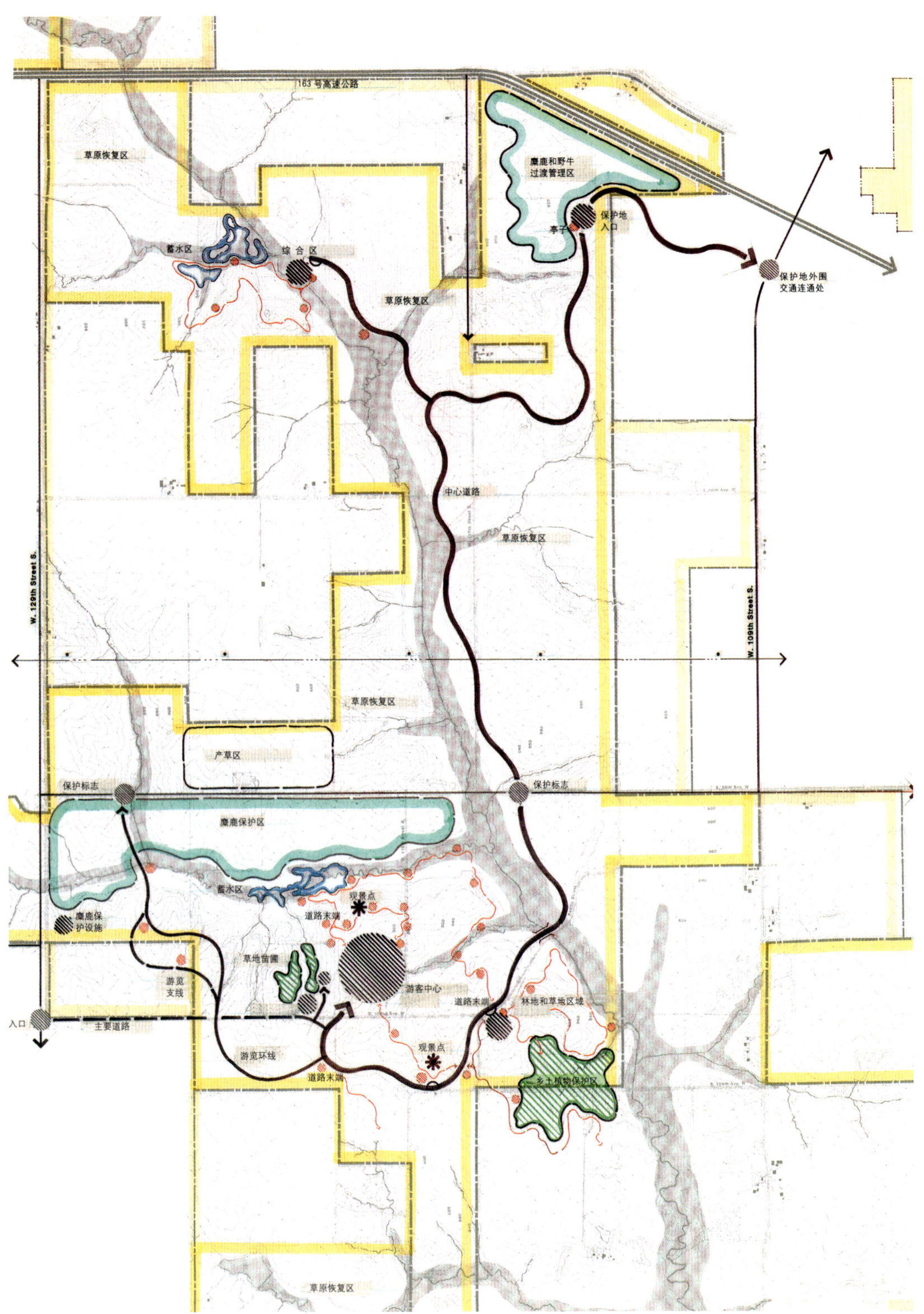

（左图）国会同意收购超过 8000 英亩的土地来建立保护区，现在其规模已达到大约 5000 英亩（图中用黄线勾勒出的轮廓）。官方持续地收购土地以扩张基址，这其中包括沿核桃溪的区域（图中用灰线标示的部分）。

（对页上图）教育展示点沿游客中心附近的步行小径设置，主要介绍场地内土地从农田恢复为草原的过程。

（对页下图）设计团队通过几周的场地调研，最终确定集中设置教育点，使游客能充分感受草原的生命状态。在设计过程中，设计团队通过画图来推敲整个方案，包括游客中心附近的区域设计，以及户外教室的外形设计。

沿州际高速公路的开发侵蚀到这个城市廊道两边的壮丽的自然景观。保护联盟团体使用新的方法和策略保护了3万多英亩的野生动物栖息地和一系列的标志性景观。

案例分析：
25 号州际高速公路的保护性廊道

道格拉斯县（Douglas County），科罗拉多州

保护本地区自然和风景名胜资源的新土地保护方法

沿科罗拉多州 25 号州际公路（由丹佛市通往科罗拉多斯普林斯（Colorado Springs））65 英里长的廊道上有着世界上最美的自然景观。起伏的草原和美丽的派克斯山峰（Pikes Peak）伴随着清新的空气，这就是道格拉斯县的南部地带。然而自 20 世纪 80 年代初以来，道格拉斯县成为科罗拉多州发展最快的地区，1990 年到 1995 年间，它的增长速度更是高达 45.8%，大量的土地被道路建设和区域规划占用。

20 世纪 90 年代中期，人们开始认识到持续的盲目发展将毁坏区域景观质量，在这样的背景下，一个国际自然保护组织——“自然保护基金（Conservation Fund）”开始着手保护该区域，并力图在这两个大城市之间建成一条不间断的景观廊道。1994 年受保护基金委托，DW 设计事务所承接了其中 50 平方英里区域的设计研究，该区域围绕着一段 15 英里长的高速公路，是一片完全没有开发的、高山和平原之间的过渡地带，规划的目的在于保护科罗拉多州独特景观带上的重要土地资源。那里有历史景观、饲牛牧场和野生动物栖息地，具有重要的生态价值。同时，平均每天会有 5 万多名乘客和旅行者途经此地。

调查表明：在近三年中，道格拉斯县有 140 多起的房地产交易，土地价值相应地增长了一倍。在县内的农业用地区域，大部分以 35 英亩或更大的面积进行包裹式买卖，用于独栋住宅的建设，这种零散开发在这片土地上已经成为一种趋势。

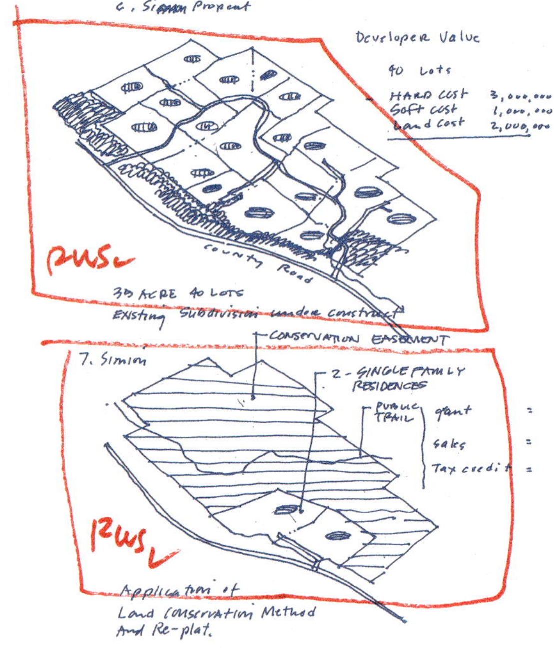

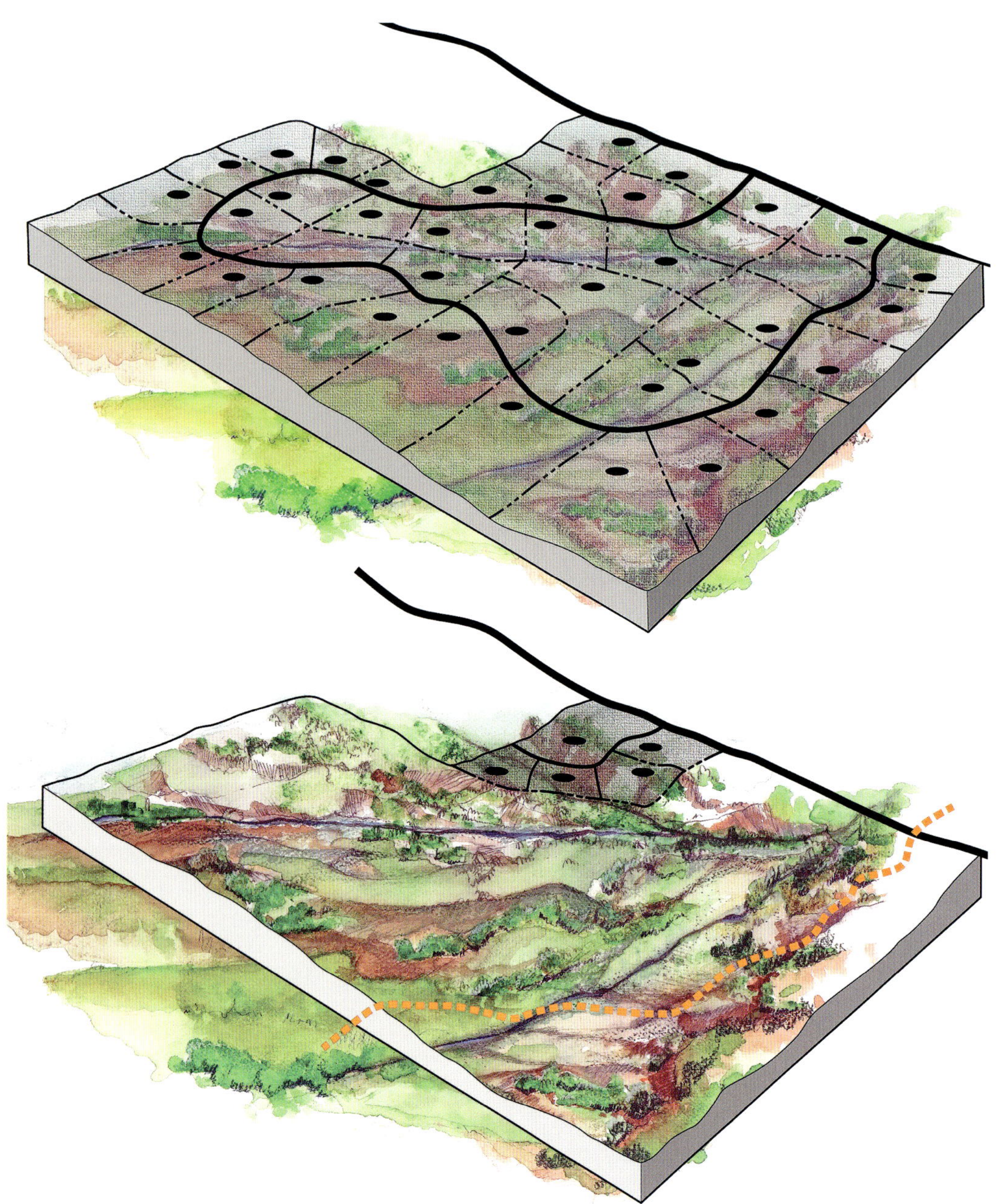

经过复杂磋商，最终允许对场地进行有限开发，除了景观上的考虑外，剩下的大部分土地得到保护。草图和彩图显示的是一块土地的道路系统在集中开发和限制开发等两个不同条件下的不同规划方式。

值；让保护主义者理解，适当的开发也能支持土地的保护。

绝大多数的土地交易活动通常较为复杂。而设计师在11个基于保护目的的土地交易活动中都起到关键作用。其中最引人注目的是道格拉斯高地的保护，自然保护基金的工作人员和规划小组人员经过了长达11个小时的斡旋才争取到那里1300英亩的土地。那时，有部分的道路和住宅已经在此修建。为保护优美的自然环境，规划减少了该区域的住宅数目并对部分住宅进行迁移。此外，2000年格陵兰农场（1.7万英亩）地役权保护的获得也值得提及，该项目被看作是土地保护中的关键项目，达成该协议花费了数年时间。最后取得地役权保护的地块是真理山，获取时间为2003年12月。

通过以保护为基础的开发和其他的各种土地保护技术，该团队仅用3200万美元保护了3.4万英亩的土地，获得的价值是投入的3倍。80%的土地由私人自己管理，大大降低了野生动物部门的参与任务。

在面临极大的开发压力时，设计团队采用有限开发、政策补偿等策略，使用最少的公共资源促进了该区域的城市发展、娱乐开发、景观保护、开放空间步道和绿色通道的保护，从而使该区域的保护获得巨大的成功。该规划保护了鹿、麋鹿、山狮、熊、山猫、草原鹰等野生动物的栖息地，以及一个大角羊群落（科罗拉多州25号州际公路东部有两个大角羊群落）。同时草原，滨水走廊、草地、山麓、松林和丘陵也得到保护。该项目代表了一种如何通过对景观走廊的保护来遏制城市化不断蔓延的模式。

项目成员

规划／设计：DW设计事务所

总设计师：理查德·肖

项目负责人：苏珊娜·里奇曼（Suzanne Richman）

景观设计：萨拉·蔡斯（Sarah Chase）、戴维·伦登（David Lendon）

委托方：自然保护基金

项目协调：悉尼·梅西（Sidney Macy）

合作：道格拉斯县规划院（Douglas County Planning），科罗拉多户外协会（Great Outdoors Colorado, GOCO）

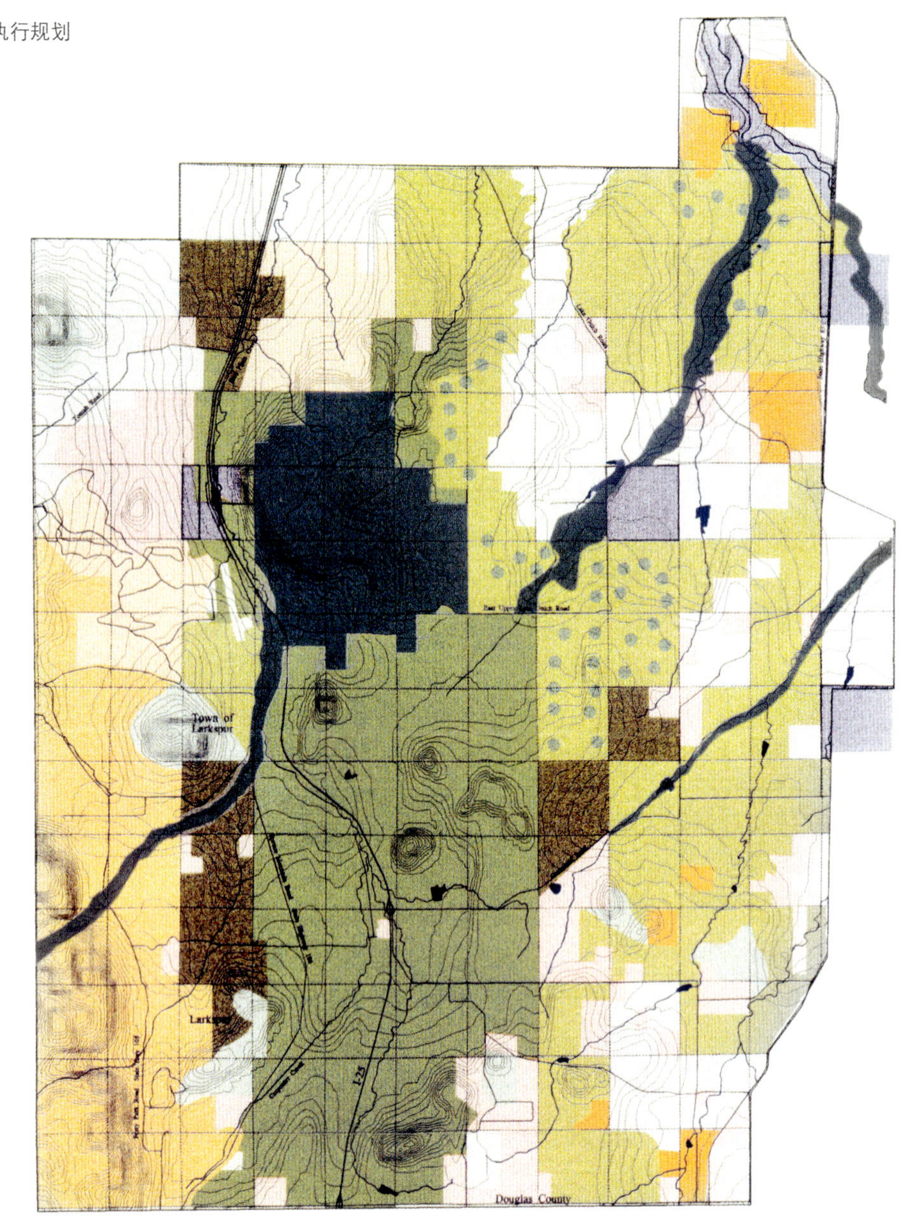

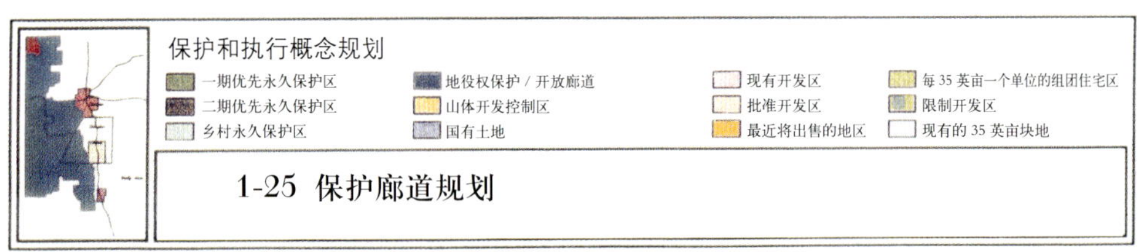

1-25 保护廊道规划

左侧规划图中显示出需要立即进行保护的地区（橄榄绿色区域）、已有的保护地区（黑色区域）以及其他各类用地。规划对乡村景观以及一条长达 12 英里长的沿 25 号州际公路的景观带进行了保护，右侧图为派克斯峰及其山麓。

塔马伦（Tamarron）是一处过时的山地高尔夫球场。新业主在尽力保护环境的基础上，力求在地形起伏很大的广阔美景中创造出令人难忘的高尔夫体验，他们整改了原有的18个球洞，并为其增加了9个新的球洞。

案例分析：
冰川俱乐部

杜兰戈 (Durango)，科罗拉多州

高尔夫球场尊重了高山的生态环境

位于科罗拉多州西南部圣胡安山的塔马伦高尔夫球场是在 20 世纪 70 年代由斯坦（Stan）和布伦特 · 沃兹沃思（Brent Wadsworth）策划、阿瑟 · 希尔斯（Arthur Hills）设计建造。在 750 英亩的场地中只有 300 英亩被用于建设高尔夫球场和度假公寓，而这片土地的后面留下了一大块具有挑战性的场地。

塔马伦的环境引人入胜，从各个方向看均有明信片般的优美风景，但是多年之后，包括灌溉系统、道路、公寓、招待所和球场本身设施逐渐老化。25 年来，度假村已经转手很多次，但是这些业主都没有足够的财力翻修场地，并且入不敷出。2001 年年底，塔马伦被新的业主收购，新业主决定重新设计原有的球场，增加一个 9 洞的私人高尔夫球场区，并对住宅进行了总体规划。

除了班夫温泉（Banff Springs）这类场地，大部分所谓山区球场都位于山脚下的山谷中。而塔马伦原有的 18 洞球场是一个真正意义上的山地高尔夫球场，它具有这类场地的典型障碍。但是在山岭背后，业主想加建一个 450 英亩的新球场，更具挑战性的是——这里地形起伏很大，有很多岩石和茂密的森林，分布着窄草甸和大量的湿地。并且许多连绵的山地根本没有表土。

整个球场的设计尊重了该区域的地形及生态系统的要求。设计团队以全局的视角巧妙地平衡着该场地上的所有元素，同时尽量减少对已有植被的移除，最大程度地保留场地中的森

（上图）总体规划中增加了住宅设计，同时重新设计了前塔马伦球场，并在场地后方的山坡上增加了一个 9 洞的场区，见图中上方区域。

（对页图）设计元素中包含了原有的和人工挖掘的湿地，它们都是生物水净化系统的有机组成部分。在传统的管道排水渠内，我们加入了 8 英寸厚的沙土以及一系列的沼泽与湿地，这使得场地内的水在流入阿尼马斯河之前得到有效净化。

林，并且尽量不排干湿地。出于生态和美学的考虑，设计者没有使用传统的暴雨水管理系统——涵洞和管道，而是用 8 英寸厚的砂垫层和人工湿地的过滤系统构建整个球场。他们用回收的水进行灌溉，从而使受到干扰的湿地面积不足半英亩（场地内全部的湿地面积为 14 英亩）。

项目的第一阶段是建设新球场和整修现存的 150 间客房，并增加新餐厅和会议设施。2004 年 7 月再次开放的高尔夫球场，其新的标准击球杆数为 35 次，距离冰川九号 3583 码，同时它可以带领高尔夫球手体验 400 英尺的高差变化。

山地球场的精心设计，为球手提供了一个在崎岖地形上打球的真实体验。主要的落球区两侧被针叶林航道环绕，同时现有地形提高了击球的难度，许多都需要跨越湿地区域。球场四面均有优美的风景，东边和南边是传教士山脉（Missionary Ridges），西边是莫萨峭壁（Hermose Cliffs），北边是针叶林（the Needles Range）和工兵峰（Engineer's Peak）。在对原有的 18 洞球场的重新设计中，设计者努力赋予原球场新的特征。如给全能球员提供具有五个发球台的球场，已赢得高尔夫球手的一致好评。

冰川俱乐部的总体规划选在小镇住宅区范围内，位于独栋住宅地段，并设有游泳设施，同时还有超过 8 英里长的山间小道供步行和山地自行车使用。这些道路设施穿过峡谷和场地的山脊线，并与邻近的道路相接。

项目成员

总体规划，高尔夫球场设计，景观设计： DW 设计事务所

总设计师： 杰夫 · 齐默尔曼（Jeff Zimmermann）

高尔夫球场建筑师： 托德 · 格哈德（Todd Schoeder）

景观建筑师： 杰米 · 福格勒（Jamie Fogle）

委托方： 塔马伦发展公司（Tamarron Development Corporation）/ 玛 · 邓利维（Mal Dunlevie）

高尔夫球场承建商： 高尔夫工程股份有限公司（Golf Works, Inc.）

灌溉设计： 哈维 · 米尔斯设计事务所（Harvey Mills Design）

高尔夫球场监理： 马克 · 汉森（Mark Hanson）

高尔夫球场主管： 帕特里克 · 弗林（Patric Flinn）

管理公司： 特隆高尔夫公司（Troon Golf）

工程： 拉塞尔工程公司（Russell Engineering）

环境工程： Sugnet 环境公司（Sugnet Environmental）

水务工程师： 赖特水务工程公司（Wright Water Engineering）

地形设计： 拉思杰工程公司（Rathjen Construction）

景观设计： 海伊 · 康特里（High Country）

土地利用律师： 尚德（Shand）、纽博尔德（Newbold）、查普曼（Chapman）

为了保护湿地和河流，在径流进入纯自然生态系统前，整个场地对所有径流的雨水进行分级收集和过滤。

1. 过滤平台：整个球场由 8 英寸厚的粗引流砂覆盖，这也为草坪提供了一个良好的生长环境。即便发生强烈的降雨，雨水也会通过砂子流向串联整个球场的生物滤池汇水区。

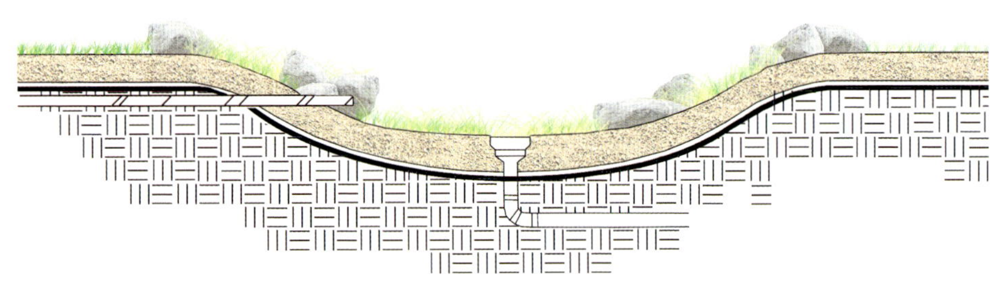

2. 生物滤池汇水区：生物滤池系统由大约 60 个低洼地构成，跨越长度达 100 码，一旦有异常的降雨，其就会进行雨水收集。过滤布（较粗的黑线）位于汇水区之下，能使雨水渗透到土壤里，而且可以阻止碎屑进入到这个过滤系统。从这些凹地中我们可以看到，所有没能渗入地下的水都通过管道进入生物滤池滞洪区。

3. 生物过滤洼地：生物过滤洼地是在沙土层上种植乡土草本，洼地的宽度从 30 英尺到 300 英尺不等。水流从洼地流入到一个不受干扰的草地漫滩（中心），其最窄地段有 50 英尺宽。通过洼地和漫滩的过滤，水流最终流入湿地、池塘、河流或湖泊。

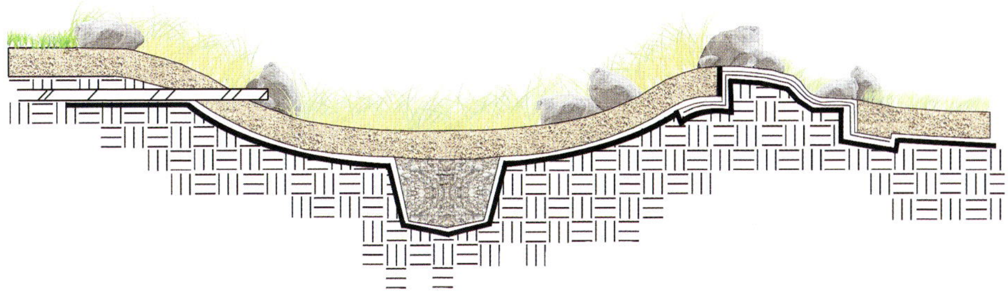

4. 生物滤池滞洪区：过滤布能使水通过生物滤池渗回到自然土壤中。当遇到不寻常的气候现象，大部分水流会进入一个 6 平方英尺大小的围岩排水池中。所有溢流都会通过一个不渗透的渠道进入生物过滤池。

（对页图）设计方案最大可能地保留原有森林，让森林与陡峭的山体地形紧密结合起来，以创造独特的难度和加分策略。

（左图）9个新洞中有8个都具有一定落差，将新球场与邻近的陡峭的莫萨峭壁连接起来。

（上图）俱乐部会所位于场地的制高点，在此可以观赏三个方向的球道风景，还可以看见后面的圣胡安山山脉。

深度探究

困境：废水和雨水曾创造了沙漠中的绿洲，但肆虐的径流和泛滥的洪水却摧毁了这里。这块土地曾经是野生动物观察点，如今却被人忽视，沦为流浪汉和野外骑行爱好者的领域。

完美目标：

社区
在社区的投入和支持下，12英里长的道路被清理干净，并为当地居民和游客增加了住所和教育展板，使原本被沙漠环绕的城市变得如天堂般美好。

环境
对损坏的土地进行侵蚀防治处理，并在废弃区域引种乡土树种，以促进湿地的恢复与稳定。让野生动物重回这块栖息地，重新成为鸟类迁徙的途经地。

经济
为了保护湿地和新创建的步道，场地内除了设置游客中心外，教育机构和旅游景点的解说设施也一应俱全，此外还有娱乐设施以供使用，它们同时还有储水的功能。

艺术
场地为游人提供恬静舒适的观景点，在小路漫步，在凉亭休憩，一览群山，引人入胜，尽情探索野趣，无限亲近大自然。

主题：用防治侵蚀的措施保持土地的稳定，使之成为自然保护区——一块远离城市喧嚣的净土。

深度探究：
克拉克县湿地公园

克拉克县，内华达州

修复受损的土地，创造城市中的净土

概述

多年来，拉斯韦加斯过水区（Las Vegas Wash）随城市的发展逐渐增大，然而由于缺少管理，这块土地日益恶化，直至洪水来袭，湿地被冲毁。20 世纪 90 年代初，人们开始意识到事态的严重性，国家投入了多达 1300 万美元的建设资金让这块场地起死回生，如今该地已成为区域性公园。

这项工程将拉斯韦加斯过水区变成了区域性公园，拯救了一块几乎被损毁 40 年的荒地。这块 2900 英亩的绿洲位于拉斯韦加斯边缘的莫哈韦沙漠东部。原有一条用于疏导城市径流、排放废水的干涸河床，20 世纪 70 年代，随着周边区域的迅速发展，废水和径流量增多，河床被水流拓宽。现有的湿地就是在原有河床基础上恢复而来。总体规划以修复过水区保护湿地为方针，在此基础上增加了道路系统、解说系统、野餐区、观景点以及保护区，形成了连贯的自然景观，并成为一处靠近城市和沙漠的生物避难所。

历史/背景

拉斯韦加斯过水区及其分支河流汇集了拉斯韦加斯河谷方圆 1600 平方英里的水流，包括地下水、暴雨水以及处理过的城市废水，水流经东面的密德湖和胡佛坝排入城市东南方 20 英里处的科罗拉多河。

深度探究

（上图）位于城市东南方向的拉斯韦加斯过水区汇集了1600平方英里拉斯韦加斯河谷的水流，是将城市径流从拉斯韦加斯排入密德湖的主要渠道。

（对页图）拉斯韦加斯过水区航拍图，显示了过水区从干涸的河床到湿地，最终变成侵蚀严重的漫滩。40年来拉斯韦加斯不断增长的人口使得城市径流增大，它曾为过水区孕育了湿地，但却因洪水泛滥使其被摧毁。从这张1984年的图片上，我们清楚地看到，洪水冲毁了湿地之后冲刷出的沟壑。

这个处于城市南部的区域本来是公园用地，但是它既缺乏安全性，又没有指示牌甚至没有道路，季节性风暴来临时，还有可能遭受洪水侵袭。在过去的一段时间里，伴随城市径流的适当增加，过水区变成了2000英亩的沼泽地，如香蒲之类的大量野生植物在此生长繁茂，还吸引了很多野生动物、多种鸟类等。然而随拉斯韦加斯区域的继续发展，12英里长的过水区难以承受径流量的持续增大，河岸边缘的植物遭到损害，土壤被严重侵蚀，每年流失量高达数十万吨。废水排放量已猛增至每天1.1亿加仑，在某些区域，渠道已经侵蚀到垂直高度达25英尺的地方。仅仅几年时间，半数以上的湿地被毁。这块区域是许多鸟类的迁徙路径中的停留点，所以一直都被作为重要的鸟类观测中心，但过水区的破坏让这块栖息地损毁严重，使野生动物的野外观察研究工作陷入困境。而伴随着城市社区的进一步扩大，这种情况在数年间逐渐累积，区域环境更加恶化。该地段尤其吸引野外骑行爱好者和流浪汉的聚集，甚至还成为垃圾堆放点，而露营者点燃的篝火会经常无人控制，对生态环境造成威胁，甚至危害到周边居民和公共设施的安全。1991年，这个众所周知的问题终于被搬上台面。内华达州的选民赞成自然公园的方案，让这个地方变成一个娱乐休闲区域，而国家将1330万美元投入这个项目，研究防冲结构，在拉斯韦加斯过水区建立公园，解决土壤侵蚀的问题。

进展

研究的场地有5000多英亩，工作立刻从几个方面入手。设计组成立了11人的专家团队，为项目提出了创新性的解决方案以及科学性的建议，包括公园的环境影响报告书，以及第一层防冲结构的环境评价。项目组与22个当地组织、州以及联邦机构合作，对土壤和地质适宜性、景观资源、植物群落进行了调查分析，在GIS数据库中上传10多张图以便当地部门密切关注这块区域的变化情况，同时让公众了解这块区域的价值所在。这一举措引起了公众的重视，使公众明白恢复过水区生态环境以及用湿地公园的方式对其进行保护的重要意义。

设计者利用一系列时事通信方式随时告知所有利益相关者项目的进展情况，例如总体规划过程，以及公众会议上需要讨论的议题。在六次公共

1944

1969

1980

1984

深度探究

湿地保护采用了一系列防冲构造，公园最西部设立了 100 英亩自然保护区，同时修建沿公园蜿蜒，一直延伸到密德湖的步道系统。

（上图）20 世纪 70 年代湿地面积呈快速地持续增长态势，主要是因为洪水和不断增多的城市径流，导致过水区的湿地面积越来越大。在空间上，水流冲击出的沟壑达到 25 英尺深，水流冲走了大量土壤，形成一条细长的沟渠，剩下一些根系不在水域范围的植被。

讨论中，包括当地居民、利益集团和官员在内的广泛群体共同讨论该如何设置公园。共形成四种规划方案：方案一要求满足娱乐需要，方案二基于对环境的保护，方案三是完全进行开发，最后一个则是融合了前三种方案的特点并根据土地类型进行合理利用——这是大多数人比较喜欢的一个规划方案。这个总体规划结合了公共社区的发展，在 2900 英亩的范围内设置了一系列公园，并与土地管理局（Bureau of Land Management,BLM）管理的 4000 英亩彩虹花园整合在一起。为了持续原有的繁荣状态，规划收集了场地物理特征的详细资料，同时制定出土地收购、融资和基金投资的一系列战略措施，以提高和引导规划区的管理和运行。整个过程中最值得一提的是，工作组利用大幅海报展示整个规划方案，使广泛的利益相关者，包括塞拉俱乐部、政府官员以及邻近的土地所有者都能及时了解项目情况。

这个规划于 1995 年 10 月在克拉克县监事会上得到一致通过，并获得了塞拉俱乐部和奥杜邦协会各地方分会的支持，也获得了土地管理局和国家公园管理局的支持。三个阶段的所有成本约合 3200 万美元。

结果

由于项目位于洪水泛滥区，同时是需要精心设计的公共聚集场地，因此，项目的最初阶段需要努力改变人们对这个区域的印象，通过设置公园可以帮助实现这一点。我们设计了一系列公园，每一个都具有独特的场地特征。在第一阶段，规划者首先花了 1300 万美元建设了一个防冲构造、一个有道路系统和美景的区域、一个独特的现场解说系统、一组野餐设施及生态化的栖息地和一个供湿地志愿者休息的临时游客中心。

这个设计改变了过水区的景观，并使场地成为安全、漂亮的公园，成为一个拥有野生动物、水鸟和湿地植被的绿洲，其与内华达南部其他自然保护区具有完全不一样的景观。核心区是一个大概 100 英亩的自然保护区，位置在城市过水区与公共聚集场地的交界处，这个核心区成为进入公园的廊道。保护区的第一个解说亭将湿地的自然和人文资源与公园游览者的生活经历和兴趣联系起来，使人们享受、理解、欣赏和帮助保护公园。在牧豆树灌丛和盐碱草地中若隐若现的一组野餐区域，拥有遮荫亭、桌凳、可容纳30辆车的停车区、免水厕所和小道。

在荒漠生态系统中，栖息地的保护主要集中在河岸和湿地栖息地。湿地在整个区域土地中只占到很小的一部分，但在区域野生动物生存上却占到非常重要的比例。这里的改善措施主要是替换入侵植物，例如滨水区的柽柳、牧豆树、沙柳、刺槐、垂柳和三角叶杨，主要是在有足够的土壤和地下水的地方。

接下来的第二阶段将建设一个综合游览中心，扩建道路系统、公园解说牌和更多防止侵蚀的结构。游客中心将逐渐转变为一个地方教育中心，该中心设在主要观景区，允许人们观察过水区的各种栖息地。建筑的设置是为了能让游客按次序进入游览区，建筑周边还拥有优美的风景。政府官员计划增加科研设施，主要提供给教育机构、政府机构和非营利性特殊利益集团的工作人员使用，他们会利用这些设施研究过水区的某些特定特征。

拉斯韦加斯过水区现有300多种鱼类，另外还有很多野生物种，绝大多数是在地表、滨水区可见的物种，以及一些湿地植被。大概有6000万美元的资金将投入到公园的美化、基础设施及它们的提升。内华达南部公共土地管理法案使公园建设成为可能，该法案允许将联邦批准的发展用地转变为保护用地，以支持敏感区域的保护。公园建设的后期阶段将使自然保护区扩大到280英亩，还将建设20公里长的道路系统，并将在四个道路交叉处设置游览便利设施，在过水区上建造三座桥梁，横跨公园植被恢复及优化的栖息地和流水区。政府预计，在防止侵蚀结构的建设上需要花费1亿美元的资金，其中已有2700万美元的资金投入使用。计划到2008年，湿地公园将全面完工。克拉克县湿地公园是哈佛大学设计研究院在2001年至2005年主持的棕地（工业废弃地）和中水（可再利用的废水、非严重污染的废水）专题研讨会的一个特色项目。

项目成员

总体规划：DW设计事务所

总设计师：丽贝卡·齐默尔曼

项目设计：马克·索登（Mark Soden）、吉姆·麦克雷（Jim MacRae）

委托方：克拉克公园和休闲中心

环境工程：SWCA环境咨询

工程师：沃森蒙哥马利（Montgomery Watson）

规划顾问：内华达拉斯韦加斯大学

深度探究

（上图和右图）动物栖息地和遮荫亭，沿路的解说牌使游客能更全面地感受多样的生态系统。

（对页图）这个受到良好保护、进行恢复后的湿地成为远处孤山的优美前景。

完美

第2章 场地

简述

泰诺·巴奇（Terrall Budge）（2003年加入设计事务所），主要研究无视场地特色而用标准化连锁性建造场地的危险性，以及如何为人们创造更有意义的场所。本章介绍的项目将围绕以下主题：怎样利用场地的历史、背景和环境条件创造一个独特的地方——一个具有强大吸引力和号召力的场所。

案例分析

里奥·格兰德植物园（Rio Grande Botanical Garden）：一个存在安全隐患的公园，从里奥·格兰德的乡土植物和历史文化中寻找新的生机。

黑梳山滑雪场：将其转变成为一个世界顶级的度假胜地。

比尔特摩庄园的旅馆（Inn on Biltmore Estate）：力图重现上个世纪末本世纪初的环境风貌。

厄尔巴索的公园（Gardens on El Paseo）：沙漠中郁郁葱葱的场所促进了零售中心业务和社区活动。

拉波萨达（La Posada）：新的目标和设计扭转了久负盛名的圣达菲旅馆的衰落状况，创建出一个理想的温泉度假胜地。

深度探究

匹兹堡二战纪念馆：在匹兹堡建立一个战争纪念馆，以纪念战争中的前线作战人员以及后方工作人员的贡献。

为了让我们的生活更有意义，我们需要真实的场地——可以教会我们怎样与自然和其他人接触交流的场地。

——泰诺·巴奇

我们到达海滩的时候，天又黑又冷。那是 1985 年 1 月 1 号，在日本本州岛的东边，我和朋友们一起在波光粼粼的海边看新年日出。到处都是星星点点的篝火，就像一条闪烁在世界边缘的星带。潮湿的空气中弥漫着各种异国食品奇怪的气味。黎明前的光越来越亮，人们成千上万的身影开始驱散黑暗。目之所及，海滩上满是人群。

我的脚趾被潮湿的海沙冻得冰冷，刺骨的海风从衣服中穿过。我们围绕着篝火挤在一起取暖，品尝盛在鼓泡壶里的传统食物。头顶的天空开始变成粉红色，海面上的地平线遥远且红彤彤的。此时，可以清楚地看到游泳的人们打破了海水的平静。

忽然，血红的太阳冲破地平线，照亮了整个海滩。我立刻被眼前这绚丽的景致所震撼。那一刻，我联想到日本国旗抽象图案的象征意义，把早晨的红太阳形象地转化为图案符号构成国家的标志——太阳升起的地方。我联想到太阳、天空、海洋、大地每天规律而壮观的景象变化，以及风、寒冷、潮湿、温暖等自然气候。我还立刻想到聚居在这片海滩上的人们，就在这片土地上，共同见证这个简单但是令人印象深刻的时刻。我同时还感受到更强大的事物——在更广的范围、更强大的文化背景下，人类生活的巨大延续性。我感受到了这片土地。

场地营造

真实的场地能让人与自然和文化进行深刻而恒久的交融，就像我在日本海滩的经历一样。它们能将不同的人们联系，也能将人与自然联系，还能将人们与场地的历史联系，人们在场地留下的短暂痕迹在后来便成为所在时代的文化，以此逐代沉淀，积累成为巨大的人类文化中的一部分。它们可能是在短期内经过特定设计而建造出来的，也有可能是经过几个世纪

在特定的环境中，当人的活动同场地的内在力量交融在一起时，场地便有可能成为自然和文化的交集。

（对页图）新年里用白旗来装饰的神社（一种习俗），位于日本九州岛秋月镇郊森林。

艺术和科学能够帮助创造和维持一个场所，不论它是活动场地、生物栖息地、工作场地或是思索场所，例如图中日本京都龙安寺的花园。

的增建和调整之后演变而来的。它们可能整体都是人为建造的，也有可能是受到了精心保护的自然环境。当真实的场地在形式、功能和尺度上得到扩展时，它们都拥有一个显著的特征：即在特定的环境下，将人们与场地的本质和精髓联系起来的能力。没有这些潜在的联系，场地不可能成为场地，而只是空间——常规的、没有意义的，和缺乏持续生机的空间。

创建真正的场地不是一门简单的科学。它是相当复杂的。要让场地变得更有价值，我们需要对它进行深入理解，需要平衡包括艺术与科学、自然和文化之间的复杂关系，赋予场地神奇的力量，使它们“活”起来。为了挖掘特定场地的潜在特质，真正的场地设计者必须经常探索和学习。当这些线索被公认是敏感的、标准的及和谐的时候，就意味着在自然过程和审美观之间已产生一些微妙的联系，即可以利用情感或理性认知给予场地力量和效能。拥有这些意义的场地能够使场地文化得到改变或传承，使其不被全球化、数字化所替代，而拥有特殊性。

场地设计者的工作是创造一种具有流动性的环境，随着时间流逝，产生文化积淀的场地，就像马克·特瑞伯(Marc Treib)在他的文章中提到的“景观必需的含义”。场地设计者必须将科学知识和对文化、自然的理解融入到工作当中，以创建有内涵和价值的场地。场地中自然和文化在科学与艺术方面的融合，将会使人们产生各种理解，产生丰富的经历和对场地的多种情感。

有趣的是，这些意图通常无法由设计者直接表达出来。在这些场地中，当使用者与文化和自然进行接触的时候，使用者才会真正体会到这些意图。因此，将要成为场地设计者的人，必须在工作中同时具备大胆与谦卑。在新场地的设计中，我们要大胆地确认哪些元素是需要去揭示、认知或明确的；同时也需要谦逊地接受那些我们可能不期望的解释和使用方式。这是一个将场地同自然和文化结合起来的行为，一个将场地建设成为对使用者而言具有魅力和意义的场所的过程。

自然的艺术和科学

梦想一个远离我们的原野是没有意义的。实际上并没有这样的原野。而是我们心中的沼泽和内在的原始活力，激发了我们的梦想。

——亨利·D·梭罗（Henry D.Thoreau），《自然历史》

“自然”是人为构造的词语。我们使用该词来定义那些有别于人类、独立于人类行为之外的事物。但现在，这种独立于人类的自然概念已逐渐不复存在。人类的影响遍布全球。正如威廉·克龙（William Cronon）在《罕见的土地：反思人类在自然中的位置》（*Uncommon Ground: Rethinking the Human Place in Nature*）中说到的：“人类的行为导致了全球变暖、酸雨、大气污染和环境污染等，几乎所有地方的气候都受到影响并开始改变。”科学界正在努力研究和测量自然系统的改变。温度变化、每百万件产品中汞的遗痕以及湿地面积的净损失只是研究体系中的三个方面。随着科学家发现问题和实施补救，我们将了解到许多相关技术和现象，还将增加我们对现有的复杂关系、相互依存和微妙平衡需要承担的责任、可持续的人类生存等方面的理解。传统的雨水管理系统将被生态沼泽、地下集水、重复利用系统、人工湿地和渗透设施所替代。可再生的能源将取代污染大气和水体的旧式能源系统。废蒸汽将转变为其他系统的动力。所有这些和更多新技术都将出现。然而它们都难以使我们失去的场地再现。

人类的建造导致了场地中自然环境的缺失，而这个负面影响我们还没有办法通过科学的方法进行计算，至于缺失的环境对人类文化和艺术的负面影响有多大，我们的认识则更加捉襟见肘。因为具有独特地位的自然被破坏和损毁，甚至被全球化无地方特性的场地所替代，它原有的能力也逐渐丧失，人们难以通过这些场地与原始背景进行深入而真实的联系。光污染让人们不能体验真正的夜空。自然降水已经被人工灌溉模式所替代。外来引进的植被替代了当地的天然植被。环境可以作为对场地自然背景的理解，在场地中的各种活动已被遍布全球的工业智能系统所替代。这些系统弱化了场地特定的位置、背景、联系和环境条件。局部特色变得普遍化。人为的气候开始形成并成为现实。人们从大地中分离出来。这种分离导致人类的后代不知道食物是从何而来，水是怎么从水龙头里出来的；他们没有在星空下散步的经历；在他们的世界里，他们不曾与自然过程有任何接触。地球上没有他们的场地。

有很多人争论，大地景观的人为干涉也应该被视为“自然的”——最好的景观是那些看起来就像是人类未曾触及过的地方。但是模拟或复制自然的企图有它自己固有的问题。毕竟，它们是人造结构。这种人为途径创造的景观和场地，缺乏它们应有的真正特征。更重要的是，这剥夺了场地自身创造的机会，创造诸如理论家让·鲍德里亚（Jean Baudrillard）在《拟像与仿真》（*Simulacra and Simulation*）中提到的“抽象魅力”的机会。一个深思的、敏感的和抽象的干涉是真实的，也能使自然和文化产生交融，并使这两者保持平衡。复制和模拟的自然，都不能为人们创造学习、理解和欣赏这种辩证关系的机会。

相反，我们需要真正的感觉和干预特质，它们能对自然过程的感性联系进行解释、说明以及创建。当自然系统的真正特质被巧妙的、故意的和直接的方式揭示时，它们将激发我们内在美丽而感性的力量。仅仅在特定的地方，它们还将使我们对这些独特而真正的特质心存极大的感激之情和深沉的爱。这些感觉和特质可能在我们周围，扎根在我们心中，并将我们与大地和整个系统连在一起。它们给我们强烈的场地情感，去创造和一个更可靠且合适的人类生存的场地。

当结合了自然系统相关的科学知识时，这个真正特质导致这个场地不仅仅是具有可持续性的功能，并且随着时间积淀，因场地情感变得深厚和博大，场地也将历久弥坚，并且更具影响力。

文化的艺术与科学

互联网是伟大的，但它仍不是纳沃纳广场：人与人之间自由地交往和随机地邂逅仍然需要实际空间中的接触。场地是制造意外认识和交流的环境，认识和交流则会促进民主。

——迈克尔·索尔金（Michael Sorkin），《特定场地的构成》（Some Assembly Required）

正如自然领域一样，对文化的理解和解释也需要与艺术和科学结合。两者的应用对于创造一个有价值的场所而言都是必需的。通过解释人们相互之间以及人与自然界间联系的重要性，文化和社会学科教授了我们该如何创建一个可供人们交流并产生社会价值的场所。科学探究能揭示人们在各种环境中沟通的方式，以及人类社会如何在这几千年内得到繁荣。它能指导我们从人类环境的角度做出更舒适、安逸的场地。心理学能帮助我们预测空间的使用方式，以及由不同环境而产生的不同交流方式。市场研究和营销计划则使整个场地的未来在经济上可持续。随着世界各种文化界限的模糊，文化的全球化、数字化和同质化，这种研究将变得越来越重要。而文化的艺术则诠释了人类活动的环境，并试图揭示它们的价值和意义。舞蹈、音乐、绘画、景观、建筑和其他艺术形式都是我们生活方式的体现，同时激励我们向更高的层次发展。

经济全球化背景下，人们通过数字化的互联网、电话、卫星广播和电视，与更广阔的世界进行连接，数字化媒介不断将全球流行文化灌输给我

人头攒动的意大利米兰大教堂前广场。庄严而高耸的大教堂与熙熙攘攘的人群形成对比。说明在次序而喧闹的背景下，场地可以产生能量。一个真正的场地会自然地形成它的价值；任何形式的虚饰都不能赋予它生机。罗伯特·M·皮尔西格(Robert M.Pirsig)在《禅和摩托车维修艺术》(*Zen and the Art of Motorcycle Maintenance*)中说，"例如装饰在圣诞树上的金属丝，品质并不是这类主体与客体上的虚饰。真正的品质源自主体和客体本身，源自它们的核心，这才是圣诞树必须拥有的。"

们。我们更多地通过数字渠道认知世界，而不是直接面对面的交流。当数字文化越来越普遍，则会有越来越多的人失去与本地真实环境的联系，丧失场地意识。不受时间和空间的限制，匿名的人群能够相互交流。交流仅需要在同一时间，无论空间上相隔 3 英尺还是 3000 英里。同一时间和地点的面对面交流似乎已经不必要，我们开始从传统的人类交流方式中脱离出来。文化批判家盖伊·德波（Guy Debord）在他的代表作《壮丽的社会》（*The Society of the Spectacle*）中描述，自从我们在新的文化形式中开始全面利用这种方式进行交流，我们就已经在隔离中同化了。我们通过数字方式进行远距离的联系，但是却没有共享的生活经历。而这个世界，景观和表象需要从本质和深层次的角度对其进行评价和赞美。传统的符号、音乐和绘画在这本《壮丽的社会》中再次被应用，并结合了非传统的甚至是数字化的方式，转变为完全与我们的原始背景相分隔的形式。无背景的过程中，最初的意图丧失了，正如尼尔·利奇（Neil Leach）在《麻木的建筑》（*The Anaesthetics of Architecture*）中的争论，符号已不能代表其原来的传统含义。漂浮、持续改变的符号，其意义已变得表面、肤浅和短暂。这里没有标准、没有真理让我们信服。

而场地也正在遭受如同“交流”所经历的上述变化过程。它们完全被全球大众文化所构建，丧失其应有的地方特质。代表地方特质的微妙和敏感的美的特征在大众和商业的符号毒沼里被摧残。场地也将成为一个肤浅的地方——只具有流行文化的单薄意象，丧失了其有形的、真实的意义，深受无地方性的困扰，使使用者远离美的体验。场地潜在的含义已经被盛行的无趣的同一性掩埋。在许多情况下，已经很难确定场地是在纽约郊区，还是在加利福尼亚州或艾奥瓦州。全球化导致了随处可见的毫无特色的场地，这些场地都与本土文化没有实质性的联系。

在这种文化氛围中，人们难以与场地和他人进行任何有意义的交流。

这种隔膜增加了人们对本土文化或自然环境的疏离感和孤立感。广义的景观不再给人们共享的、具有生命感的体验机会，而被基于最新时尚事物和景象的肤浅行为所取代。公共演说和互动被没有深度的社交方式代替，这些方式正如我们在电视和网络的虚拟世界中看到的那样，集中了时尚的涵义，结合了多变的符号。但这是一个只有表象的、肤浅的和联系浅薄的世界，而不是一个有深度的、本质上的和联系深刻的世界。

相反，真正的景观——真实的场地应该是有生命和意义的，它能让人感受到自然规律和季节更替，它依赖本土文化和自然，随着时间变化臻于完美。它们取决于人们在时间和空间上真实的相互影响，在那里，社会公正、自由和民主能全面实现。它们能让我们走出孤立的状态，促进我们与他人的联系，并抵制全球化。

真实场地的价值

我们生活在这样一个世界中：信息越来越丰富，意义越来越匮乏。

——让·鲍德里亚，《拟像与仿真》

我们比以前更明白，我们需要真实的场地，需要那些能让我们知道自己是谁，从哪里来，怎样与自然和他人相处，怎样才能拥有更有意义的生活方式的场地。我们需要一种美景，它融合了自然和文化、科学与艺术。对场地设计者来说，我们设计的场地完全是一个艺术与科学的结合体，这个结合体是自然与文化在复杂性和重要性上的融合。科学教我们怎样工作，艺术解释场地的重要性。对科学的透彻理解使我们产生新的审美观，而新的审美观将指导科学家进行更深层次的研究。对一个领域的领悟将使另一个领域更具有生机。这就使整个可见的系统和过程进入一种新的富于活力的状态——对亲切、整体和优美的理解将成为可能，并且真正的意义、价值和联系将从中得到呈现。这将创造一种人类与自然共生的方式。实际上，当一个领域能解释另一个领域的时候，双重性——对立面——将不会出现，这两者也将成为哲学体系中循环的一部分。

人类的经验、行为、文化、价值和特定的环境条件对某一地块的整体而综合的介入，导致场地的逐渐产生。这种场地是根深蒂固的、可持续的、有意义的、有显著本土性的。它们由科学、直觉、智慧和情感构成，充满诗情画意。在这些因素之间找到平衡很不容易且难以捉摸，还需要耐心、实践和坚持不懈。

总之，在广义景观中的场地就是所有。它决定我们如何生活，如何享受生活，如何与他人和自然联系，如何娱乐和改造我们自己。它是开展社会活动的基本平台——比如日本海滩的新年日出，在那里，我发现了一种新的理解方式，它能帮我理解自己在宇宙中的位置。真正的场地用真实且可触摸的、整体而本质的方式将人们联系起来。它能触及我们的灵魂。场地的转化还需要文化和自然赋予的神奇力量。作为人类，寻找这种力量是我们的使命，即使我们做的可能并不完美。这就是我们，更重要的是，这也是我们存在的意义。

黑帮活动使阿尔伯克基公园（Albuquerque Park）成为一个危险的场地。政府采纳公民倡议彻底改造了沿格兰德河的这块区域，使其成为一个旅游景点的中心区域，并包含一个用于教授人们地区文化和自然历史知识的植物园。

案例分析：
格兰德植物园

阿尔伯克基市，新墨西哥州

美将人与地方遗产相连

20 世纪 80 年代，在阿尔伯克基市最古老的城区，一个大型公园变为黑帮活动中心，并持续恶化，当局沿公园一侧安装了一片 12 英尺高、200 英尺长的金属墙，以保护邻近的街道远离炮火的威胁。事实上，这个公园和周围的场地都具有重要文化和环境意义：它是城市最早形成的区域，位于格兰德河树林中，河的边缘生长着一片棉白杨树。

1991 年，城市官员着手了一个雄心勃勃的规划，利用一系列市政标志和文化设施恢复和重建该地区，建成所谓的阿尔伯克基市生物公园。该规划将改善这个城市小而著名的动物园，扩展出一片城市垂钓区，增加一个水族馆并清除一些混乱的园区，创建新墨西哥州首个植物园。设计者引领一个团队对植物园进行总体规划和设计，植物园包含一个温室、一个游客中心、一栋教育建筑、一个举办公共活动的大型场地和众多植物园展览设施。

阿尔伯克基市官员起初将植物园描绘为一个拥有各种植物的地方，在这里人们到处都可以认识到不同寻常的物种，但是在规划初期，设计团队意识到，如果要持续地吸引游客，赢得当地市民的兴趣和支持，这个植物园必须更有生机。设计者们首先将邻近地区的几个植物园主管、社区成员和今后的工作人员汇集到一起，以此开始了整个总体规划过程。团队开始调查这块场地、河流和在此生活的人们，并描绘出一个植物园的理想蓝图和一个大概的情况。

该公园是一片位于格兰德河岸被忽视的土地。

格兰德河廊道是美国最长的连续性耕作区，作为许多不同文化的农业资源，已有至少1000年的历史。这里的生态系统极其多样，它源自落基山脉陡峭的高山峡谷，经过富饶的凹地，然后穿过干燥的沙漠，流向墨西哥湾。植物园的设计以此为基础，聚焦于两个问题：植物如何有助于沿河生活的人们，而人们又是如何反过来影响它的生态系统。

利用来自格兰德河的水流建造的一条人工河流，成为该设计的中心，象征着从较远的位置奔流至一个代表墨西哥湾的大水池。沿着这条河流，设计者创建了代表格兰德河流域不同生态系统的景观，展出了不同文化对格兰德河水的利用方式，并将展览穿插在这些景观之中。这些文化包括从古老的阿纳萨齐（Anasazi）农耕文化到祖尼（Zuni）的围墙花园文化，从西班牙殖民者最初修建灌溉水渠的文化到现代社会文化。通过展览，场地将教导人们这条河是如何养育人类，如何利用旱生原则创建与当地生态系统相适应的景观等。规划也改善了阿尔伯克基城市荒凉的外部环境。设计范围包括一个大型社区的集中区，为了隔离泛滥的洪水，设计者利用从水池里挖掘的泥土，在那里建造了一个抬高的“平台”和草坪休憩地区。

这个项目中有一个改善环境的创造性举措，使靠近温室的大水池融入到功能型湿地中，这样可以向人们展示滨水湿地处理污水的能力。尽管安全性问题和管理问题迫使团队使用传统的工程措施来替代，但是这个池塘仍然与河水分离，并且使其设计能够保证将来在环境保护政策进一步完善的时候重新加入湿地净化功能。

这50英亩土地的不规则形状对设计者来说是一个特殊的挑战。它有一个大型入口区，在其之后，进入较大的区域之前，有一块出人意料的狭窄空间。设计最初的问题是，如何吸引人们穿过狭窄区域进入到主要乡土植物的展览区。该设计将温室设置在这两块楔形场地的连接处，以解决空间的狭窄问题，把温室作为一个活动中枢，穿过温室的人们可以从场地的公共空间逐渐进入较私密的花园。由建筑师埃德·梅兹利亚（Ed Mazria）设计的玻璃温室，是一栋利用太阳能的建筑，里面种植了从沙漠到地中海的不同生态系统的植物，其中还有自由翻飞的不同的北美蝴蝶品种。它具有不利用任何机械系统进行加热和冷

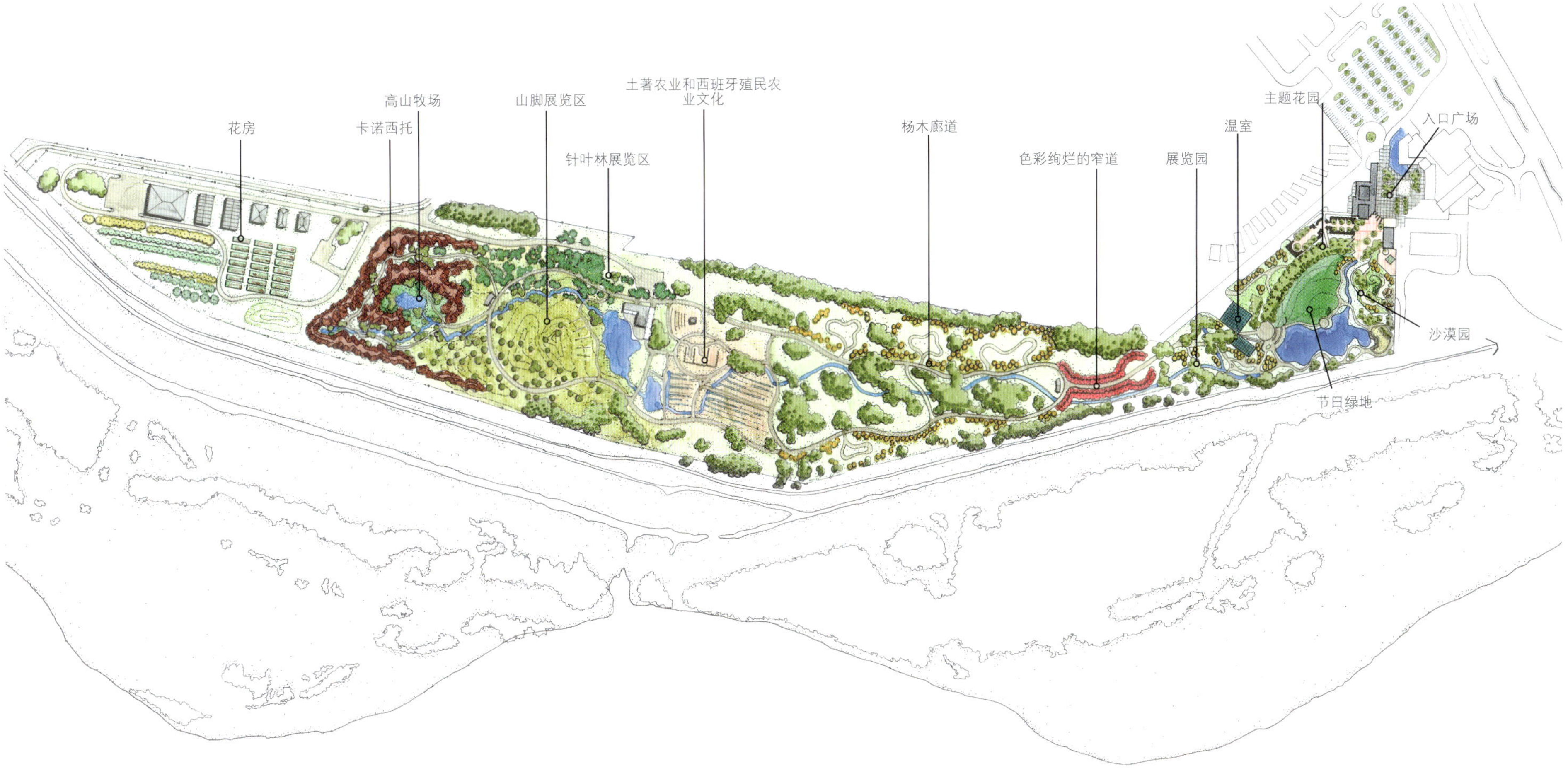

花房
高山牧场
卡诺西托
山脚展览区
土著农业和西班牙殖民农业文化
针叶林展览区
杨木廊道
色彩绚烂的窄道
展览园
温室
主题花园
入口广场
沙漠园
节日绿地

（上图）总体规划中的人工河流，象征着格兰德河，穿过一系列精心建造的生态系统，从高山峡谷、山麓小丘和农田到树木、灌丛和公园展览区，最后汇入象征墨西哥湾的大水池，水池右边还有一片开敞绿地。

（右图）场地现状的航拍图片显示，农业灌溉水渠将场地与树丛和河水分隔开。场地的狭窄"瓶颈"显示出设计该植物园的巨大挑战。

却的功能系统——这是大多数这类建筑最主要的花费。城市官员不确定这个项目的可行性，要求团队花费额外的 6 万美元安装这种没有使用过的备用机械系统。该建筑本身已经成为城市的一个地标，并经常出现在阿尔伯克基市的宣传材料中。

由于预算限制，加上关于联邦政府支持批准这块场地的比例的土地所有权问题，使允许改造的土地局限在前面的 15 英亩。在这块场地上，设计团队设置了植物园的主要结构：墨西哥湾水池、玻璃温室、游客中心和一个教育性建筑，水景和节日绿地作为社区活动聚集地，以及与该区域文化和历史相关的各种城市展示花园和特殊主题展览，比如一个西班牙摩尔式花园。这些都给植物园提供了一个平台，能持续吸引游客，并有助于后一阶段特色花园的集资。

项目成员

总体规划负责：坎贝尔·奥库马·珀金斯联合公司（Campbell Okuma Perkins Associates）

总规划师：克雷格·坎贝尔（Craig Campbell）

设计 / 施工：DW 设计事务所

总设计师：比尔·珀金斯（Bill Perkins）

设计者：费思·奥库马（Faith Okuma）、米米·伯恩斯（Mimi Burns）、吉姆·阿尔苏普（Jim Alsup）、阿利森·马尔霍兰（Allison Mulhouland）、布鲁斯·特鲁希略（Bruce Trujillo）、里克·博克科夫茨（Rick Borkovetz）

委托方：阿尔伯克基市

温室建筑师：埃德·梅兹利亚 / 梅兹利亚公司（Mazria Associates）

入口设施设计师：霍尔马斯·萨巴蒂尼·Edds 建筑师事务所（Holmes Sabatini Edds Architects）

土木工程：博安农·休斯顿（Bohannon Huston）

（对页图）大型社区活动使人们集中到节日绿地，欣赏“漂浮”在湿地上的景观膜下的乐队演出。

（上图）城市园艺展示区告知人们哪些植物会在本地干旱的土地中生长良好，以及如何对植物、土壤和河流进行管理。

（下图）各种乡土植物和动植物的形象，一些是假想的，给孩子们的花园带来了活力。

1977年，黑梳山的山脚下是一块荒地。一张描绘着未来理想蓝图的总体规划激发了开发商去建设一种新型度假村。现在，度假村已经建成，那里山峦环绕，全年都能给游客带来丰富的游憩体验。

案例分析：
黑梳山滑雪胜地

惠斯勒（Whistler），不列颠哥伦比亚省（British Columbia）

合理构建正确的规划框架促使度假胜地的成功

不列颠哥伦比亚省的惠斯勒，最初是由捕猎人于19世纪晚期在此定居时确立的，并在20世纪初的十年间逐渐发展成为一个夏季避暑胜地。50年后，温哥华商人开始在黑梳山建立滑雪区，并于1966年正式运营。1975年，加拿大政府宣布惠斯勒为全国第一个度假自治区，并批给土地以建造城镇中心。

和惠斯勒一样，许多美国北部的滑雪区也于20世纪70年代开始建设。那时的人们面临着较大的挑战，他们不得不与致力于保护森林的机构达成协议，不得不克服季节限制带来的现实经济问题，同时还需要面对将不合理的景观地形改造为有足够吸引力的娱乐场地的挑战，使滑雪场得以长期发展。

1977年，当不列颠哥伦比亚省滑雪运动的负责人开始推行一个位于惠斯勒附近的新滑雪山坡开发时，他与当时最有经验的滑雪区开发商——阿斯彭滑雪运动公司（Aspen Skiing Company, ASC）进行了交涉，该公司转而委托DW设计事务所制定滑雪山体的总体规划并设定开发的基本原则。

当时，惠斯勒有2000个度假小木屋和一些滑雪缆车，而黑梳山的滑雪场则仅有两部缆车。项目将黑梳山滑雪场和山底度假区两者的经济发展放在同等重要的位置上。设计事务所广泛而全面的工作方式融合了他们在滑雪胜地和新型社区方面的一些经验。团队开始把该区域构想成一个全年性的国际旅游度假胜地，并制定了

（上图）黑梳山和惠斯勒滑雪胜地曾同时进行开发。1977 年，这块将成为黑梳山滑雪场的地方只有两个缆车待在一座具有巨大滑雪潜力的山的基部。在连绵山脉基部的寂静乡村背后，整个区域曾被称为惠斯勒。滑雪场被开发并于 1980 年开始运营之后，黑梳山之名得以重新使用。

（对页图）总体规划设置了一条通往惠斯勒镇中心的道路（由埃尔登·贝克（Eldon Beck）设计），使滑雪者能够方便地进入惠斯勒和黑梳山脉，并由此带动了滑雪区的发展。

总体规划，提出了基于这个构想的建议，包括成立一个度假村协会，建设一个高尔夫球场和其他全年性设施。

滑雪山的总体规划巧妙地利用了两个度假村邻近的位置优势，在惠斯勒和黑梳山之间建造了一个中转场地，缆车能上升到这两座滑雪场的顶部，人们可进入任何一个滑雪场。一旦这些规划在当地得到认可，他们便将规划提交给政府。1978 年，加拿大将这个项目开发权授予 ASC。

1980 年，随着黑梳山的缆车开始投入使用，黑梳山滑雪场成为世界上最大型的综合滑雪场之一。四年之后，英特韦斯特公司（Intrawest）收购了这座山，DW 设计事务所被委托进行山脚下度假村的规划设计，规划包括设置一个综合酒店、首期的居住区开发、公寓的设计、黑梳山和惠斯勒之间道路连接的设计等。

该规划确立的框架为黑梳山滑雪场多年来所取得的重大成就提供了平台。自此后，这里就被滑雪和旅游的杂志持续地评选为世界上顶级的度假胜地，这些杂志包括《滑雪运动》(Skiing)、《滑雪》(Ski)、《雪国》(Snow Country)、《康德纳特斯旅行家》(Condé Nast Traveler) 和《旅游和休闲高尔夫》(Travel+Leisure Golf)。1998 年，这两座山的滑雪场合并，五年之后，惠斯勒 / 黑梳山（和温哥华一起）赢得了 2010 年奥林匹克冬季奥运会的主办权。近几年，DW 设计事务所在使该度假胜地成为世界上首个可持续性度假区做出了巨大的贡献。

项目成员

规划 / 设计：DW 设计事务所

总设计师：乔·波特、比尔·凯恩（Bill Kane）、理查德·肖、唐·恩赛因

景观建筑师：鲍勃·内文斯（Bob Nevins）
帕特·卡洛尔（Pat Carroll）
鲍勃·奇普曼（Bob Chipman）

委托方：

阿斯彭滑雪运动公司
20 世纪福克斯地产（Twentieth Century Fox Real Estate）
英特韦斯特公司（Intrawest Corporation）

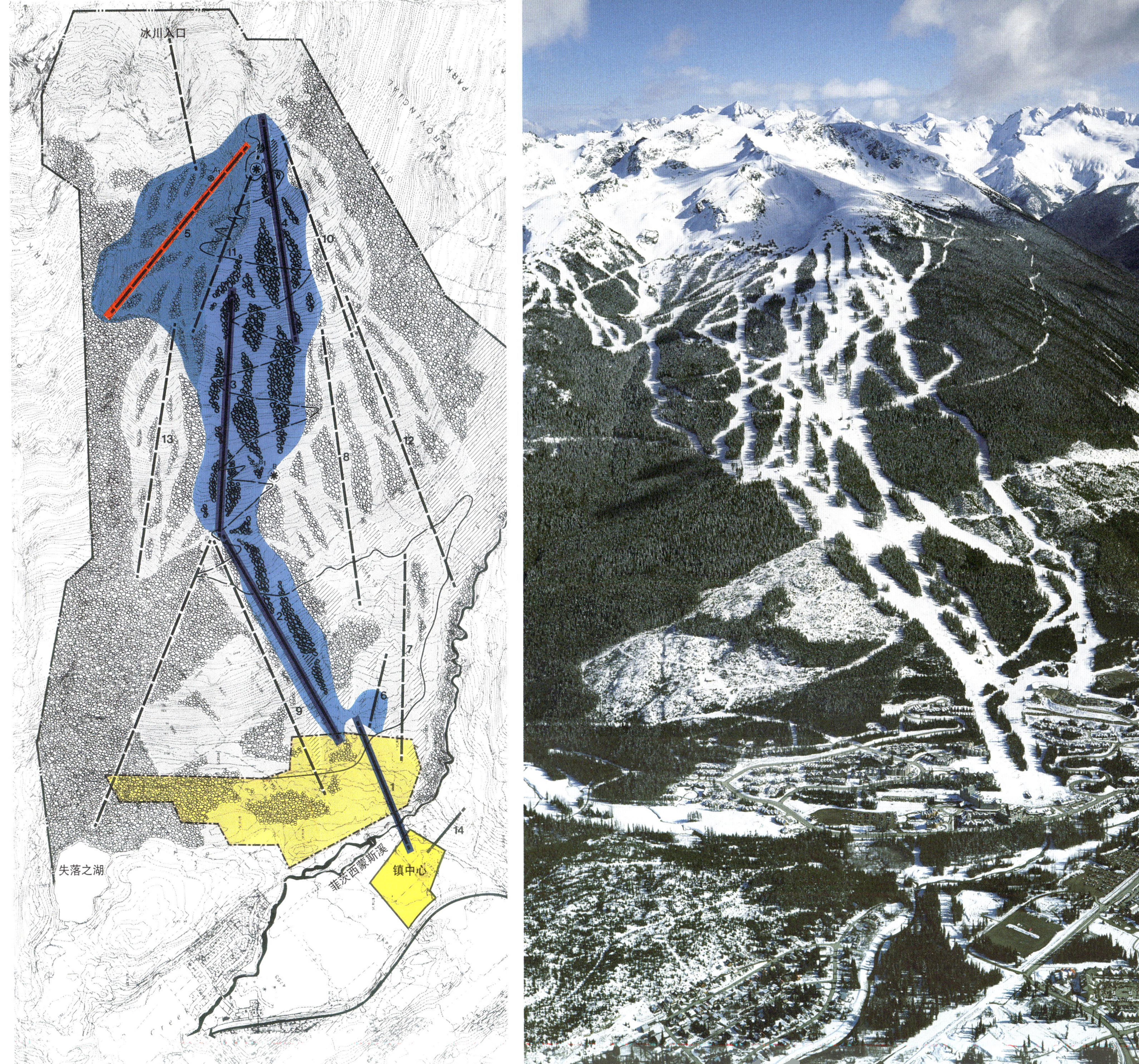

冰川入口
失落之湖
菲茨西蒙斯溪
镇中心

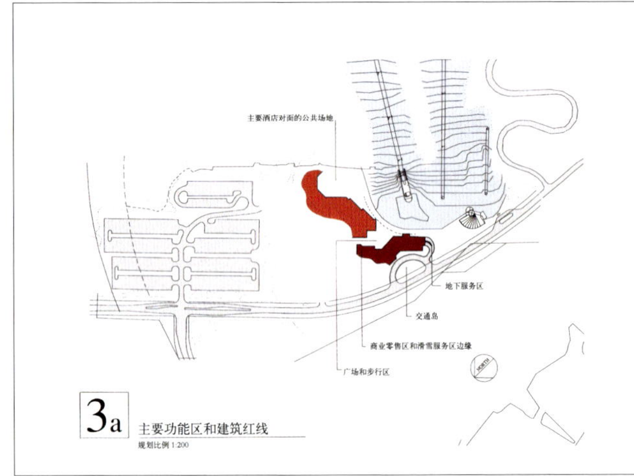

3a 主要功能区和建筑红线
规划比例 1:200

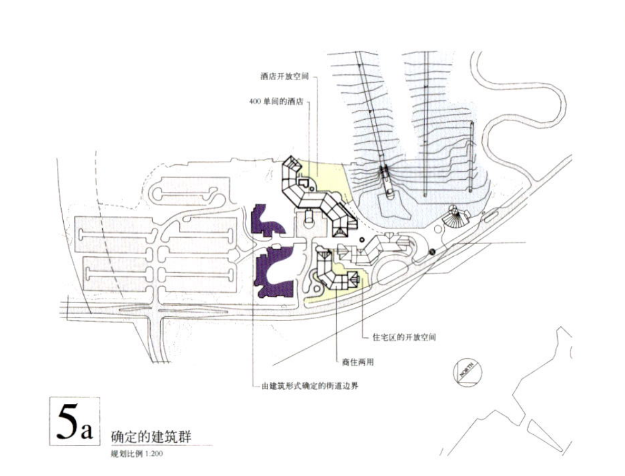

5a 确定的建筑群
规划比例 1:200

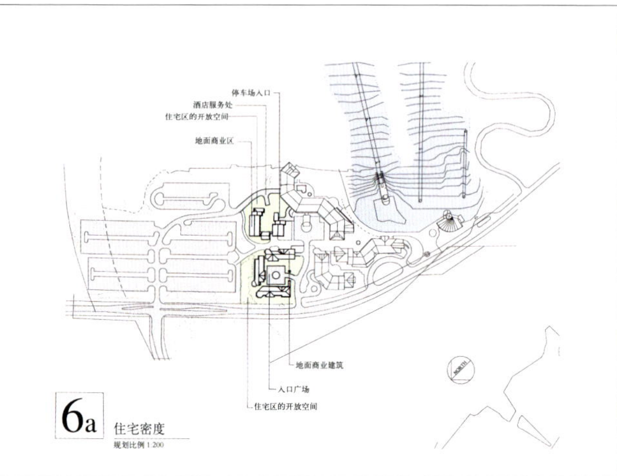

6a 住宅密度
规划比例 1:200

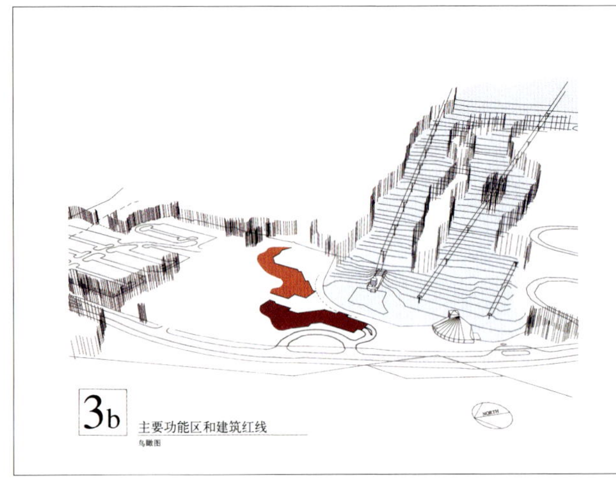

3b 主要功能区和建筑红线
鸟瞰图

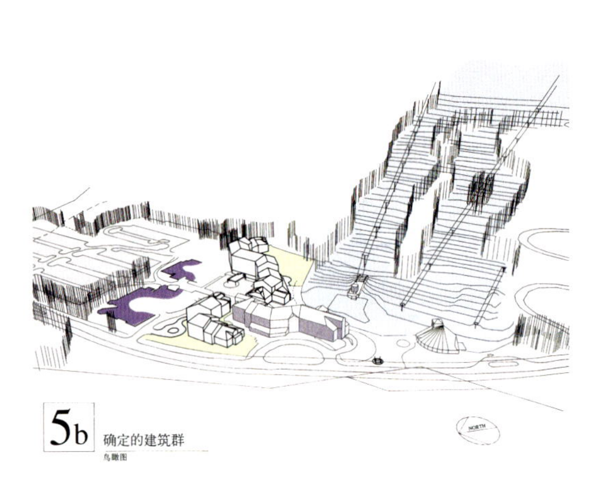

5b 确定的建筑群
鸟瞰图

6b 住宅密度
鸟瞰图

黑梳山村落的早期计算机分析图。为了保持滑雪区长期开放和可进入性，我们设计了停车场、公共空间和公寓住宅设施。

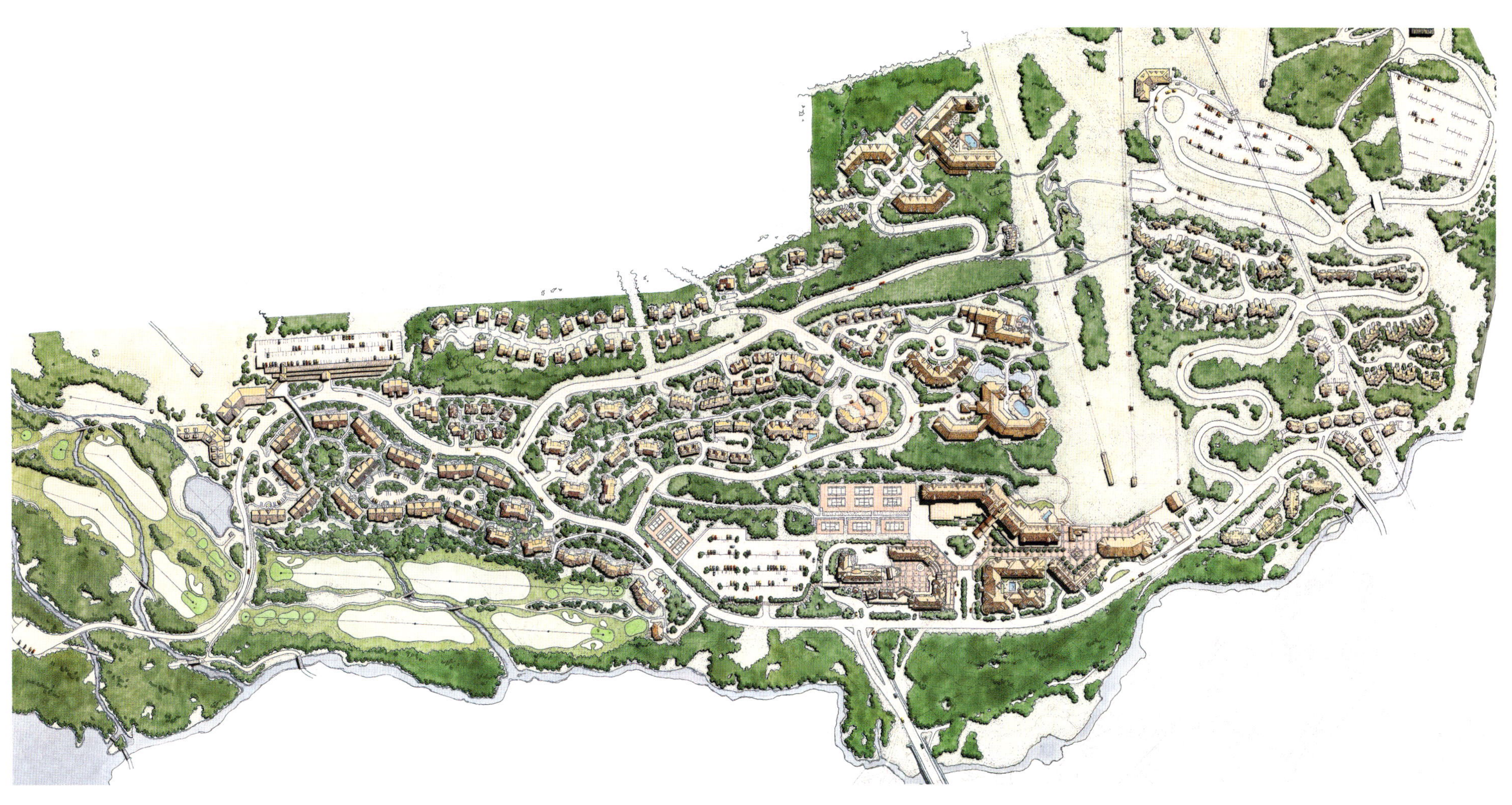

无论是在雪季还是暖季，这些村落都能让游客便利地进入黑梳山。

黑梳山滑雪场被规划成一个全年性的度假区，它的旅游景点、体制、居住设施和公共空间都具有四季接纳游客的功能。

（对页图）黑梳山村落环绕着山脚的滑雪道。惠斯勒的镇中心位于图面的近景处。

（左图）透过滑雪场上的缆车可以看到山脚下的乡村。

（上图）夏季游客也可以参加各种活动，比如山坡音乐会、高尔夫、自行车运动、钓鱼、泡温泉和山顶烧烤等。

范比尔特家族（Vanderbilt Family）希望在比尔特摩庄园上加盖一个新的旅馆，使其成为一个能重现以往体验，与比尔特摩城堡相媲美的地方。而弗雷德里克·劳·奥姆斯特德的设计理念成为这座新住宅公寓选址和设计的关键。

案例分析：
比尔特摩庄园旅馆

阿什维尔（Asheville），北卡罗来纳州

新旅馆的选址具有标志性意义

1890年，乔治·范德比尔特（George Vanderbilt）收购了12万英亩土地，准备在蓝脊山（Blue Ridge Mountains）建造一个旅馆，因为有了定居者，该区域的森林土地已经裸露。范德比尔特聘请弗雷德里克·劳·奥姆斯特德——美国首位景观设计师来设计这片土地，同时还聘请建筑师理查德·莫里斯·亨特（Richard Morris Hunt）设计一个具有250个房间的庄园，该庄园建造在三座16世纪法国文艺复兴时期城堡的后面。最后，该家族将其中9万英亩土地转让给联邦政府建设毗斯迦山国家森林（Pisgah National Forest）。

40年后，比尔特摩庄园在萧条期的中期对公众开放。当时，阿什维尔市经济受到重创，地方政府要求该家族招待游客，以刺激本地的旅游业。自那段时期之后，有研究评估了比尔特摩庄园在该地区的经济价值，竟高达数亿美元。

比尔特摩庄园一直是其继承者以营利为目的的公司方式进行管理，他们在整体目标上具有可持续性和保护性。留存的庄园土地于20世纪70年代被家族成员分割，比尔特摩城堡则坐落在剩下的8000英亩土地上，自然草地、农场和森林环绕在城堡周围。随着邻近地区开发的增长，低端住宅在这块庄园周围涌现，这种鲜明对比更加显示出比尔特摩城堡的美丽和精致。当时，比尔特摩城堡每年接待的游客达35万人次。该家族设置了大量娱乐设施和项目，以鼓励游客长期游览，并使旅游人群显著增多。1996

比尔特摩的房屋以及比尔特摩庄园旅馆在树木的遮蔽下若隐若现，弯曲的小路将游客引到这里。

城堡和旅馆都坐落在山顶上，距山下的佛兰西布罗德河大概有3英里。

年，经过10年的磋商，他们决定在庄园上另建一个与比尔特摩城堡相当的旅馆，能给游客这种国家历史地标的完美感受，并使庄园的税收增加。DW设计事务所与比尔特摩庄园管理部门合作，领导一个包含工程师、建筑师、景观保护建筑师和一个景观历史学家的团队完成了场地的设计。值得一提的是，该设计遵从并融合了奥姆斯特德的美丽、自我维持和可持续的设计原则。

设计师们帮助选择旅馆的基址，他们利用现有的计算视觉评估系统，并进行精确的场地分析过程，模拟出这个宏伟城堡在这片土地上的存在形式。城堡和旅馆都位于山顶，都具有良好的视景。交替的田园和森林将城堡掩映其中。但是旅馆选址的另一个关键性理由是：坐落在山顶上可以控制观看比尔特摩建筑景致的视线，反过来旅馆的存在对整个景致的影响却不大，并能很好地融入周围的景观之中。旅馆也是参照比尔特摩城堡的形式、屋顶轮廓线、材质和细节进行设计的。

选中的旅馆基址是一块由以前的奶制品加工厂和比尔特摩酿酒厂所在斜坡上的牧场构成的场地。该设计吸取了这栋宏伟城堡的灵气，利用邻近城堡的旧平台和远处的自然景观，包括鹿苑，对旅馆基址进行改造。受到奥姆斯特德田园风景风格的鼓舞，设计者精心设计了牧场、林地和远处广阔森林群山的景致。25英亩的旅馆场地包括一个入口快车道、不规则的花园、泳池花园和台地、一个新开垦的5英亩葡萄展示园、长满乡土野草的牧场、大量绿化、阶地状的游客和员工停车区。生长着酿酒原料的葡萄示范园内有一条小径通往该庄园的酿酒厂。

自2001年旅馆运营以来，比尔特摩庄园的这个旅馆已经获得了大量殊荣，这里评为AAA的四钻等级，《美孚旅游指南》(Mobil Travel Guide)的四星级，并提名在《康德纳特斯旅行家》2005年的黄金名单上。精心的选址方式和旅馆场地景观设计是这些赞誉的主要内容。在《旅游和休闲高尔夫》、《国家地理》杂志及NBC的《今日秀》(Today's Show)中也刊登了对该旅馆的专题特写文章。目前，每年几乎都有100万人游览比尔特摩庄园，庄园已经完全不需要任何来自政府或国家遗产机构的资助就能自我维持。在保证最初的自我维持和可持续原则下，该庄园还生产出大量蔬菜、葡萄、羔羊、牛和鱼，以及各种自酿的葡萄酒。

在旅馆选址及其景观设计工作之后，DW设计事务所又为比尔特摩庄园制定了一个长达20年的总体规划，其目标是恢复森林保护、农业和养殖业，并还与该家族一起计划了一些新的项目和娱乐设施，例如漂流等。

项目成员

规划／设计：DW设计事务所

总设计师：库尔特·卡伯特森、布鲁斯·哈泽德（Bruce Hazzard）

景观设计：埃米·凯普伦（Amy Capron）、大助吉村（Daisuke Yoshimura）

委托方：比尔特摩公司（The Biltmore Company）

景观保护建筑师：帕特里夏·奥唐奈（Patricia O'Donnell）、美国景观设计师协会理事／遗产景观

研究奥姆斯特德历史的专家：查尔斯·E·贝弗里奇（Charles E.Beveridge）、奥姆斯特德论文／美国大学

建筑师：斯科特·西克尔（Scott Sickler）／汤普森、文图赖特和斯坦巴克公司（Thompson, Ventuleff, Stainback & Associates，简称"TVS"）

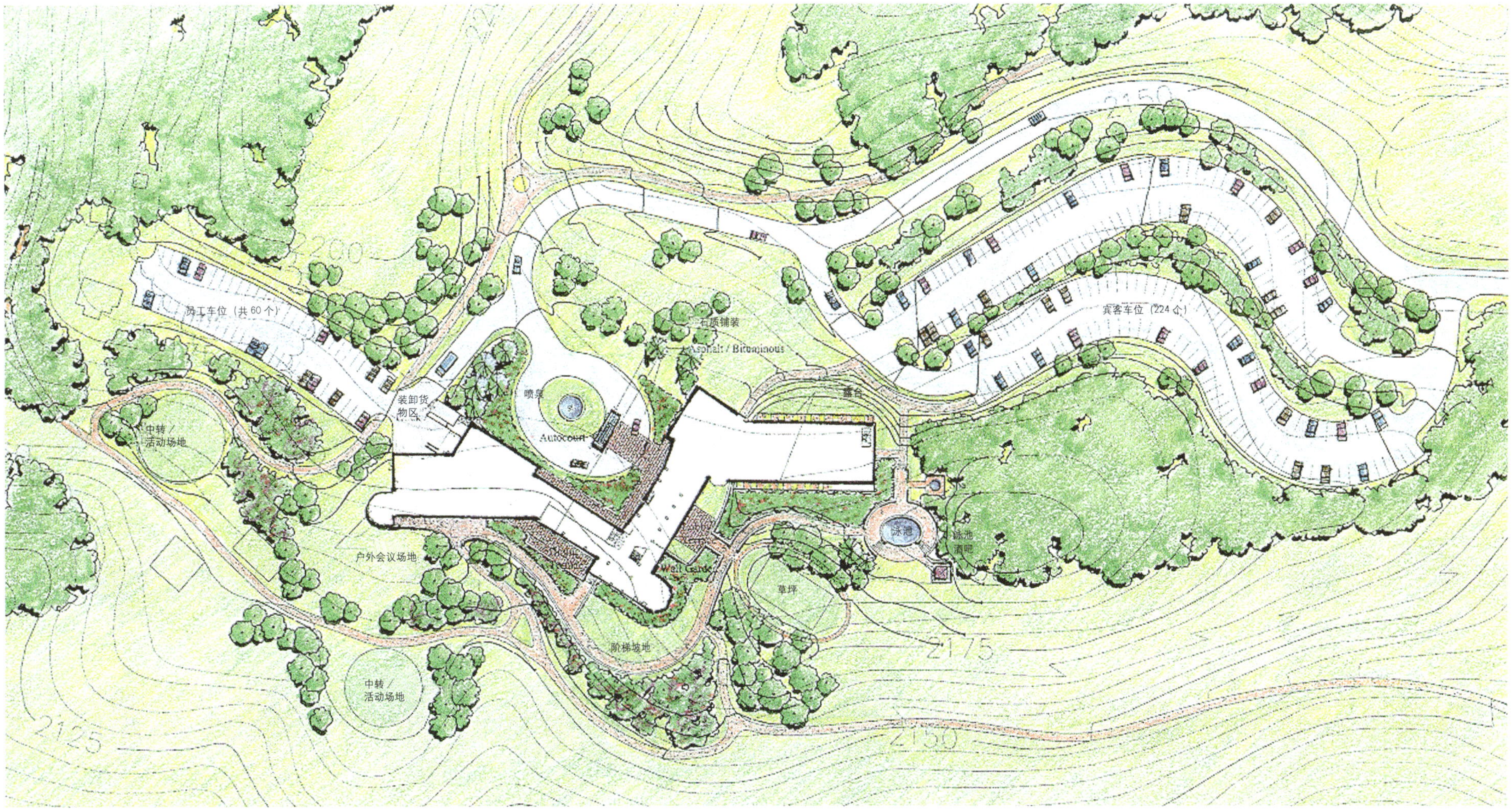

旅馆的广场和入口通道都是有意识地模仿比尔特摩城堡。同时，旅馆面朝远处的宏伟城堡，以充分烘托后者。

由于棕榈泉在零售税收上遭遇重创，政府开始着手寻找一种能常年零售的理想地。一个富于想像力的团队通过创造出美丽的公园解决了这一问题。在这个公园里，人们不仅可以全年购物，还能聚集在一起开展集会等社区活动。

案例分析：
厄尔巴索公园

棕榈泉，加利福尼亚州

棕榈泉的零售综合体吸引人群的不仅仅是购物

在 20 世纪 80 年代晚期，随着厄尔巴索商业区零售收入的下降，棕榈泉市税收随之受到了重创，整个城市难以为持续稳定增长的人口提供良好的设施服务。城市官员希望创建一个新型的全年购物的好去处来创收，但因为夏季高温会迫使购物者远离购物区，并致使零售业绩下降。20 世纪 90 年代早期，一个具有创造性的开发商收购了该区域的一部分，建设了一种四季环保且舒适的新型购物场地。

这块 10 英亩的场地位于厄尔巴索街的中心位置，该街道是棕榈泉市中心的主干道，沿路分布着各种小巧的精品商店和商业机构。在城市各方代表和主要街坊团队都参与的备选规划方案讨论中，设计团队着重强调，要给游客和棕榈泉居民一个充满活力的、独特的质优价廉的零售场地，并设置户外公园，使游人从周围商业环境脱离出来的——同时也成为当地的活动场地。

为了达到全年吸引游客的目标，第一件事就是要创造舒适的环境，设计团队使用了多层的遮阳设备，包括独立的建筑棚架、大型遮阳篷、海枣和林木树冠，以及喷雾设施等。团队还使建筑在公共空间和道路上具有最大面积的阴影，并利用渗沙性的铺装，能在早晨洒水之后，营造全天凉爽、蒸发散热的环境。

景观是该工程的中心。设计使建筑环绕在一个中心草坪和郁郁葱葱的沙漠河谷花园周围。草坪用来举行年度的户外音乐会、时装秀及一些家庭活动，比如复活节搜索彩蛋活动，以及一年一度的高尔夫专用电瓶车游行活动。一条长长的小溪流将草坪与棕榈泉花园分开，并在其源头形成跌水瀑布汇集到水池中。这1/4英亩的中心花园展现出该区域的地理和历史环境，设计唤起人们对邻近高山溪谷等自然景观的回忆，其中蒲葵能提供食物并遮蔽阳光雨水，同时这种植物早在几个世纪前就被作为印第安人的衣着服饰，因此别具意义。公园里有一个混合花园，里面除了乡土植物，还有能让人联想起科切拉谷（Coachella Valley）的沙漠植物，包括蒲葵、棕榈等，它们都能在本地种植；沿博物馆种植的绿皮树，是一种无刺的沙漠树木；还有各种多浆植物。地面种植各种春天开花的乡土野生花卉，为路过厄尔巴索的人们展现绚丽多彩的景观。嵌入这个沙漠花园中的还有精心挑选的本地石块和溪谷鹅卵石，鹅卵石沿植被的外轮廓和形式分布在装饰性碎石和沙子中，象征着蜿蜒的流水形式。设计者和加利福尼亚的雕刻家米尼克·格里姆（Mineko Grimmer）一起合作，在花园的另一端设立了一个公共艺术品，水景是由五个大型人工雕刻的景石构成，水流逐级落下，广场的水景的四周都设有灯光照明设施。

在设计过程中，DW设计事务所同开发商和棕榈泉大学的官员一起，为本地的园艺学生制订了一份工作（研究）计划。其目的是给予学生在实际工作中应用所学知识和技能的机会，并将沙漠花园作为一个真实的实验室来繁殖稀有濒危的沙漠植物。开发商也为游客准备了宣传手册，主要是从历史文化方面介绍了花园的设计和内容。

位于厄尔巴索街道上的花园开始成为开发商和棕榈泉市的样板工程，同时在经济上也取得成功。该工程于1998年后期开始运营，完全出租，并在该地区所有的零售中心中，享有最高的销售税款。政府给予该项目更多贷款，因为在过去的六年里，该工程上交城市的销售税款从6500万美元增加到1.73亿美元。同时，政府也认为，该工程之所以能吸引更广大范围的投资人和游客是因为它对零售租户的吸引力和其独特的购物环境。2004年，它被公共空间工程（the Project for Public Spaces）定义为一个大型的公共空间。

项目成员

景观建筑：DW设计事务所

总设计师：布鲁斯·哈泽德

工程管理：吉姆·麦克雷

景观建筑：吉姆·麦克雷

委托方：Madison Marquette房地产物业公司

工程协调：玛丽·多尔登维尔（Mary Dolden-Veale）

雕刻家：米尼克·格里姆

建筑师：奥尔顿+波特建筑事务所(Altoon+Porter Architects)

晚间各项活动延长了人们常规的日间购物时间。

（上图）中心花园被建设成为欢迎行人进入该购物综合设施的主要空间。在它的另一端是一片草坪，作为举行社区活动的聚会场所。

（对页图）花园里到处都有植被，从参天的棕榈、无刺的沙漠植物，到刺状的沙漠植物和当地的野花，这些都使这个空间四季绚烂。

SAKS FIFTH AVENUE

入口车行广场设计将景观元素融入落客区及入口通道的空间之中，为购物综合设施中郁郁葱葱、舒适宜人的环境作铺垫。

（左图）有遮蔽的入口通道，一直延伸到中心花园和草坪，并为游客提供集散场地，该通道由沙漠棕榈和耐旱植物构成，层次丰富。

（右图）人工水系沿场地的中轴流动，将中心草坪和沙漠溪谷花园分隔开来。

19 世纪 90 年代建造在圣达菲市著名的拉波萨达酒店遗址上的斯布大厦（Staab Mansion），自 20 世纪 30 年代以来一直是个理想的度假酒店，但是后来逐渐衰落，其间有过一些修修补补性质的改造，但效果不佳。变革创新的设计让这个酒店重振雄风，成为度假和休闲的胜地。

案例分析：
拉波萨达

圣达菲（Santa Fe），新墨西哥州

通过景观复兴为旧旅馆创造新的美景和生机

圣达菲的拉波萨达位于一块具有悠久历史的场地之中。早在17世纪初，这里便是执政者的宫殿广场，而19世纪这里建造起了颇具权威的圣弗朗西斯大教堂。值得一提的是，场地内由地下水构成的喷泉都已经有好几个世纪的历史。13世纪，印第安人开始利用地下水灌溉庄稼；而到了17世纪初，当西班牙人抵达该地后，他们便利用水渠灌溉果园，他们建设的水渠贯穿了新墨西哥州北部的大部分地区。1882年，一个富裕的商人利用从欧洲进口的材料，建造了一栋颇有帝国权威风格的三层复折屋顶的宅邸，但当他于1913年去世后，他的继承人却把房子卖了。20世纪20年代，这栋三层的房子被大火摧毁，后来用土坯色的灰泥进行了粉刷。那段时期，这里不断新增一些附属建筑，并逐渐形成一些旅馆，而后成为汽车旅馆，当时被称为拉波萨达（旅馆）。20世纪40年代初，在原宅邸后的果园里，新建了大量土坯色的小屋，或者说是“小房子”，提供给艺术家和艺术专业的学生居住，他们一般都是圣达菲市艺术社区的成员。几十年之后，汽车旅馆由于其混乱的风格，逐渐破损。20世纪90年代，一个新的业主购买了这块土地，并计划将其转变为一个温泉度假胜地，在嘈杂的城市里隔离出一片安静的休养区。

设计者们首先勾勒出理想蓝图，并编制总体规划用于更新整个场地（场地面积为6英亩）。该规划的目标是，通过在场地周围塑造新建筑、公共空间和具有私密性但色彩绚烂的花

一组印第安风格的小屋，为社团集会营造出围合的庭院，私密的角落和步行廊道引导人们在这里游览、探寻和体验。

园，从而将这些古怪而被忽视的20世纪40年代的土坯色汽车旅馆构成一个整体。该设计保护了最美丽的历史景观，并通过增加停车场、新客房和会议中心，以及温泉和水池等设施，将之前的以停车为主的区域转变为一块适合步行的环境。为了替代曾经覆盖整片场地的行车道和零散停车位，设计者在庭院、喷泉、草坪和阶地状的花卉喷灌系统间交错布置了带花纹的碎石小道和混凝土道路。

设计团队包括有景观设计师、建筑师和室内设计师，以可持续发展的理念进行场地规划。新规划将新设施融入由大树、宽阔的花园、早期汽车旅馆陈旧而层层叠叠的土墙构成的景观环境中。新建筑谨慎地设置在与历史建筑以及原有树木相和谐的地方。早期的维多利亚球状路灯也被保留下来，照亮贯穿花园和庭院的道路。

设计特意保留了维多利亚时期栽植并生长良好的植被，包括黄杨木、紫杉、杜松、紫丁香、冬青、连翘、女贞、蓝云杉、桦木、七叶树、梨树、杏树、苹果树、杂交茶香月季，并在花圃里种上了鼠尾草、山杨、蓍草、紫丁香和疯长的杜松。设计者还在场地中增添了滴灌设施（一种灌溉系统）和季节性色彩变幻的新花圃。包括美国紫荆木、山楂树、海棠、新墨西哥李、紫丁香、大叶醉鱼草、枸子、灌木蔷薇、矮柏、小檗、假荆芥、羊茅、蓝燕麦草、飞燕草、蓍草、缬草、鼠尾草、黄雏菊、俄罗斯鼠尾草、吊钟柳、黄花菜和藤状喇叭。为了给度假村的厨房提供新鲜的香草，设计者沿房屋开辟了一片药草园，沿建筑基石边缘种有百里香、鼠尾草、细香葱、当归、迷迭香、牛至、薄荷以及其他乡土草本植物。新药草园、玫瑰花园、餐饮庭院和其他小庭园在一定程度上形成了舒适的空间，并且全年不断变化、四季色彩鲜明。

场地中原有的石材和砖块被复原或重新利用，如原有的铺路砖被沿着历史性车道的边缘一直铺设到最南端的别墅群中。除了现有的入口台阶不符合当前标准，或者说是存在排水问题而需要处理之外，这个用石头铺设的私人庭院基本得以原封不动的保留。新台阶和坡道都与原有的材料相协调，低维护成本的灰泥和石板的花园围墙展现出美国西南部的风情。用做铺装基调和庭园的铺地用材的墨西哥岩石块具有丰富的色彩、较好的质地和耐用性，并能与现有材料的色调很好地融合。

（右图）各个层次的植被丰富了这个场地的肌理和空间层次。

（左图）原旅馆的柏油停车场中的大部分被改造成温泉和泳池，剩下的部分被改造成花园和庭院。

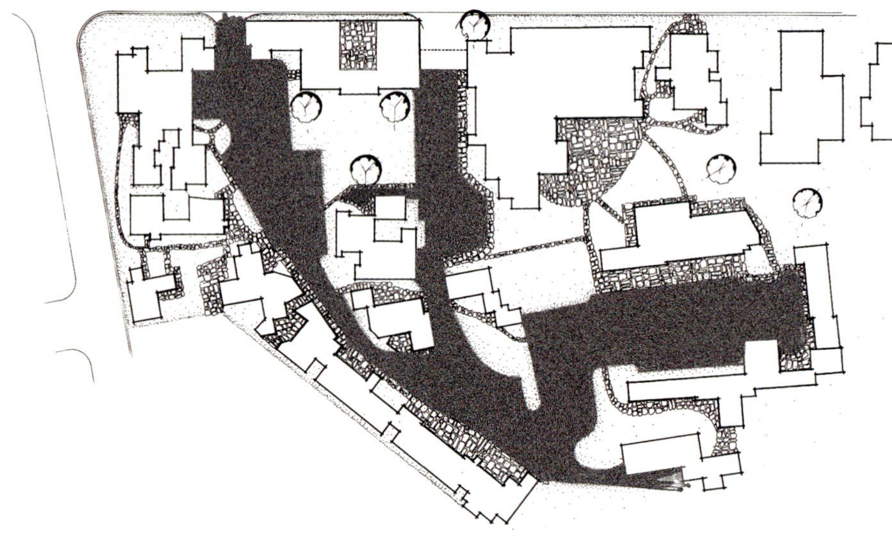

大部分酒店场地被柏油停车场占据，新设计中将其转变为花园和庭院。

设计在公共空间中融入传统的新墨西哥州特征，以调和建筑的折中风格。花园和庭院的特色装饰铺砖、石头铺地、土砖风格的墙体以及木梁成为原始维多利亚式宅邸与印第安风格土砖建筑之间的和谐过渡。场地很自然地突出了修葺过的小屋，及美国西南部温暖色调的铺装和花园，这里土砖色的墙体和人工雕琢的香柏木梁都具有显著的本土艺术特征。该度假村宅地还有一些小品，不论是比原物大还是小的雕塑，都显示出花园的独特，反映出作为艺术家的乐园和圣达菲市艺术文化的场地及历史的情调，并传达出一种优雅的奢侈感。

为期一年的全面改造之后，度假村于 1999 年夏季开放，共有 159 间土砖色风格的套房及雅房，很多房间都以来自圣达菲市最著名画廊的独创艺术作品为特色。此后，拉波萨达经常成为许多杂志的专题特写，包括《建筑学文摘》(Architectural Digest)、《国家地理旅行者》(National Geographic Traveler) 和《日落》(Traveler and Sunset) 等。2004 年，它被《旅游与休闲》列为世界上最好的 500 家酒店之一，并获得《康德纳特斯旅行家》读者评选的金牌酒店提名奖。

项目成员

规划 / 设计：DW 设计事务所 / 坎贝尔·大卫·珀金斯（COPA）

规划总设计师：费思·奥库马

设计团队：托德·约翰逊、迈克尔·拉森（Michael Larson）

施工图总设计师：凯瑟琳·博加斯金（Kathleen Bogaski）、费思·奥库马

设计团队：迈克尔·拉森、埃迪·昌（Eddie Chau）

委托方：麦德龙酒店（Metro Hotels）/BKG 管理部门

喷泉顾问：戴夫·施奈德（Dave Schneider）、自然创意事务所（Nature's Creation）

建筑顾问：韦恩·劳埃德（Wayne Lloyd）、劳埃德·特里克公司（Lloyd Tryk Associates）

室内设计：鲍勃·齐默（Bob Zimmer）、齐默·亨得利公司（Zimmer Hundley Associates）

（右图）步行道将游客引入场地更深处，穿过郁郁葱葱的花园，可以看到由来自圣达菲市的优秀艺术作品装点的廊道。

（左图）质朴的隔墙、植物、石头和土砖给这个私密空间增添了丰富的元素。

深度探究

困境：匹兹堡拥有许多战争的遗迹，但却缺少二战时期的遗迹，而这次战争却对该城市有着深刻而持久的意义。因此，这块区域需要有一块场地用做战争的记忆支点，给在战争中做出重要贡献的退伍军人和作战在敌后方的人们一片回忆的场地并给予其殊荣，同时以此来教育后代。

完美目标：

社区
讲述二战在国内外的情况，以纪念那一代人，使人们回顾当时的历史；通过河边的步行道路系统的连接，成为默祷者体验的缅怀空间。

环境
让大地和河流对话，通过流水景观传达出一种永恒的感觉，将庄重的记忆融入大地，并利用乡土植物及材料确保景观的持久性。

经济
建造一个地标性构筑物，以吸引新游客来到城市，并将这种纪念整合到它周围的城市结构中，使不同的空间之间完美地过渡，在场地内设置指路明灯，并作为这个崭新目的地的显著标志。

艺术
整理各种有关战争的历史记录，利用美军惯用的五角星来纪念那些曾服役过的、值得尊敬的战士，并以此激励大众。

主题：场地将被建成一个露天的战争纪念博物馆，这对于居民、游客、战士和他们的后代而言都具有深层次的意义，这里将使人们重温战争故事，并缅怀先烈。场地的设计需要将具有象征意义的纪念物与战时故事及已故战士名单的展示进行平衡与协调。

深度探究：
匹兹堡二战纪念园

匹兹堡，宾夕法尼亚州

城市历史使战时活动的记忆更加丰富

概述

第二次世界大战对匹兹堡有深刻的影响，不仅因为匹兹堡年轻一代的壮烈牺牲，还因为它是战备物资及武器的重要生产基地。和美国其他很多城市一样，匹兹堡没有二战的纪念地：人们只是理所当然的觉得这里对战争有贡献。但随着岁月的流逝，战时士兵的衰老，很多人认为是时候来复述这些故事并给予战士荣誉和尊重。2002 年，匹兹堡政府和老兵团体们从一项设计比赛开始着手，竞赛目的是为了纪念阿勒格尼县（Allegheny）参与过战争的市民，包括国外和国内服役过的人们。获奖设计是一个纪念园，它既纪念征战沙场的战士，也纪念在后方努力的战争工作人员。

历史/背景

匹兹堡是战备物资生产的核心区，其武器、飞机、军需品等产出能力被德国人严重低估。这座城市也是帮助赢得二战的关键，它拥有钢铁、玻璃和铝的制造厂，并拥有以科学和技术著称的研究机构，诸如卡耐基美隆大学（Carnegie Mellon University）、西屋电气公司（Westinghouse Electric Company）和亨氏公司(H.J.Heinz Company)。匹兹堡和阿勒格尼县都为保卫家园做出了持续的战斗，在这场战争中当地至少牺牲了 4000 名战士。

相比美国其他城市，阿勒格尼县拥有更多的退伍军人，这些退伍军人一直

两个匹兹堡退伍老兵发起了建立纪念园的活动：尊敬的约翰·G·布罗斯基(John G.Brosky)（左）和斯坦利·J·罗曼(Stanley J.Roman)（右）。页面上方图片摄于2005 年；下方图片摄于1942年，两人正在服役期间，布罗斯基在太平洋上的博拉博拉岛(Bora Bora)上，而罗曼在阿肯色州的查菲堡(Fort Chaffee，Arkansas)参加集训，之后，他们被送往欧洲参与军事行动。

深度探究

右图中用红色标记的场地位于市区的阿勒格尼河北岸，并与城市沿河步行系统相连。

在为期三周的设计专家研讨会议中，景观建筑设计师与雕塑家合作，力图设计出一种能传达纪念馆关于责任、荣耀和国家中心价值的独特环境。图片中展示的是塔楼，将作为一个标志，吸引人们进入这个场地。

在城市公民生活中活跃着，并具有突出的地位。尽管匹兹堡为朝鲜战争和越南战争树立了很多纪念碑，但却缺少二战的纪念物。城市官员立即认识到事情的重要性，他们与退伍老兵一起努力了三年，终于将纪念碑放置在沿阿勒格尼河北岸新开发的河边步道边。项目是在 2001 年获得重大突破的，当时市长汤姆·墨菲（Tom Murphy）决定出资 5 万美元开展设计竞赛，竞争者包括朱莉与奥马里·安瑞尼（Julie & Omri Amrany）、德·艾伯瑞与大卫·斯佩尔伯格（De L'Esprie with David Spellerberg）、贝弗利·佩伯（Beverly Pepper）、阿伦·科特里尔与杰拉尔德·莫罗思科（Allan Cottrill with Gerald Morosco），以及苏珊·瓦格纳（Susan Wagner）。2002 年 6 月，DW 设计事务所和雕塑家拉里·柯克兰（Larry Kirkland）组成的团队获胜。

过程

团队中有些成员对项目怀有个人情感，因为他们的父亲曾参与过二战。在他们看来，纪念园的核心任务，是让这个战争故事及其中的道义流传下去，团队利用这个概念将纪念园的主题延伸到露天博物馆中。在设计专家研讨会议中，团队的成员在听到 1962 年道格拉斯·麦克阿瑟将军的著名演讲“责任、荣誉、国家”时，立即意识到这就是这个项目中他们一直寻找的价值观，即二战中战斗的中心，它是一个时代的标志，将成为纪念园的价值核心。

设计

这块场地位于阿勒格尼河北岸，赛里门特和第七街的两座大桥之间。为了传达出二战对匹兹堡的重要意义，该设计必须给游客提供一个环境，能让人了解二战，并能准确地传达那些价值观——无论是在英勇事迹中，在日常生活中，或是在供奉典礼中。在一个大学历史学家的帮助下，他们找到了家书、个人回忆录、新闻报道和奇闻轶事等资料，这些资料不仅有关战时大后方大规模的战时生产，还包括诸如亨氏公司改装其加工间，制造不会被雷达检测到的木质飞机滑翔器的故事。

作为美国价值观最简单的图像化身，设计团队选择了五角星。他们从责任的理念入手，在斜坡场地的西边尽端处设计了五角星状的广场，并将一个开放式的、高 65 英尺的铁塔放

深度探究

（上图）设计专家研讨会议的记录稿记载了场地中三个重要元素的设计演变过程。具有象征性意义的五角星在设计的最初阶段就已经被想到，只是形式和摆放位置经过了不断的改变。

（对页图）模型、手绘图纸和透视图，在纪念碑的设计过程中起到了重要的作用，它们使设计者更加直观地、可视化地了解整个设计。对责任、荣誉和国家的重视都体现在设计之中。

置在广场的中心位置，它如同一个灯塔，吸引人们进入这个场地。铁塔的拱轴形成向上倾斜的网格状，从下面向上看时，就是一颗五角星的形状。广场的墙体由钢材和玻璃制成，上刻有图片和诗文，以及时间线索。面向山坡的墙体为钢材，而面对河流的墙体为玻璃，这两种本地生产的工业材料，对赢得战争起到了关键作用。

步行道路将人们从露天博物馆引导向纪念场地的其他空间——一些更加适合沉思的空间，继续朝东，会经过刻有牺牲者名字的玻璃幕墙。这个荣誉名单设置在河边，以使人感受时间流逝的无奈和自然生命的短暂感。在道路的东部尽端，一个有一定倾斜角度的壮观的银色五角星雕塑体现出国家的形象，它寓意着飞舞的国旗。五角星的边缘是钢护板，上面铭刻着美国一直坚持的国家原则——勇敢和尊重，在责任和荣誉的义务中久经考验。

成果

团队的设计被评审委员会和基金会全体一致通过，该设计从2002年后期开始，共花费大概250万美元。出资者希望2006年可以开始进行建设。

项目成员

规划/设计：DW设计事务所/柯克兰事务所（Kirkland Studios）

总设计师：托德·约翰逊

设计：柯比·霍伊特（Kirby Hoyt）、尼诺·佩罗（Nino Pero）、扎克·巴格斯（Zac Boggs）、艾林·特德柏克（Elin Tidbeck）、马特·肖维克（Matt Shawaker）

委托方：匹兹堡第二次世界大战纪念园基金会

合作者：拉里·柯克兰（Larry Kirkland）/柯克兰事务所、布鲁斯·贾纳思科（Bruce Janacek）/北部中心学院（North Central College）（伊利诺伊州）

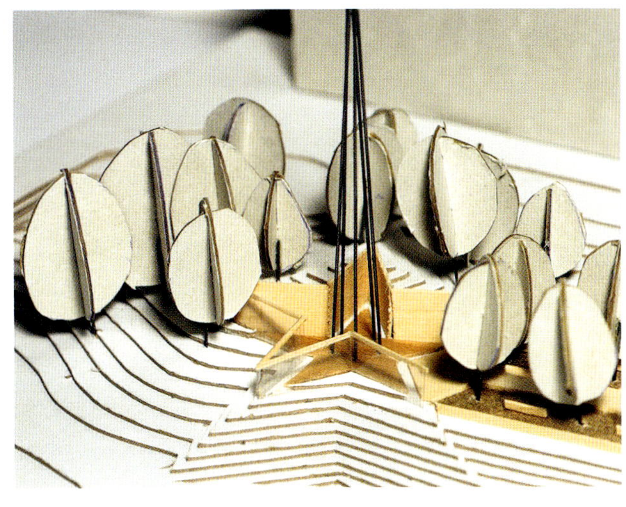

深度探究

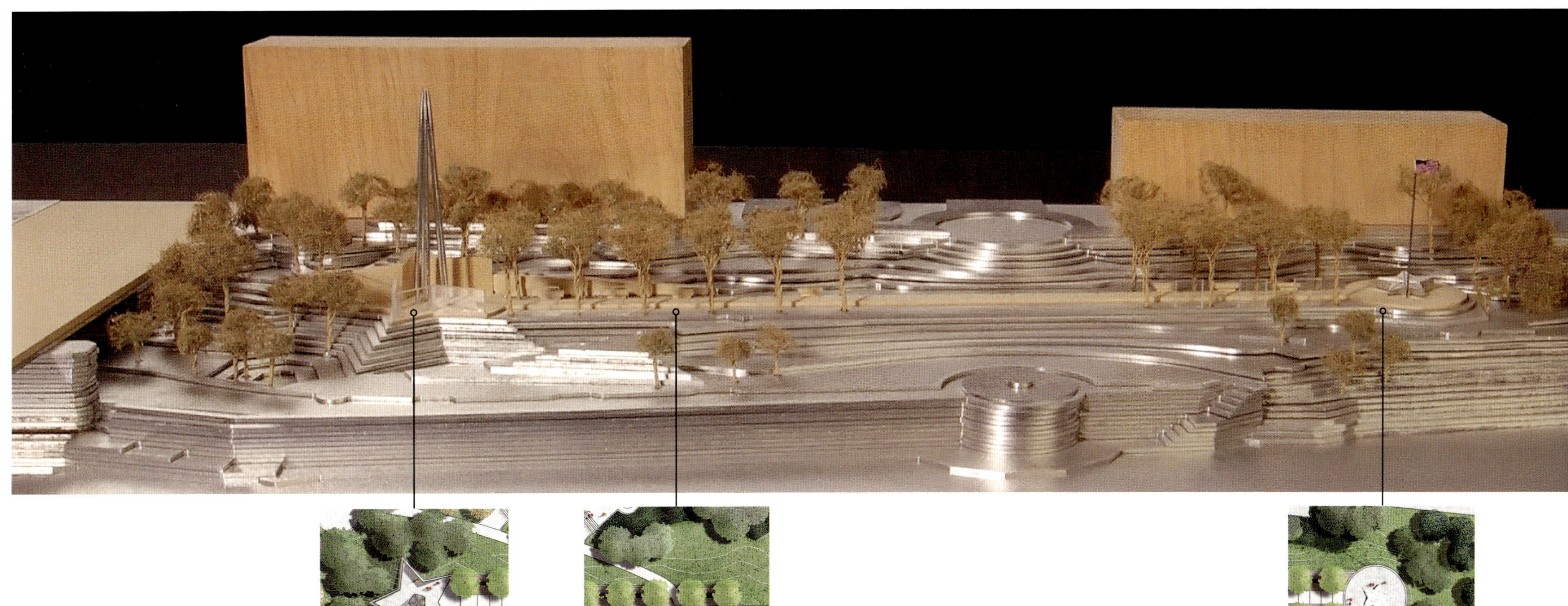

（对页图）游客从纪念性的灯塔和解说墙那边走来，经过刻有牺牲者名单的幕墙，两旁树木成荫。

（上图）设计中的每个要素都反映出麦克阿瑟将军在演讲中强调的价值观。

第3章 社区

简述

乔·波特，DW设计事务所的创始人之一，他有丰富的社区建造经验，在该篇章中，他将与读者分享多年来他参与社区建造的经验，作者擅长将不同尺度社区的建造要素归纳总结为一定的程序。下面的实例说明了社区建设的复杂性以及建造过程中需要处理的一些棘手问题。例如在建造中需要权衡经济、美学以及场地特性等三个方面的关系，所以有时一个项目需要很长的时间才能完成。

案例分析

高沙漠（High Desert）：某学校受捐赠得到一笔基金，为了体现捐赠基金的公益性，他们在不破坏场地原有生态环境的条件下建造了一个社区。

生命的果园（Arbolera de Vida）：在污染场地上创建社区的成功案例——低成本，高回报。

里奇盖特（RidgeGate）：在邻近城市和运输干线的边缘地带建造社区，在人们享受自然的同时，也能享受城市的便利设施。

深度探究

圣达菲市的兰奇维乔社区（Rancho Viejo de Santa Fe）：政府官员和开发商合力建设的社区，使土地和自然资源得到保护。

我们亲眼见证了郊区扩张和新都市主义这些逝去的美好时光。我们该何去何从？

——乔·波特

在过去的 75 年里，我们忽略了对完美社区的追求。而主要致力于某些局部的问题，例如如何进行高效地施工，如何建造、管理、融资及开发庞大的居住场地，同时也只是关心如何去建造住宅、商业建筑、道路、基础设施、学校、公园、教堂及其他某一单独建筑元素的建设问题。在这样的情况下，我们忽略并丢失了把各种单体组合在一起的能力，在某种意义上说，我们丢掉了如何合理组织这些建造元素创造完美社区的能力。

社会关系是人类的一项基本需求。在现代社会，随着代际价值观、技术、大众传媒的扩张以及时间、物质的压力变得越来越大，人们向往的社会关系已经被破坏。作为社会避风港的社区和邻里关系在这种趋势的影响下变得比以往任何时候都更为重要。近几年兴起的一系列运动——包括精明增长、宜居社区、新城市主义和可持续发展——都是在呼吁：不管是邻里，乡镇还是城市的某个区域，都应该建造成完美的社区。

历史和趋势

在 20 世纪早期，城市规划师和景观建筑师所竭力倡导的都是完美社区的理念，他们强调我们需要关注如何在城市总体规划原则的基础上设计完美社区，正如苏珊·L·克劳斯（Snsan L.Klaus）在《一个现代的世外桃源》（*A Modern Arcadia*）一书中所提到的观点一样。那时，拉塞尔·塞奇基金会（Russell Sage Foundation）也极其关注这一理念，并将该理念用于实践。该基金会位于美国纽约皇后区，其宗旨是帮助改善社会和居住环境。在一个森林小丘社区（Forest Hills Gardens）的设计项目中，基金会特别邀请到景观建筑师及城市规划师弗雷德里克·奥姆斯特德和建筑师格罗夫纳·阿特伯里（Grosvenor Atterbury）来帮助制订发展规划。这两位设计师拥有共同的学术观点，认为精心设计的环境能提高个人及整个社会的生活质量。奥姆斯特德和阿特伯里将森林小丘设计成为了一个可以完全步行的社区，该步行

（对页图）20 世纪五六十年代，人们在宾夕法尼亚州莱维敦（Levittown）郊区大批量建设无生活情趣的规整小区。

（上图）建于 1909 年的森林小丘花园，一个出现较早的交通便利的住宅区。社区现已位于城市的中心区域，这里依然花园环绕，大量建筑的聚集构成了社区机构和活动的背景，这种状态一直持续到今天（约有 100 年历史）。

系统围绕着中心广场向外扩展，步道两旁都是花园绿地以及风格多样的建筑，从曼哈顿沿着长岛铁路过来仅 15 分钟。用现在的话说，这是一种环绕火车站广场的公交导向发展模式，并且火车站广场的一个入口直接通向社区。森林小丘社区在发展社会组织及维持社区传统方面的成功，显示了综合性设计程序的可行性和设计的成功。

然而，完美社区的理念并没有盛行太久。正如克劳斯评论，许多因素让奥姆斯特德、阿特伯里及其他参与该项目的城市规划师的努力大打折扣，这些因素包括许多人们逐渐放弃城市美化运动，郊区化现象严重，住宅建筑的过多建设等。法律、行政政策和工程技术取代了城市规划和城市设计的地位，这大大影响了城市管理、工业发展、管理政策和工程行业，这种趋势唯一"好处"就是快速提高了城市的建设和运作效率。结果是生产线式的开发继续在美国郊区盛行，这种方式的演变和其具有的不断复制性在作家詹姆斯·霍华德·孔斯特勒（James Howard Kunstler）的《无处不在的地理》（*The Geography of Nowhere*）中得到充分显示。

在近年来，出现了重新探索创建整体性社区的机会。在新型社区发展的演变过程中，曾经出现过一些争论，有好有坏，但可以从中总结出一些经验，推测新型社区未来的发展趋势。位于纽约长岛的莱维敦，以大量的联排住宅而著名，只配有很小型的商业中心、少量绿地，内设学校和教堂。马里兰州的哥伦比亚市和弗吉尼亚州的雷斯顿引领了 20 世纪 60 年代的新城市运动，并为新型社区的建造提供了范例，加利福尼亚南部规划的伍德布里奇社区（Woodbridge）、兰奇玛格丽特社区（Rancho Margarita）和兰奇维乔社区（Ladera Ranch）使新城市运动更加完善。近几年，新城市运动在锡赛德市（Seaside）、佛罗里达州和迪斯尼得到宣扬，已经在郊区中推出了回归都市生活的概念。

都市生活的未来、社会公平、自然资源的有效利用、与自然的和谐发展，正在遍布美国的各种新社区中。下一阶段是整合出现的革新。整合需

开发商吉姆·劳斯（Jim Rouse）在马里兰州的哥伦比亚呼吁以一种有条不紊、成排成栋的形式建造社区。

要政府、市民和开发商的合作与支持，创建一个能得到公众信赖和尊重的一体化的发展流程。

方式

发展并不是事物的积累，而是一个事物产生的过程。——简·雅各布斯（Jane Jacobs），《自然经济》（The Nature of Economies）

社区的外在表现是建筑及其他构筑物的组合。改变社区的面貌需要改进它们的创建过程。高效建设时代使社区的物质要素和建设这些社区的专业人士脱节。它已经成为一个反面、代价高、产生大量负面影响、使建设者筋疲力尽的过程，并以达到最低标准而非将建筑建设的最美观的发展过程。该过程已经把开发商与政府和市民分离开，然而作为一种产业，开发商也乐此不疲。

未来的发展趋势即如何整合社区的各组成部分去建造一个完美社区。面临的问题就是如何去开发？对此有很多解答，其中的关键问题是社区的建造过程不可能由单一的部门完成。最大的挑战就是如何消除过去 80 多年来政府、市民以及开发商之间的不信任、相互猜忌的现存状况，以及如何创建一种指导后续发展的新开发模式。

简·雅各布斯在《生存系统》（*System of Survival*）一书中建议，政府作为公共利益的保护者，其角色是裁定哪些是可以建设的，而商业部门的角色是确定建造的方式以及如何去建造。政府必须让市民参与到描绘未来的美好蓝图中，并且能让他们清楚社区建成后的样子。开发商必须与市民一样参与到规划中来，共同确定规划蓝图，最终将其付诸实施。公共开发项目应致力于创建一个完美社区，而在该社区的建造过程中政府应承担社区基础设施的建设，比如交通系统、公共建筑等。社区交通应适应都市发展，公共建筑应很好地营造社区公共空间，住宅建筑风格能体现社区个性，反映社区文化以及彰显社区优势。

社区与商业

在 1969 年，DW 设计事务所与罗斯公司（The Rouse Company）就马里兰州的哥伦比亚市开展合作，该次合作使我们首次发现了开发商和私营公司的特殊潜能。罗斯公司将整体性思维和建筑过程应用于哥伦比亚的项目中，这证明了开发商必须做出积极的改变，必须颠覆产业发展的消极观点。吉姆·罗斯是为很有远见的企业家，他认为社区可以通过商业开发的模式来建造。

罗斯的传记小说《空间——让生活更美好》（*Better Spaces, Better Lives*）中总结了商业与社区的固有分歧。社区规划之前，罗斯成立了一个由 13 名社区专家构成的研究小组，小组成员要从社会视角策划该社区。罗斯告诉这些专家不需要考虑投资和利润问题，这个问题由他自己来解决。这些专家的任务就是策划社区，而罗斯和他的员工负责找到实现这种策划的方式和方法。在第一天模糊不定的、纯粹学术性的讨论之后，晚上罗斯说了下面这段话，证明了该项目进行得十分艰难。他说："我是一个非常随意的人，但是我不得不告诉你们的是，这是我有生以来渡过的最糟糕的夜晚。你们所有人都被我邀请来加入这个项目的策划，你们也都答应做好这件事，而且我会给你们丰厚的报酬。你们都认可并支持我的想法，但是现在，你们却说这种策划是不可能实现的！"值得欣慰的是，研究小组并没有被困难吓倒，他们继续策划该社区，最终小组拿出一个让罗斯和所有人都欣喜若狂的方案，该方案的主要理念是：吉姆·罗斯社区应该充满人文关怀。最终的环境将综合性社区放在中心的位置，周围是小学以及各种宗教场所，还有哥伦比亚医疗保健机构和就业中心，以及一直被视为社区协会模范的哥伦比亚协会。

吉姆·罗斯感兴趣的是营造社会公平、宗教和经济多样性、惠及社区

每个人的公用设施以及社会服务，而且他也擅长于让人们都参与进来共同规划社区的蓝图。然而这些问题在今天依然是社区开发商和政府面临的挑战。

环境

任何社区开发都是建立在土地的基础上，而土地是开发设计新社区中一个最典型的看得见、摸得着的构成要素。不断波动的经济、市场以及政策都是影响社区开发的要素，而土地贯穿于这些因素的始终。任何景观都是与众不同的。设计适宜这片土地的社区，需要从各种尺度上进行观察和详细设计。在过去的80年里，由于人们在社区建造过程中刻意追求低成本，加上投资方和设计师往往在如何开发宜居社区方面的意见不同，工作不协调，造成很多生态环境、自然资源很好的土地在建造社区的过程中，遭受了极大的破坏，造成了无可挽回的损失。

我们与土地打交道，影响的不只是项目所在场地，同时也影响了我们所居住的星球。近几年可持续开发的理念异常盛行，其思想是要依靠地球有限的自然资源进行长期的生活。正如经济学家赫尔曼·戴利(Herman Daly）在《超越成长》（*Beyond Growth*）一书中所描述的，可持续开发就是指开发不能超出生态系统供给原材料以及溶解废物的承受范围。从社区方面看，这就意味着要为业主提供高效的社区交通网络，要提供密度适当和功能齐全的步行系统，同时要提供可供选择利用的车行系统。从另一个角度看，这要求我们在土地开发的过程中，要保护脆弱而敏感的生态系统，具体措施有：收集太阳能和风能为社区提供冬季供热、夏季制冷所需能源；种植植物净化空气以及水体；社区建筑应用“绿色”建筑的程序来建造，降低能源和材料的浪费。以上这些都是未来社区的发展方向，但是目前的设计和工程学很少关注我们需要哪些努力，以达到社区开发与自然的平衡。

新社区的艺术

自从上世纪初期开始，人们就很少认真思考社区的艺术，那时忙于规划设计城市的人们，认为他们所设计的城市本身就是一种艺术。在赫格曼（Hegemann）和皮特（Peet）的《美国的维特鲁斯：建筑师的城市艺术手册》（*The American Vitruvius: An Architect's Handbook of Civil Art*）（1992），以及在奥姆斯特德的森林小丘社区以及那个年代其他城市规划师的作品中，都能反映这种思想。

社区的美影响着居住在此的人们的精神生活和情操，也是建设社区文化的一个重要因素。社区艺术从各种尺度随处可见。社区艺术有时也是该社区在大地景观中的坐落方式的体现，这种方式或许体现在公共空间的设计样式，或许体现在开发场地如何很好地适宜土地，或许体现在社区基础设施如何创造适宜性，或许体现在如何将自然很好地融合到该社区中。社区艺术也可以体现在桥梁栏杆的艺术性设计中，或者是社区公园中休憩凉亭的设计样式，或者体现在造型优雅、样式多变的建筑，以及绿树围绕的蜿蜒曲折的道路。

社区艺术不仅仅指风格，还包括形式和内容。在美国，社区艺术越来越体现在都市生活方式上。人口增长、土地成本、发展和交通成本的压力促使人们生活在城市环境中，如何密集性的创建富有艺术气息的社区，如何在密集、喧扰的城市环境下创造出祥和的社区，这些都成为当前规划界面临的挑战。新城市主义在使郊区城市化的设计方面具有显而易见的积极作用。

未来人们将逐渐认可艺术在社区建设中所发挥的关键作用，它充实了人们的生活，方便人们交流，关注环境，并为社区的经济发展作出贡献。社区艺术利用其潜在的设计能力和设计过程，将不同观点的人们聚集在一起，亲眼见证并且亲身体验来社区艺术建造的可能性。图纸能传达出一些文字和数字难以描述的价值。设计过程本质上是完美而且有形的，完全有能力将社区价值观、周围环境、经济以及艺术结合成一个整体来解读。

未来

私营企业拥有使用更可持续的方式建造社区的能力。不可避免的问题是，“对开发商而言，可持续发展有何利益可图？”答案：能为企业赢得掌控自己命运的机遇。

完美社区和可持续发展这两个术语是生态平衡和社区综合性的愿景。由于对社区开发来说这两个术语很陌生，几乎没有相关的文字对其进行描述，所以目前它们还不清晰。戴利在《超越成长》中写道：“可持续发展这个术语每个人都很向往，但是却没有人真正地理解。”他认为一旦有人给这个术语明确的定义，都将在政策上影响我们的未来。通过开发项目，社区开发行业有机会给这个术语一个明确的定义，或者该任务可以留给那些认为社区开发行业存在很大问题的人们。戴利站在一个具有争议的立场上，认为可持续发展是定性的，而非定量，它只是质量上的发展而非数量上的增长。没有人知道社会能否达到这一状态，但不论未来如何，人们对变革的召唤是清晰的，人们对品质发展的追求也是合乎逻辑的。对社区开发商和开发商的设计师来说，他们目前为了生存而基本依赖于社区数量的增长。让他们成为在探索完美社区、可持续发展过程中的领军人物，无疑具有很大的讽刺意味。

（对页图）犹他州盐湖城附近的新黎明社区（Daybreak），在可持续性原则的指导下，达到了高度发达的状态。社区选址在一座废弃的矿区，利用滨水植物枝叶净化雨水，并将雨水储存在土壤含水层，维持野生动植物生境，整合就业和商业服务，最后通过轻轨与盐湖城相连接。

阿尔布开克学院（Albuquerque Academy）打算开发捐赠物中的最后一块土地，其初衷就是最大限度地利原场地的生态环境，而学校理事会发现他们自己一贯提倡的环境思想与原生态的初衷恰恰相反。一个开拓型的规划方案解决了这一难题，该方案就是基于原场地的生态环境创建优美的环境空间，之后调查发现，人们非常喜欢这种环境空间设计。

案例分析：
高沙漠

阿尔布开克，新墨西哥州

自然系统成为新社区的主要格局

这块土地是数十年来捐赠物的最后一块，阿尔布开克学院希望能通过设计好这块土地，为学生们树立一个生态环境保护的好榜样，同时为确保学校以后有充足的资金，土地的利用尽量考虑最大的经济回报。学校领导讨论完社区和环境的相互协调的问题后，他们决定自己作为开发商，在这块土地上建造一个社区。

这块场地包括桑迪亚山脉（Sandia Mountains）脚下的 1000 英亩的开阔土地，一片位于山脉以西的典型市郊居住片区。通过学校领导、学生、老师以及设计单位的共同研究，得出的规划概念包含了社区、环境、商业和教育四大要素。为获得学校所有成员的支持，每个院系都有老师以及学生参与了这个项目规划的过程。规划的前提是对场地特性进行详尽的调查分析，这样才能确保在这块生态脆弱的荒漠土地上建造 2000 栋住宅。

规划的一个重点是，在不破坏美丽高沙漠景观的基础上，设计排水系统，这块高沙漠上纵横着无数的干涸溪谷，这些溪谷在雨季用于场地以及桑迪亚山麓的排水。这个规划将现有自然体系建设成为一个开阔场地系统，并拥有环绕社区的基本道路网络。在高沙漠社区之前，其他城市发达地区的溪谷一般被修成 V 形混凝土水池，没有任何审美价值，也没有任何植被覆盖，这个设计完全让城市工程师折服。保留干涸沟壑的冲积平原作为开阔场地（楼宇成梯状后退的经典方式与旱谷景观能保持一致），并且还可以作为生物栖息地、防洪处理区、

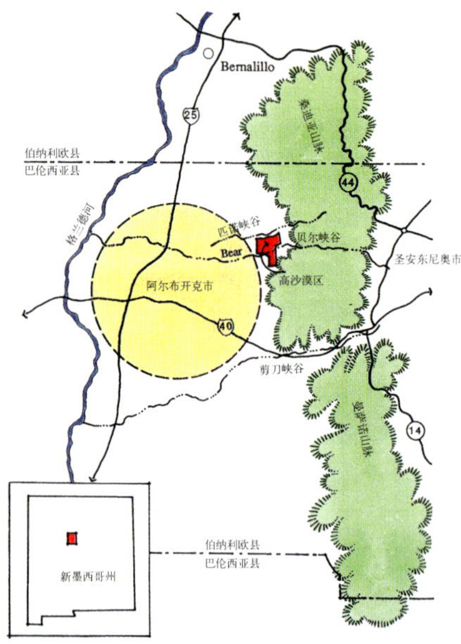

高沙漠区三面与郊区相连，一面紧靠桑迪亚山脉。

风景优美的开场空间。开发团队通过精心地设计提高自然排水系统的价值，社区能够收集雨水，并用来灌溉，降低了修缮排水系统的成本，还能保护社区的生态平衡以及自然风貌。

规划将社区设置在干涸溪谷之间，社区利用本地石块引导内部的径流，并汇入“水池”。之后，用本地植物独特的色彩美化所有排水系统。学校把城市的一些溪谷作为开放空间，并且努力创建一种全新的私营开发商的土地利用方式——一种以保护原有场地生态为宗旨的土地利用方式。这片开放空间中包括人为改造的道路，也有很多保持原自然状态的道路，路边有说明标牌，周边还有一个10英亩大的社区公园。

高沙漠社区项目不仅注重了开场空间雨水收集系统的设计，还关注了其他许多方面，例如通过低流量的卫生器具来引导社区人们节约用水，以及开创性控制光污染的措施等。五年后，这些设计指导原则成为全市水资源保护法令的原型，与此同时，新墨西哥州也制订了类似的控制光污染的条例。

该项目在当地房地产市场很受欢迎、销售也相当可观，它被奉为未来社区开发的一个模板。更令人欣喜若狂的是社区的开发给学校带来非常可观的经济收入，这笔收入远远超过开发前学校的预期，这种现象说明当地居民对原生态环境的向往。为了突出该社区对环境的关注，园区主要种植了具有当地特色的兰牧草以及耐旱植物。

项目成员

规划 / 设计：DW 设计事务所

总设计师：库尔特 · 卡伯特森

设计师 / 规划师：马克·索登、基思·西蒙（Keith Simon）、贾菲 · 麦克梅尼曼（Jeff McMenimen）、贾菲 · 齐默尔曼

委托方：高沙漠区投资公司、阿尔布开克学院

土木工程师：博安南 · 休斯顿公司（Bohannan Huston Inc.）

社区治理：海厄特和斯塔布尔费尔德（Hyatt & Stubblefield）

环保顾问：SWCA

可开发性

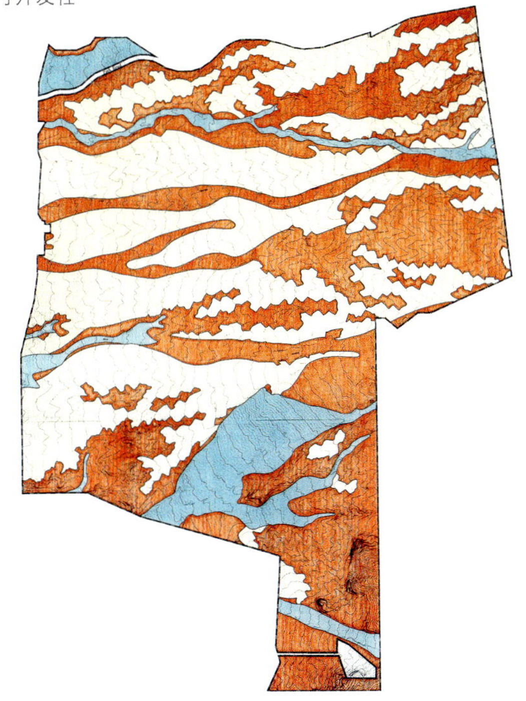

水文

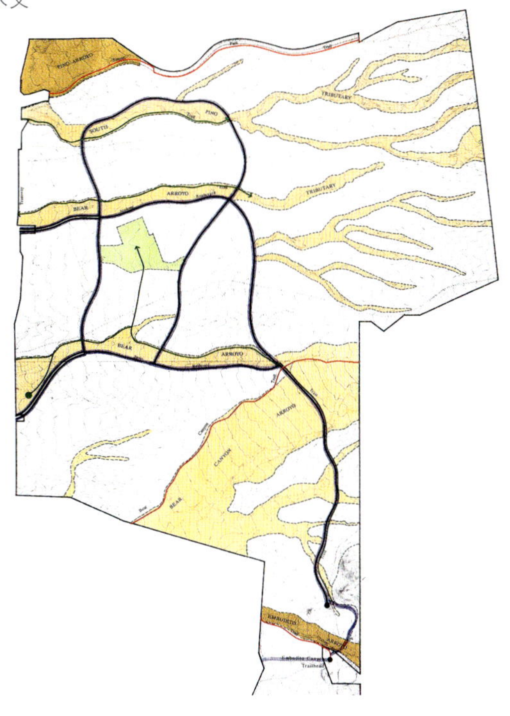

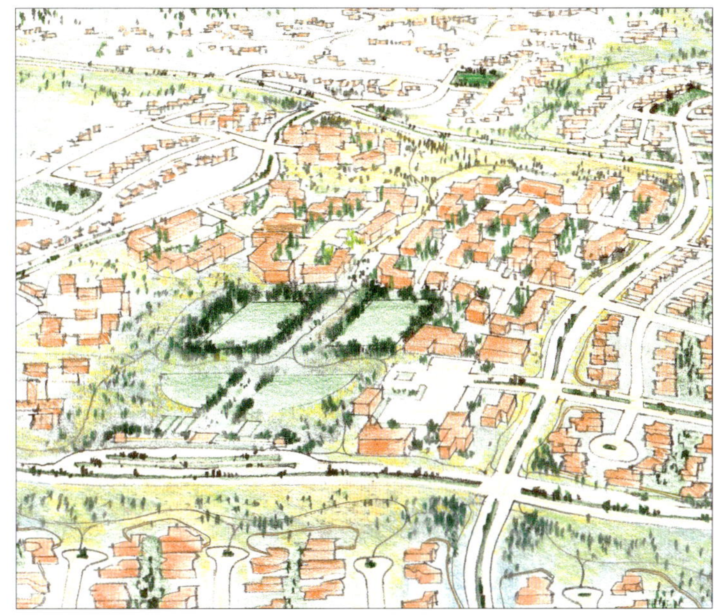

早期概念草图

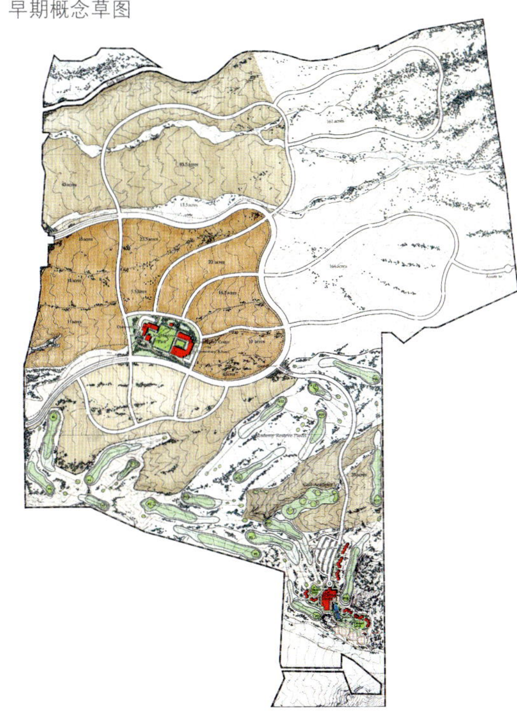

最终确定规划方案

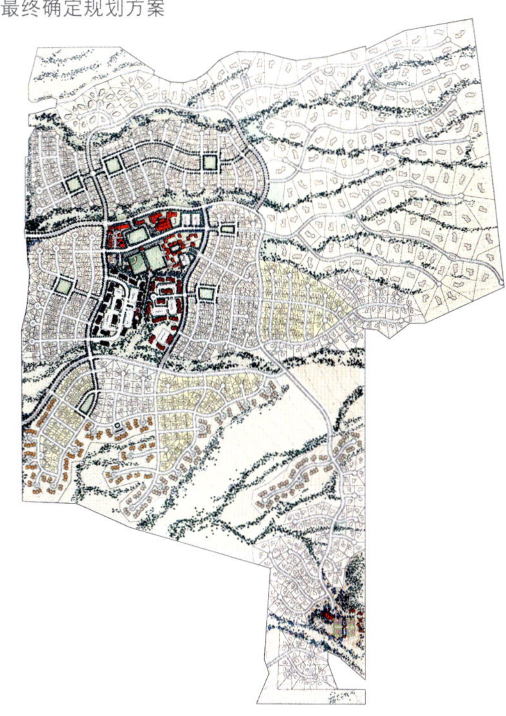

（上图）设计师根据干涸沟谷的走向、功能性，以及环境舒适性安排房屋；社区的建筑密度向桑迪亚山脉方向变得逐渐稀疏。

可开发性（左上图）——早期场地土地评估分为以下三部分：蓝色区域——需要保护的区域，乳白色区域——可开发区域，红色区域——稍经处理即可开发利用的区域。

水文（右上图）——该图的开发空间以及路的走向很清晰显示雨水从山上冲下来形成的沟壑，这个构造成为高沙漠社区的主要骨架。

推敲方案（右下图）——在方案推敲阶段我们做了很多可供选择的方案来验证如何在保持场地生态的状况下进行开发（左下 图），经过反复论证，方案融合，得出最终方案：高密度居住核心区＋开放空间和公园系统＋场地原有自然环境。

（左图）自然溪谷底铺有石块，并植有乡土植物，既可以汇集社区的地表径流，又不会破坏这里的生态系统和自然景观。

（右上图）砂岩板是该道路系统中特有的便利设施，能体现地域特性和场地风格。

（右下图）不锈钢的入口标志以蓝色格兰马草为形象，这种草是一种耐干旱的乡土植物，这个雕像象征着项目对环境的关注。

我们在设计中沿山洞河谷布置开放空间和小路使人与自然得到联系。

草根运动使居住区附近的一个经常排放有毒灰尘的木材厂关闭，之后该居住区的居民打算将这个木材厂重新开发成他们居住区的一部分，从而扩大他们的居住区。他们找到专业的设计团队，完成了一个基于当地本土文化和有限经济资源的住宅和公共空间规划。

案例分析：
生命的果园

阿尔布开克，新墨西哥州

公众参与促进低成本社区的形成

阿尔布开克锯木厂社区靠近格兰德河和该城市的老城区，该社区早在17世纪时由西班牙殖民者占领，当时他们开挖了灌溉水渠，开发了居民花园，种植果园并饲养了很多牲畜。该社区的名字来源于邻近的杜克城市木材公司，该区也是长期居住的西班牙后裔的聚集区，社区共有2500个居民，其中80%是西班牙后裔。该项目在1998年启动时，居民的年收入仅为1.95万美元，有三分之一的居民生活在贫困线以下，说明这个社区并不是一个富裕的社区。

20世纪80年代，当地居民对肆虐的呼吸性传染疾病很恐慌，为了让政府制定更合理的环境规章制度，保证空气环境质量，他们在锯木厂周围进行了游行抗议，这个由草根倡导的运动最终让锯木厂被迫关闭。为了防止另一个污染性产业占据这块空地，居民说服当地政府将其收购，重新规划成一个有经济适用住宅的综合性社区。该场地面积为27英亩，国家、新墨西哥州以及阿尔布开克市共同支付了清理场地的费用。1997年，原居民策划组织了自己的开发公司。

将当地居民中的建筑师、环境专家、财务顾问联合起来，DW设计事务所与他们一起规划了这个新阿伯勒拉德维达街区（生命的果园）的未来。其主要目标是培养社区氛围和使用环保性设计降低成本。总体规划从两个方面实现了这个目标：（1）确保低价出售房屋，防止中产阶级化的财政管理模式；（2）应用可持续发展的设计原则，使房价和运营成本降低。

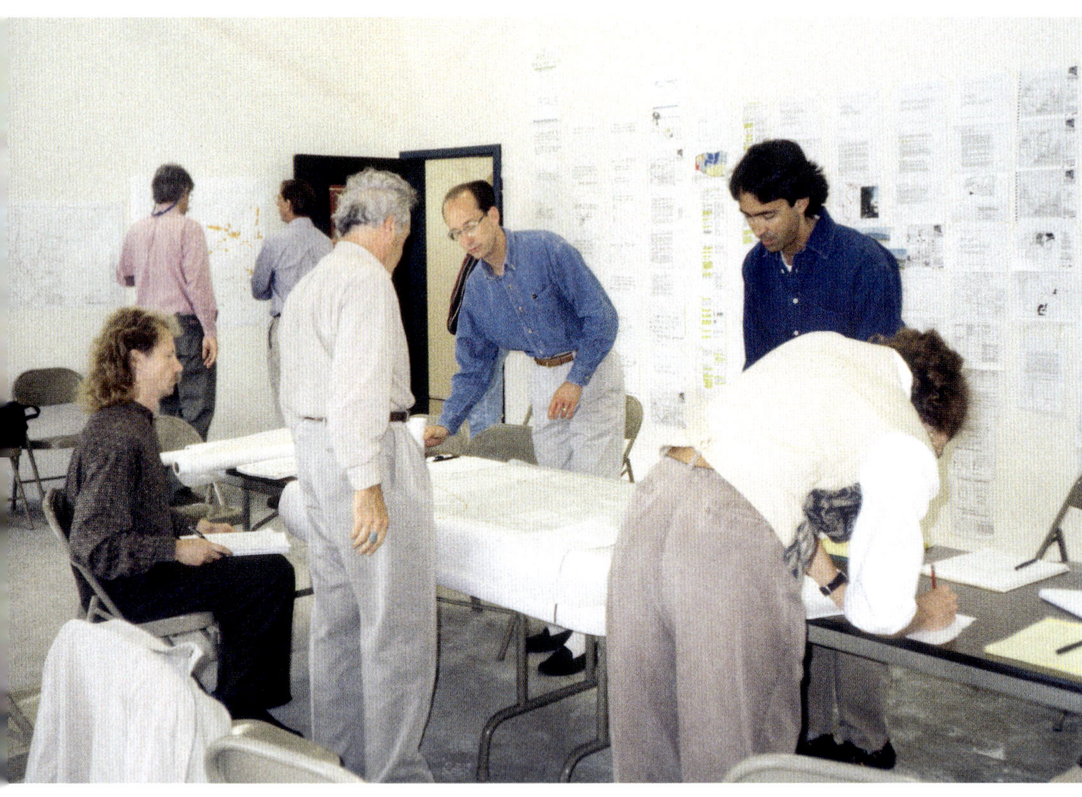

（本页图）有很多的社区居民参与社区的设计和开发，甚至孩子们也参与其中，他们与设计师一起讨论基于木材厂的新社区应采用哪种风格最合适。

（对页图）以新墨西哥城的传统风格为基调，扩建部分被规划成为一个综合的社区，房子的布置围绕中心广场展开，社区有重新利用的灌溉水渠、花园和成片的果园等，这些特征都寓意出新社区的名字——生命的果园。

1998 年，居民成立了社区居委会用来管理土地的出租，为了能让中等收入的家庭在该社区买起房子，社区中最大的房屋有四间卧室，且房屋价格位于 5.4 万美元 ~10.4 万美元之间。每个家庭都尽量利用太阳能加热，并收集雨水以供庭院灌溉，以便从可持续的环保设计中获得长期经济益处。规划指导方针明确规定，在后期阶段加入建筑材料的可持续利用。最终，这个新社区共建成了 105 套房屋，面积从 1000 至 1800 平方英尺不等，并配有屋顶花园和节水设施等“绿色”建筑元素。

为了重新创建绿色居住空间，同时为了唤醒曾经是工业区土地上的人们的社区意识，新建的社区围绕着一个中心广场而展开，社区中有成片的果园、重新修整的灌溉水渠以及一个社区花园。社区中配有老年居住中心、步行道、自行车道、绿地、零售店铺、新商业中心、就业中心，所有这些都让人们逐渐感受社区的温馨。

社区居委会将首批购房者的意见仔细整理，据此制定了一套更加合理的购房程序。根据业主反馈信息，应该改善学校教学班的教学内容以吸引未来的业主。居委会还组织健康咨询服务、保护环境活动、户外教育课程等。

项目成员

规划 / 设计：DW 设计事务所

总设计师：基思 · 西蒙

项目经理：米米 · 伯恩斯

项目顾问：乔 · 波特

委托方：木材厂项目指导委员会

建筑师：埃里克 · 纳斯拉德（Eric Naslund），美国建筑师协会会员，E 点通建筑事务所（Studio E Architects）

工程师：博翰农 · 休斯顿，艾克 · 本顿（Ike Benton），美国建筑师协会会员，范德赖建筑事务所建筑师（Van Der Ryn Architects）

总承包公司：维吉尔建筑公司（Vigil Construction）

土地信托基金顾问：柏灵顿集团的社区开发部门（Burlington Associates in Community Development, LLC），社区经济协会（Institute for Community Economics）

为了保证开发后的生命果园能盈利，有必要创建土地信托委员会，该信托委员会参与指导社区开发以及开发的每个阶段。

社区中心广场有爬满藤蔓植物的花架，不仅是一道亮丽的风景，而且能为花架底下的桌椅遮阴。广场、公共花园和社区服务设施都设置在原社区与新社区的中间位置。

丹佛南部社区以一种典型的郊区发展模式不断扩大。大面积的社区项目，同时毗邻城市交通和开放空间，创造出一种密集的边缘城市模式，在这里人们既能享受城市生活的便利，也能欣赏大自然的美丽风光。

案例分析：
里奇盖特

孤树（Lone Tree），科罗拉多州

边缘城市是郊区化开发的典型模式

这块 3500 英亩土地被定位成一个都市副中心，并成为北部丹佛市与南部乡村区域连接的纽带。场地位于大都市的南部边缘区域，25 号州际公路从中穿过。能平衡就业、居住和自然是高密度边缘城市模式的核心理念，这里将在未来 50 年内建成拥有超过 1.2 万间住房，2000 万平方英尺的综合商业区，以及超过 1200 英亩的开阔绿地。

多种因素使该方案具有可行性，包括时间的安排、政府的支持、与区域交通的连接和城市设计原则的应用，这些都对在郊区营造高密度住宅区具有重要的作用。

土地的所有者于 20 世纪 70 年代收购了这块场地，当时它离市区还很遥远，直到临近的土地都将要开发时，所有者决定开发这块土地。他们决定将这块地按边缘城市的模式进行开发，但习惯了零散式乡村建设和低密度社区的乡村政府，却不能接受这个概念。规划团队研究了一个邻近的自治市——孤树，并找出将该场地附属于孤树市和推进这个规划的潜在好处，包括增加新的就业机会、带来更多税收和更多的住房供应。他们一起完善这个计划，为里奇盖特的建设打下基础。这个举动为项目带来了有形资产和精神上的支持，并赋予孤树市引导其未来发展的权利。总体规划和整个程序完成之后，在临近 2000 年时，项目规划得以通过。

项目设计早期，设计团队就意识到了交通的重要性。当时丹佛市的地区交通枢纽（Regional Transportation

District, RTD）是一个正在建设的轻轨系统，距这块土地的最北端不到半英里。规划团队说服RTD的领导将25号轻轨延伸到里奇盖特，轻轨在里奇盖特共设三个车站，其中一个位于与里奇盖特主干道的交汇处，成为高速公路的中转站。全部的交通建设费用约47亿美元，2004年年底该方案在科罗拉多州获得通过。高速公路中转站的建设使私人与政府的关系得到加强，中转站可以缓解区域交通堵塞，并给开发地块更好的高速通道。

里奇盖特将成为一处高密度的、多功能中心的城市化郊区，这里交通网络发达，同时将建成由开放空间构成的绿道网络系统（包括位于南部的奇特悬崖）。里奇盖特最主要的特征将是它的城市中心区——位于高速公路东部的一个综合性闹市区，随着较小中心区和居住区的大规模开发，中心区将在随后的20~30年间逐渐成形。这个城市中心区的开发预计在2010年后启动。

项目的一期工程已经在高速公路的西部进行。一期工程包括里奇商业中心大楼，它能提供1000多个就业岗位。为了尽可能降低对土地的影响，保护这里的优美景观，我们采用了集中开发的方式，在这个以步行道路系统为主的城市格局中引入密集设计，将普通的城市商店设在可步行到达轻轨车站的范围内。该社区西部最大的综合购物中心将以郊区超市“超级塔吉特”(SuperTarger)的形式出现，将配有停车场。我们则将停车场创新性地设计成为一个可综合利用的交通中转中心，这大大减少了其占地面积，并使使用更加集中。

为充分利用优美的自然风光、区域内现有的绿道以及小公园，住宅区选址在有自然排水系统和峭崖的附近。循环系统以狭窄的街道为特色使车速减缓，在沿25号州道的街区、商业区及办公区中，营造出适合步行的氛围。沿自然排水廊道设计的带状城市公园将贯穿整个开发区，并成为这个高密度综合性区域的放松休闲场地。而都市感将通过线型公园范围内的公共空间、长廊和人行地下通道等的细部集中体现出来。

该项目的一个特别之处在于这里第一阶段开发的建筑密度是以往市郊社区建筑密度的三倍。现在，诸多迹象表明，在市场价位和房屋需求、办公和零售空间等各方面这个项目已经获得了成功。同丹佛市郊其他地区相比，这里甚至更为成功。

项目成员

城市设计 / 总体规划：DW设计事务所

总设计师：托德·约翰逊

执行总监：基思·西蒙、吉姆·麦克雷

项目管理：杰夫·麦克梅尼曼、阿利森·门登霍尔（Allyson Mendenhall）、杰米·福格勒

景观建筑师：布雷特·费克（Bret Frk）、杰夫·格里恩（Geoff Gerring）、查德·克利夫（Chad Klever）、柯比·霍伊特、杰里米·奥尔登（Jeremy Alden）、托德·温斯科斯基（Todd Wenskoski）

委托方：考文垂开发公司科罗拉多州分公司（Coventry Development Corporation Colorado）代理地方投资公司（Colony Investments, InC.）和城市区域保护组织（Rampart Range Metropolitan District）

土木工程师：卡罗尔和兰格（Carroll & Lange）

交通工程师：LSC、FHU

法定代理人：霍姆斯·罗伯特和欧文事务所（Holme Roberts & Owen LLP）

综合性的里奇盖特边缘城市坐落在道格拉斯县（绿色部分）与丹佛市区的交界处，沿 25 号州际公路，并规划有车站。从图上可见，轻轨将丹佛市中心和里奇盖特城（红色覆盖的区域）连接起来。主要的交通中心用橙色圆点标出，有位于顶端的联合车站、丹佛市下面的盖特联合运输中心和接近轻轨末端的里奇盖特城交通站。

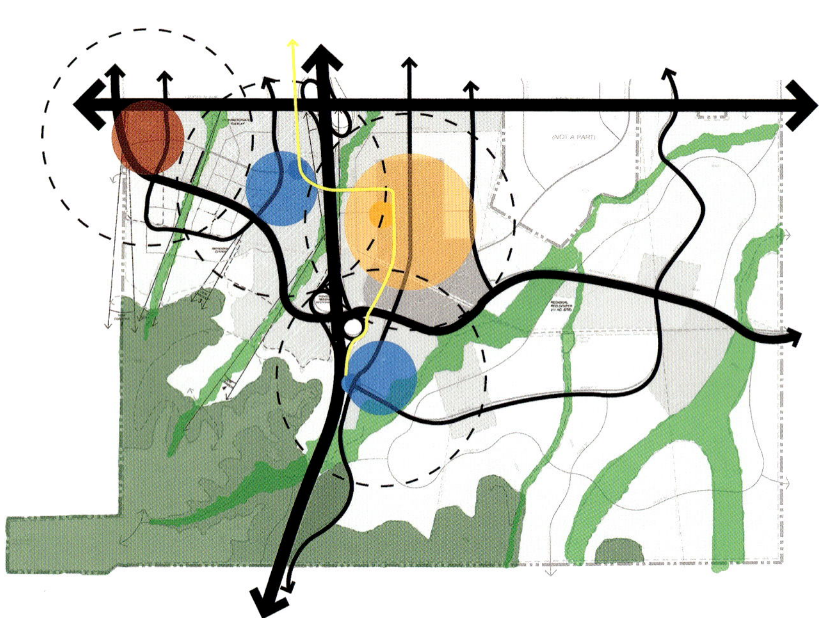

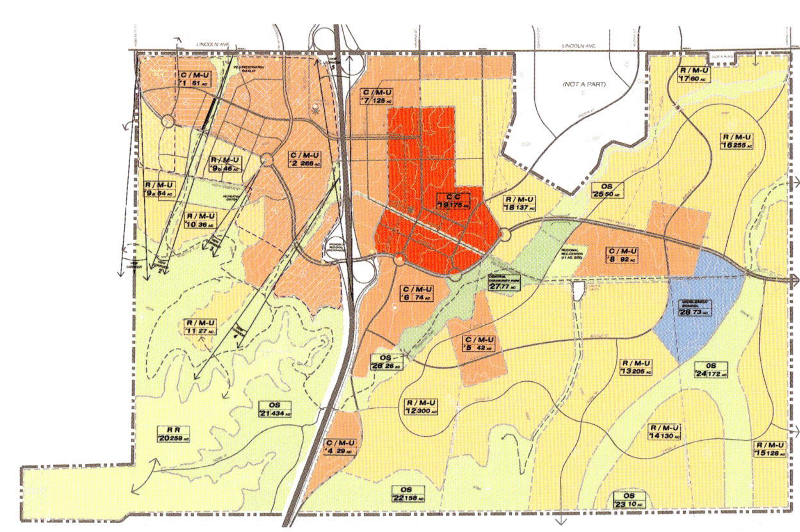

规划以自然开阔场地的峭壁、排水系统（左上图）和现有交通廊道（右上图）为基础。为了减轻该区域两条主干道的交通压力，同时从土地自身和城市两方面考虑，我们设计了能彻底覆盖整个区域的内部车行道网络（左下图），还建设了一个新的中转站以促使人们通过轻轨来到里奇盖特城的中心区。黄色显示的是被延长的轻轨路线，延长的部分共设有三个车站，道路网络穿插其中，使这三个车站到任何一个中心区的步行距离都在10分钟以内。

（右下图）项目分区图显示，社区的建筑高密度开发区（暗橙色部分）位于25号州际公路的东部，预计在2020～2030年建成。项目已经在高速公路的西部开始，其中包括首个综合性的交通中转中心。

1.

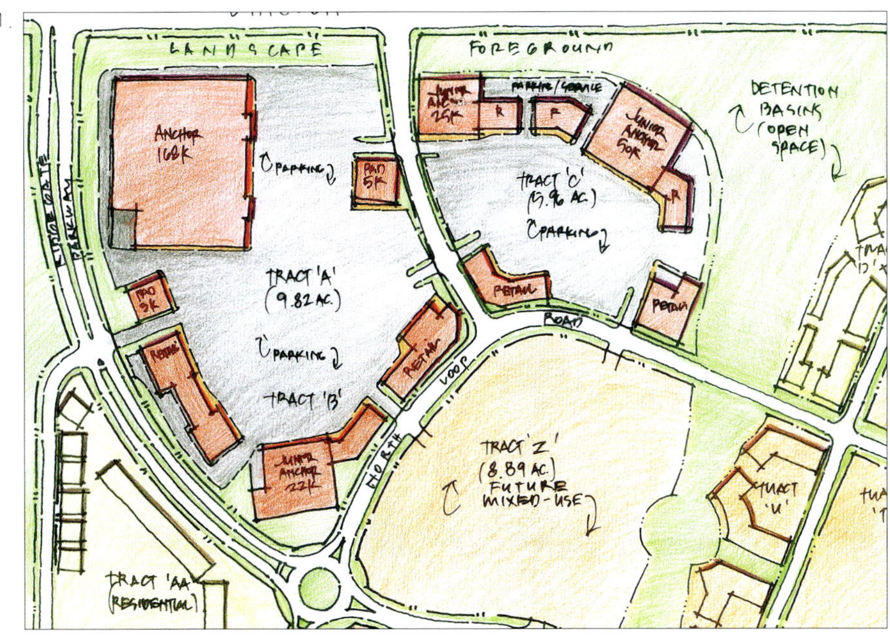

2.

3.

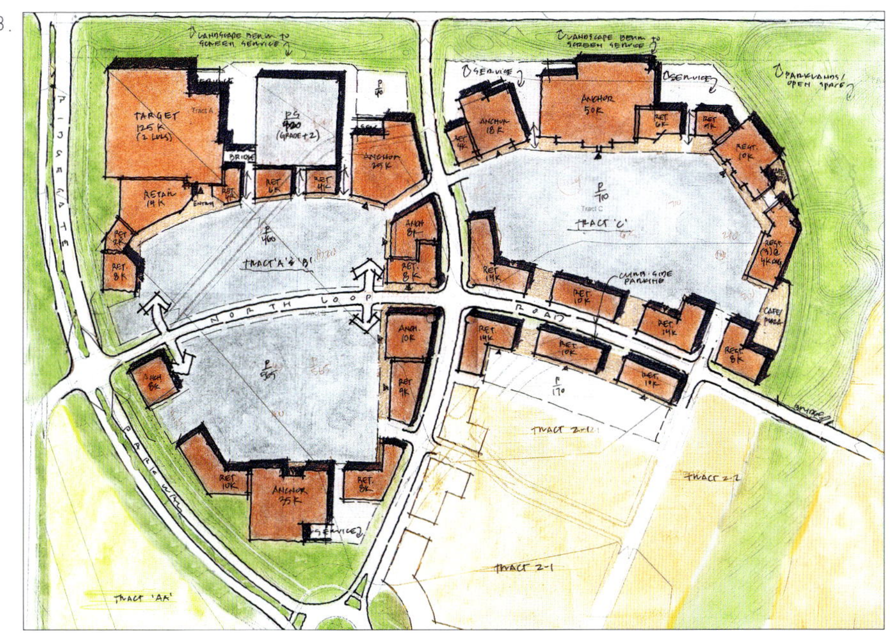

4.

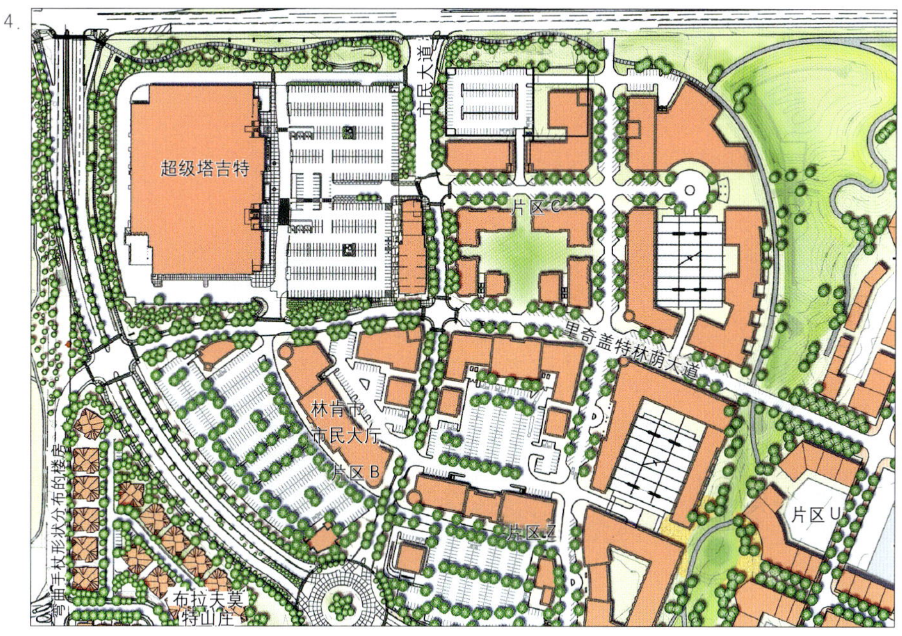

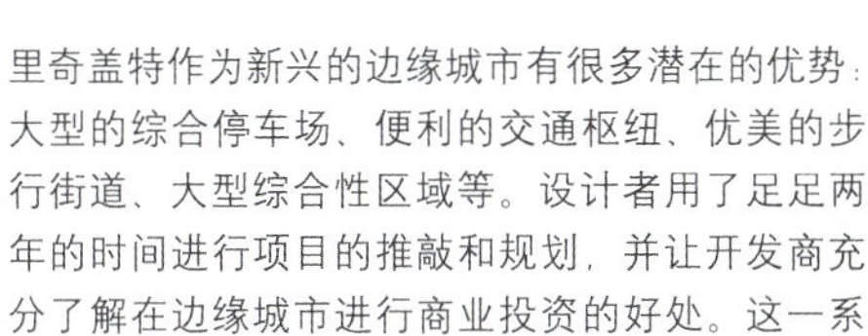

里奇盖特作为新兴的边缘城市有很多潜在的优势：大型的综合停车场、便利的交通枢纽、优美的步行街道、大型综合性区域等。设计者用了足足两年的时间进行项目的推敲和规划，并让开发商充分了解在边缘城市进行商业投资的好处。这一系列图纸表明了规划的形成过程。(1) 最初，规划的出发点是一个典型的郊区购物中心。(2) 设计的第二阶段转向一条横穿东西向街道的主干道，将商店沿该干道设置，并为超级市场建设一个双层的停车场（顶部灰白色），将生活化的零售中心与停车场完美结合。(3) 将道路两侧的停车场进一步调整为商店，使步行系统越来越宜人。(4) 该设计集零售、公共建筑、城市公园、广场、连接轻轨的步行道为一体，营造了一个真正具有多用途的区域。

formalized detention
terraced presentation
orientation to street
Entry Identity
direct (visual connections) to Main Street
programmable space
transitions from entry to neighborhood areas
Main Street Connection/Gathering Place
flat bottom activity rooms
potential wetland interpretive
grassy hummock land forms as adventure places
(potential geomorphological ref.)
The Neighborhood Park
most private to the community
steep and deep
multi-level trails "read" the topography
large sculpted upside terraces
plantings define the bottom
Upland Ravine
柳溪镇滞洪区
斯凯里奇林荫道
城市公园
广场
里奇盖特风景大道
街区公园
露天剧场
野餐区
游戏区
里奇盖特自行车道
社区公园
休闲中心
CROSSINGTON ST.

建筑和规划上的项目进程

主题景观环境的形成过程

长廊状的柳溪城市公园（Willow Creek Urban Park）是一个宜人的游憩休闲场地。它提供了商业、住宅以及主动与被动的娱乐活动场地，并将城市中心与峭壁景观联系在一起。这里的湿地植被为鸟类和小型动物提供了栖息地，并且能净化雨水，雨水下渗到地下可以补给地下水源。高密度住宅和一楼的零售店都能直接面对这个公园。

深度探究

困境：大量散布的污水井和化粪池破坏了圣达菲郡宜人的环境和社区文化。相关部门一直没有出台一个能改善这种状况，限制其恶性循环的政策，这种状况已存在多年。

完美目标：

社区
随着社区的发展，市民、开发商和政府官员逐渐认识到精明增长的重要性，他们共同积极地参与到了大型新社区的规划开发项目中，共同规划他们的未来。

环境
将一半土地留作开放空间，保护生物栖息地和风景资源，并尽量使开发对土地的干扰降到最低；通过汇集地表径流以补给地下水，并建设冬季能使用太阳能的房屋，降低能耗，节约资源，保护环境。

经济
通过讨论确定一个具有创造性的土地利用方式，使房价处于较低水平，能为每个社区建设一个高密度的、经济适用的综合性中心区，并给乡村带来新的税收。

艺术
以自然系统为基础，保护溪谷等自然景观，并用蜿蜒的小径将它们连接，使社区具有连通性；从社区和小径上可以看到远处山脉的景致。

主题：市民、政府和开发商全力以赴、相互合作，用精明增长的原则指导社区的建设，他们创造出了一种合理利用土地、保护当地自然环境和地方文化的新型开发模式。

深度探究：
圣达菲的兰奇维乔社区（Rancho Viejo）

圣达菲市，新墨西哥州

不同寻常的联盟为圣达菲市带来一种新的发展过程

概述

“为便利生活而搬家”是对圣达菲市的描写，这种状况导致这里的郊区不断进行大面积的建设，消耗掉了大量景观资源。可喜的是，当地官员和开发商在最近一个新区的规划项目中开始扭转这个趋势。为适应经济发展，同时保护土地资源和自然景观，开发商、政府和设计师一起合作，以社区方式和可持续发展原则为指导，在圣达菲市的1.1万英亩土地上创造出一种新的聚落形式。兰奇维乔社区的设计是让自然环境决定开发的方式，并保留一半面积的土地作为野生动物栖息地、补充地下水和可供人们游憩的开放空间。项目的10个综合社区都配有中心广场，而中心广场是早期传统新墨西哥聚落的一种方式，每个社区都包括经济适用房，并提倡对自然资源进行保护。

历史/背景

近几十年，新墨西哥州的圣达菲市一直承受着急速发展的压力，并寄希望于发展郊区。事实上，是圣达菲市以往的紧凑型传统模式吸引了大量“为便利生活而搬家的人”，这些移民通常选择居住在郊区，大约每2~10英亩一户人家。而这种发展模式与以往的紧凑型社区模式大相径庭，而后者才是移民喜欢的方式，而更为不幸的是，这一趋势正在毁灭该区域的美景、自然资源和文化。

深度探究

我们精心规划这块生态敏感的地带，剔除了无序的开发，从而保证了这块土地的本质特征。

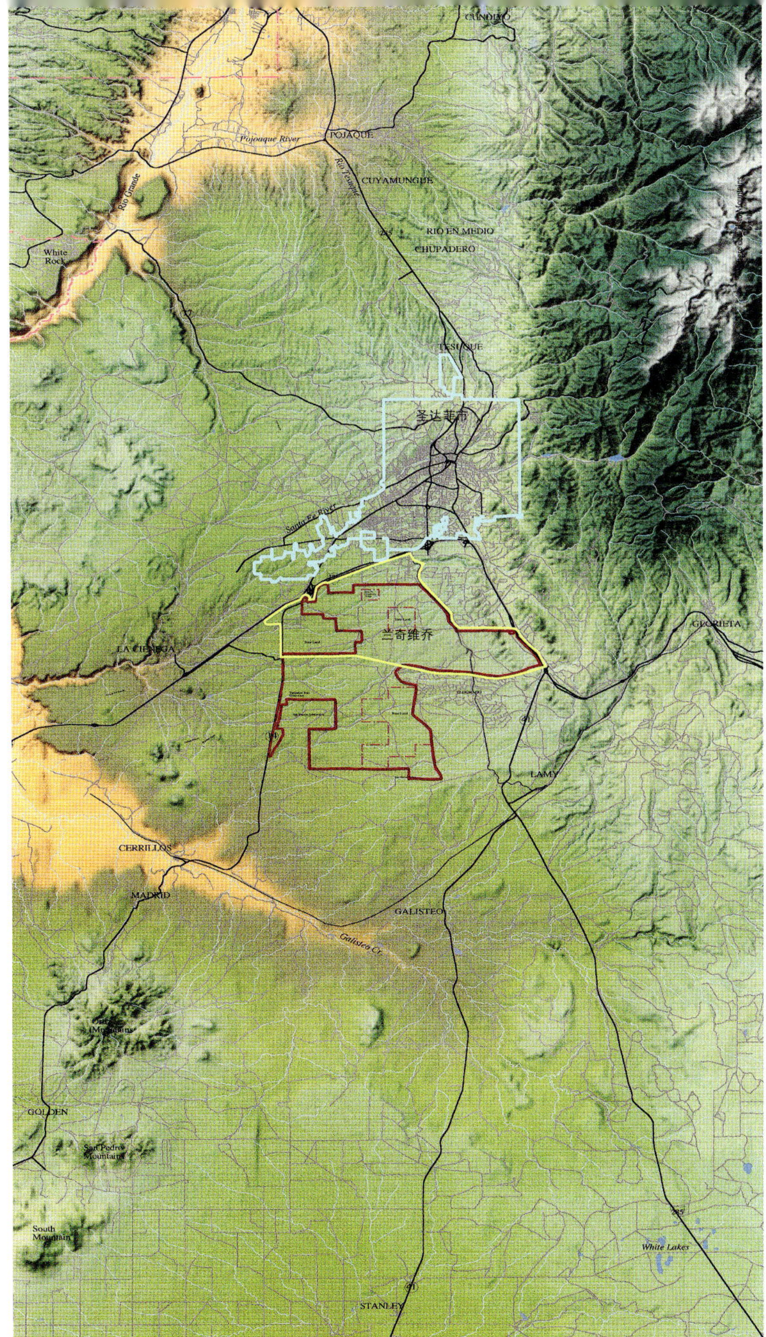

圣达菲市（蓝色勾勒的区域）三面与丘陵、山脉、大量住宅小区和联邦地产接壤。供圣达菲发展的可利用地块是其通往南边的廊道，正好位于兰奇维乔（红色勾勒的区域）和圣达菲社区大学地区（黄色勾勒的地区）。

1996 年，圣达菲市规划部提议通过加强城市内部已有开发区域的开发，减轻城市外围的发展压力，但是投票者否决了这个提议。因为山地及郊区分散在城市的三个方向，所以该城市最合适的发展空间就只剩下通往南部的开放式廊道。长期以来，当地拥护精明增长的组织就认为这块地区是“城市盲目扩张的标志性产物”，该地块中 2000 英亩土地已经被大量带有污水井和化粪池占据。在促进新型廊道的开发项目中，市里的规划师力图为这里设计出一个新的发展管理规划。这块地区的三分之二属于圣达菲的兰奇维乔，数年来，当地的土地所有者一直想着开发该地区，但却因为热爱土地并希望能确保土地不受破坏而使得这块珍贵的土地得以保留。

过程

“合作”是项目最初就倡导的口号。数年来，土地的长期持有者们曾多次就如何将兰奇维乔的独特潜力最大化的问题与开发商菲尼克斯的森科尔公司（SunCor）进行过多次非正式会晤。最终他们达成基本规划思路并着手实施。1996 年，为了确保发展能达到他们的既定的环境目标和社会目标，土地所有者要求 DW 设计事务所协助开发商为场地制定一个未来的规划蓝图，并将以此为依据，制定收购该土地并进行开发的合同。当圣达菲市的规划师杰克·科尔科迈尔（Jack Kolkmeyer）加入到规划团队中时，各方合作的局面正式开始。经过反复推敲，多次设计方案之后，规划师杰克意识到土地系统和乡村形式的同等重要性，于是便产生了关于乡村的新发展管理规划的最初概念。对这种共同前景的认知，使开发商和政府之间产生了很好的合作关系，而非以往的对抗关系。

在接下来的一周里，工作室形成了该项目的最初方案——保护土地的美学价值和自然环境价值，新开发的社区围绕传统新墨西哥聚落展开，重点开发经济适用房，设计本土性景观以保护当地水资源。

土地所有者意识到他们面临着很多困难，包括大量的前期投资、小超级市场，复杂的政治环境和人们对社区的高期盼，以及经济发展和可持续

深度探究

性等问题。他们意识到如果没有充分考虑市场的需求和当地政策的认可，盲目推进开发的进度是无意义的。为了尽可能地降低潜在的庞大前期开发成本，土地所有者和开发商达成一致，土地价值以开发单元的数量来计算，而不是开发土地的面积。这使对一个村子的土地购买和开发可以同时进行，因为土地的收购价格是以售出房屋和商业空间的比例进行计算。只有这样，森科尔公司才能降低其前期贷款和储备成本，使房屋维持低水平价位，同时能灵活地应对市场和政策变化。兰奇维乔社区的合作伙伴将通过参与土地的开发获得长期回报。通过把土地价值与建成房屋绑定，这种方式剔除了公园和开放空间的土地成本。

而这样面临的问题是如何在模糊不定的政策和未经市场检验的状况中使其实施。开发商决定建造一个完全能证实该规划远景的可行性示范村。

兰奇维乔社社区

此前分散的社区规划被统一规划成该地区首个有 350 个单元楼的大型社区。政府在没有对兰奇田园周围区域进行规划的情况下，对该举动进行了批复，以表支持。该社区是在没有整体区域和确定未来社区分区的情况下，以一个独立的社区进行设计并开发的。基础设施的设计和资金的提供都是独立的，不需要提前预支后期开发的费用。

场地特征决定了社区的面积和形状。兰奇维乔社区有三种地貌类型：平坦草地、山坡和溪谷（旱谷）。溪谷是该地区景观的核心部分；它们也是野生动物的栖息廊道，其土壤良好的渗透性能对该区域地下水进行补充。社区设计时把通常没有水的溪谷作为开放空间系统，将建筑密度相对较高的社区安置在平坦的草地上，在密布满树林的山坡上，有选择性地布置几个住宅。这使一大部分土地成为开阔场地，并使社区更宜人。

该社区的规划包含两个方面：一是建造居住区，二是对当地环境资源的保护。居住区的建设以节约水和资源为目标，并能促进各个方面的发展，包括大幅提高当地的经济水平。它的设计是以传统新墨西哥州聚落的典型

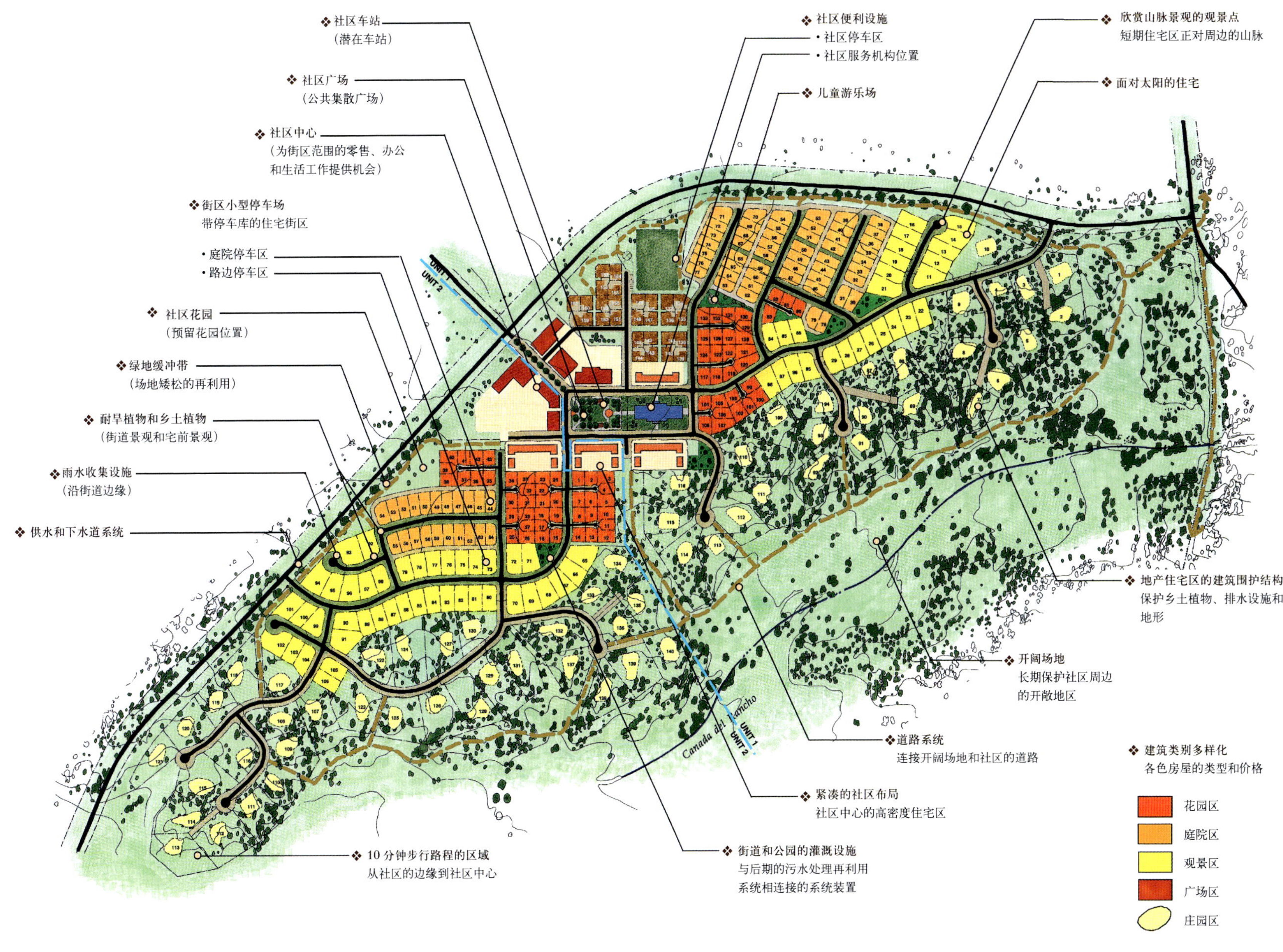

（对页图）兰奇维乔的三种主要土地类型（从上至下）：溪谷或者旱谷，保留为开放空间；山坡林地，适合开发低密度住宅；平坦的高地草原，主要开发对象。

（上图）首个乡村社区的规划，从中心的高密度住宅和商业建筑过渡到位于社区边缘的独栋式家庭住宅，社区边缘则过渡为山地和溪谷。一半以上的土地都被作为开放空间得到保留。

深度探究

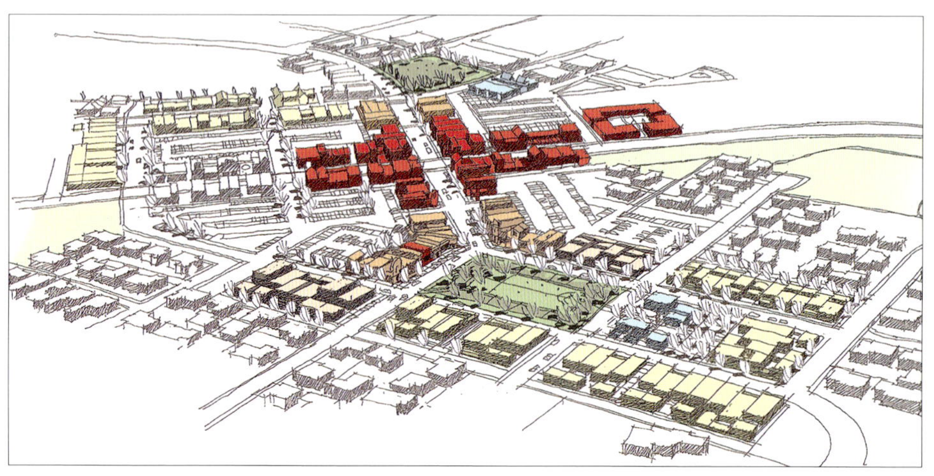

(上图) 温德米尔里奇 (Windwill Ridge) 村庄项目的初期规划简图

(下图) 兰奇维乔社区中心将融合广场、商业性步行街、居住式办公建筑和高密度居住区，这些建筑将随着社区和市场的发展逐步形成。

特征为基础的，这种特征根据菲利普二世(Philip II)划定的新世界宣告——西印度法（Law of the Indies）——演变而来。该社区中将设有中心广场，广场周围有双层的住宅、商业空间和公共机构等，社区围绕该中心广场向外辐射。从社区中心一直到社区边缘的密林山坡，建筑的布置形式由高密度房屋到分散的独栋住宅演化。所有住宅都能在五分钟之内到达溪谷开阔空间的步道系统。住宅方位设计时，考虑要充分利用远处山脉景观；住宅方向设计时，考虑能最大限度地利用太阳能。即使没有规划方案的制约，目前，约有 70% 的住户自身具有很强烈的节能意识。2004 年，兰奇维乔开始建设新的房屋，并都能达到美国能源利用标准。该社区包含八种不同类型的居住风格，从联排别墅、阁楼和双层居住或办公单元楼，到大面积的独栋家庭住宅。房屋的成本在 10 万 ~ 45 万美元之间。

首个村庄的建设始于 2001 年，且销售相当成功，以至于第二个村庄——温德米尔里奇的建设于 2003 年就开始进行。在 20 年之后，当兰奇维乔社区完全建成时，预计将有多达 1.9 万栋新住房。

校园区域的规划

值得一提的是，示范村的项目不仅仅在于设计社区。项目还帮助乡村规划师说服了当选政府官员和公众设计了一个占地 1.7 万英亩圣达菲社区大学，该社区大学的规划也遵循了整体的规划原则。其中最重要的一点是保护所有的溪谷，保留区域的一半土地作为开放空间。

另外，合作是法则。土地所有者、市民、社区和环境保护者组成一个区域规划委员会，他们共同合作了 18 个月，制定出这个规划及其辅助开发章程。将开发商通常会花费在单个项目规划的大部分资金用于制定校园区域的规划。该区域的四个主要开发商与圣达菲的兰奇维乔方一起为进行规划、设计和提供法律服务、完成总体规划和工作底稿付出了努力，其中兰奇维乔的开发商领导整个开发过程。

兰奇维乔社区的开发向其他开发商证实，社区的土地管理和开发也有利可获。这大大鼓舞了该县政府人

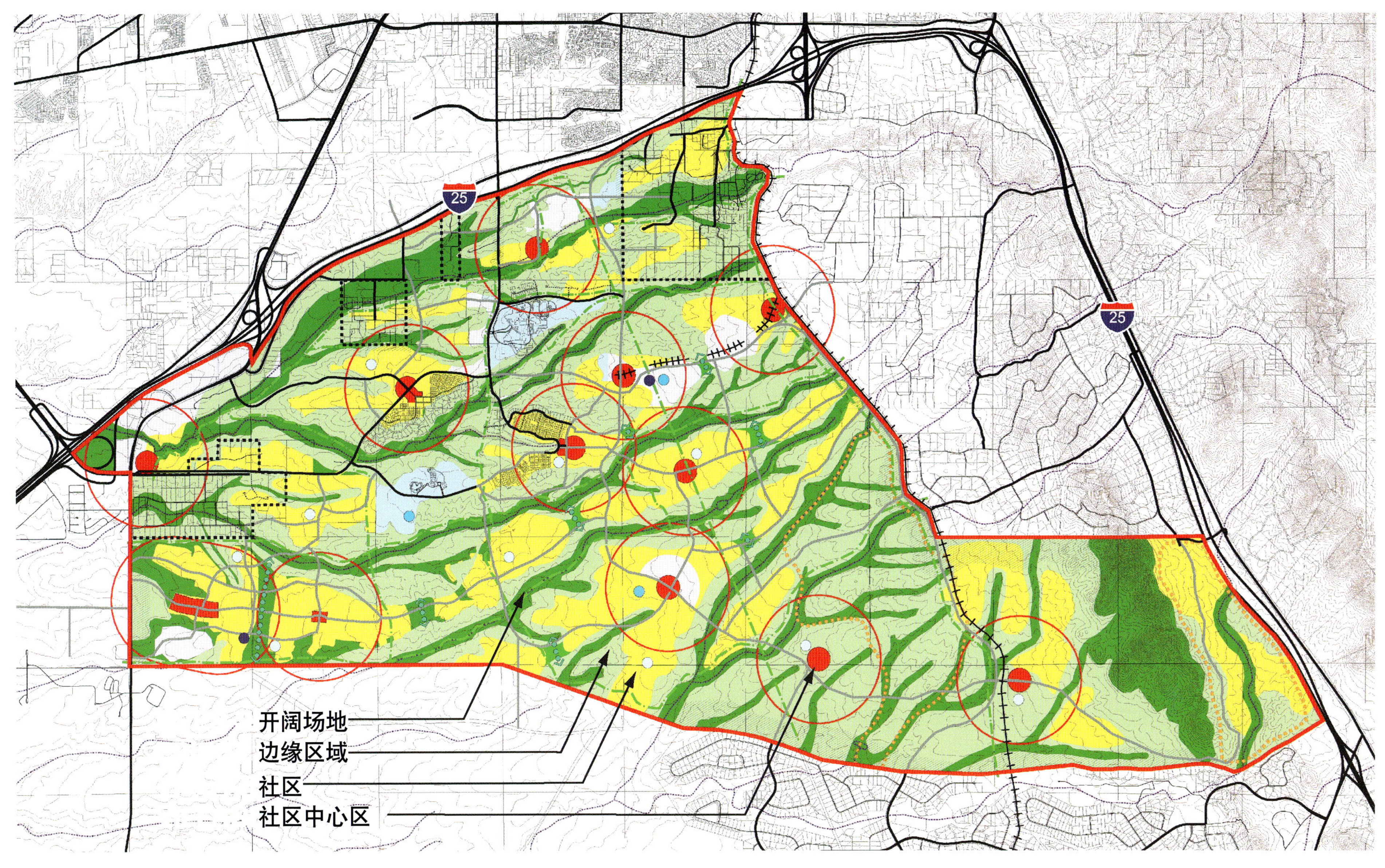

圣达菲社区大学规划是兰奇维乔的总体规划，确定了由溪谷构成的开阔场地廊道所界定的村庄模式。

深度探究

社区开发不同尺度的不同层面列表分析

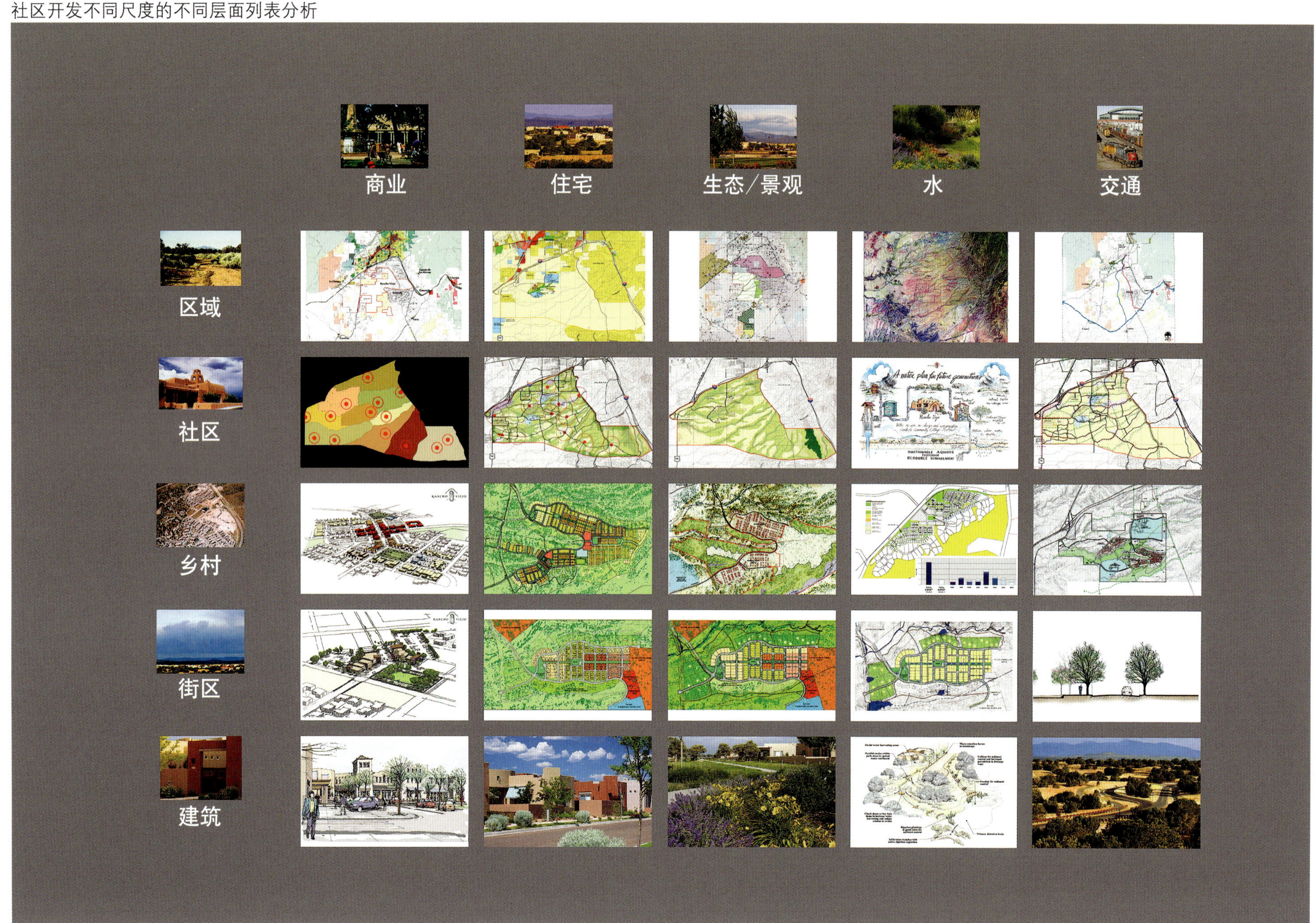

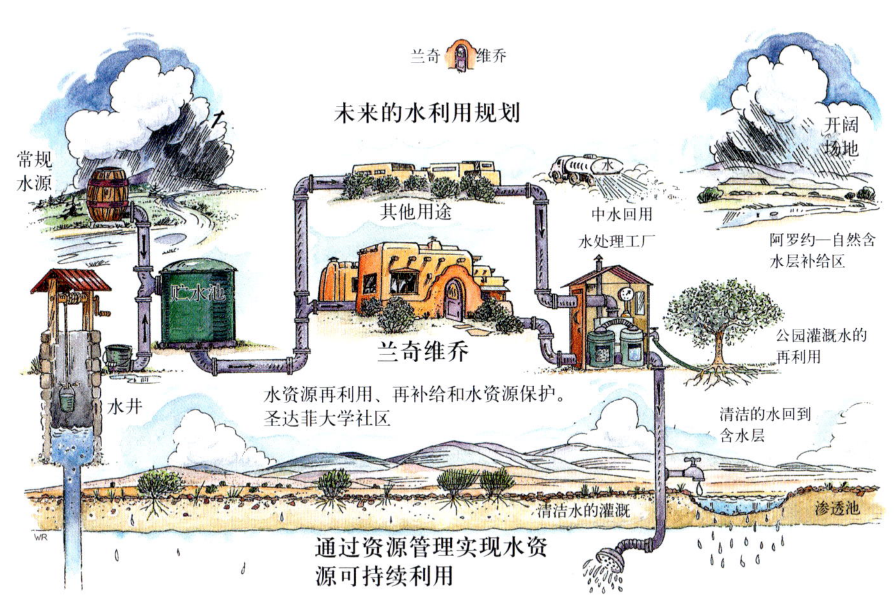

（对页图）社区开发需要考虑具有马里兰州哥伦比亚市创新性特征的方式。社区开发以一种方便掌握项目进程的图片方式呈现，包括按顺序进行的或是不按顺序的活动。开发过程中主要围绕图示上面的那几个要素，并且根据各种不同尺度对这几个方面进行处理。这使项目始终被牢牢地固定在大尺度的整体项目中，同时也发现各个层次中的设计过程是相似的。图示中的每个方块意味着相对独立的不同尺度的设计流程；不同项目在不同尺寸的表现形式不一样。认识到这些差异，并且将每种尺度的各种设计要素进行融合，便得到综合的结果。这些图纸和图片有助于帮助我们更深层次地理解兰奇维乔项目的复杂性。

（上图）水循环图示显示兰奇维乔项目对水资源保护和蓄水层补给的整体性规划，并描述了未来的一种非工程性、常识性的水资源可持续利用方式。

员，他们有信心寻找新社区的开发途径，完全不用担心社区的开发会拖经济的后腿。该县的委员们经常在社区开发的某些问题进行争论，比如社区的交通系统，规划密度，住宅所占比例以及公共空间的比例等，而该社区的规划给了这些委员一个生动的案例参考。

为了尽可能地使开发过程保持公开和客观，该县通过协同决策的程序，将第三方引入该团体中。这使该县的规划师摆脱以往作为协调者的角色，公开地拥护整个规划过程的原则，并宣传该县在诸如环境、水资源保护、经济适用房和建筑密度的概念这些主体方面的地位。

所有过程的最终结果促成了大学园区的规划，设计者将整个园区 1.7 万英亩的土地划分为 12 个社区，并确定了社区的布局和土地利用方式。50% 的区域留作开放空间，用来保护陡峭的山地和溪谷，以及区域内的风景资源、栖息地和蓄水层。平坦的开阔草地由溪谷划分为若干个村庄，其特征也是仿效传统新墨西哥州的乡村。该规划提倡的密度理念指的是，最小化社区住宅区的密度最低、降低容积率，确保社区中心建筑量。这块大学园区的规划也强调经济适用房、水资源保护以及就业与住房之间的平衡。

奖励

对于无序蔓延的城郊扩张模式，兰奇维乔和大学园区的规划过程能为当前的开发提供新的思考。在该区域规划过程中，规划委员会成员制定了共 84 条可持续的原则，涵盖设计、环境、资源保护、经济和管理各个方面。这个规划在完成时，其原则、设计和标准符合上述原则中的 65 条之多。在基础设施和人力允许的范围内，条例作为补充性原则。

在可持续性方面，如高效的利用能源、绿色建筑项目和正在进行中的公共交通规划和兰奇维乔的水资源保护规划等，都取得了巨大的成功。2002 年，仅兰奇维乔社区家庭节约的水资源就已经占到了全县当年规定节约水量的 33%。圣达菲县规定每个家庭年均用水量最多为 0.25 英亩英尺[1]，而兰奇维乔每个住户年均用水量仅为 0.18 英亩英尺（相比之下，菲尼克斯的家庭年平均用水高达 0.71 英亩英尺）。2003 年 3 月，兰奇维乔成

1 英亩英尺（acre feet）：灌溉上的水量单位，1 英亩英尺相当于 1233.48 立方米。——译者注

第4章 连接

深度探究

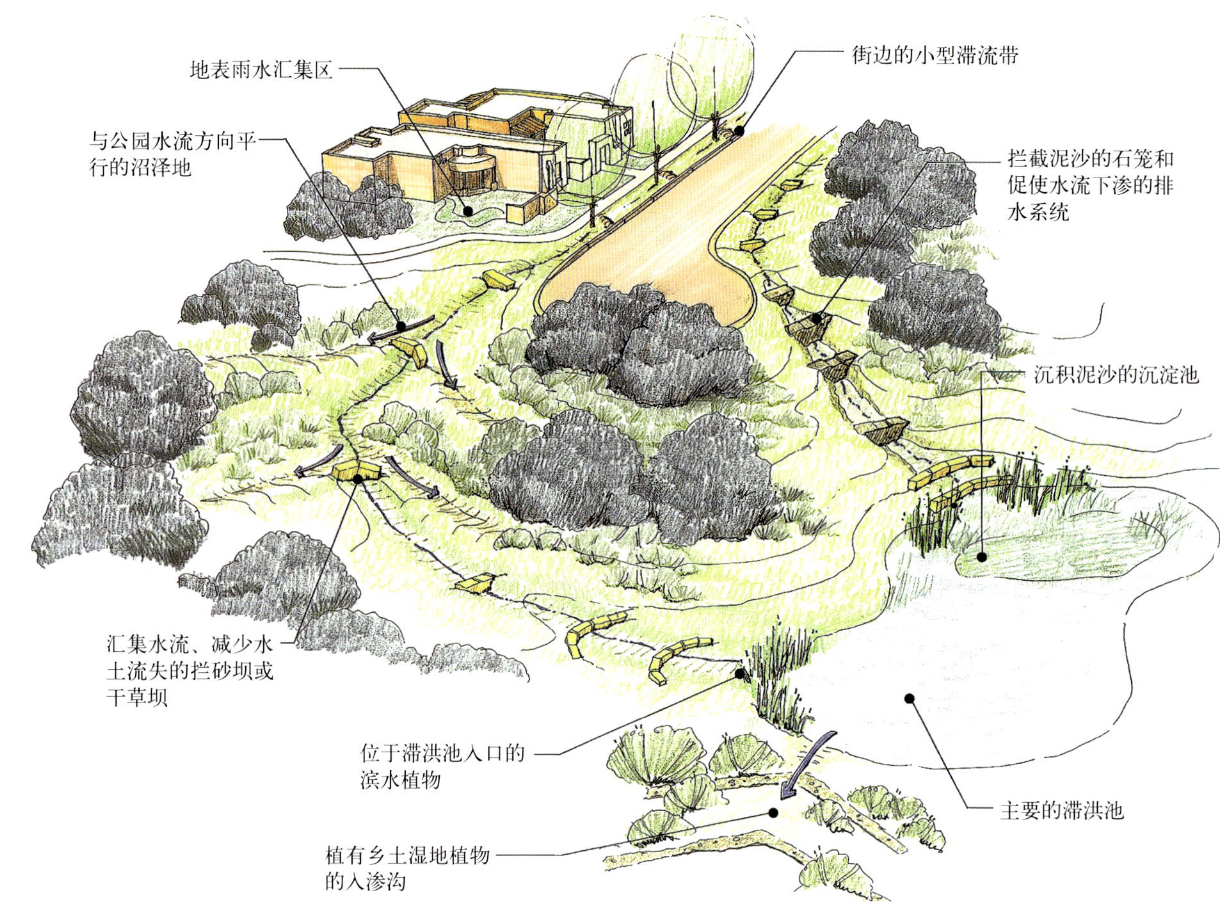

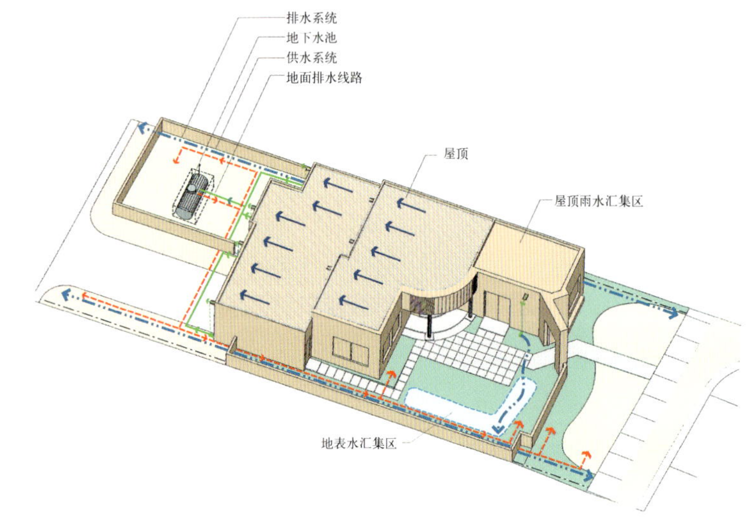

兰奇维乔的排水系统。利用自然净化水质，分解污染物并使水渗透到土壤及蓄水层中。排水系统图示（右上图和右下图）能使开发商了解汇集地表水和自然排水的益处，这种雨水处理方式已经被社区里的人认为是标准的处理方式。

（上图）地下蓄水箱汇集屋顶水流用于灌溉，该水箱被作为此地家庭的标志性特征。

（对页图）兰奇维乔家庭的废水循环灌溉系统，与各种耐干旱的花草一起，创造了苍翠繁茂的庭院景观。

为国家的首个模范性的新型社区，因为该社区的每个家庭都安装有地下蓄水池——该蓄水池收集屋顶雨水用于灌溉并且用于节能型环保冷风机。该社区规划节约水资源还体现在如下几个方面：创新性的自然排水系统、水资源存储系统、用中水灌溉乡土植物。兰奇维乔的水资源管理规划和污水处理系统的目标是未来 100 年内保持当地地下水位不降低，所采取的措施就是通过自然过程净化的污水并用于不断补充地下水源。

兰奇维乔在水资源处理方面的成功，使政府官员开始考虑地下水补给问题，2004 年，新墨西哥州奖励圣达菲的兰奇维乔社区 50 万美元，用于该州的地下水补给研究。

结论

兰奇维乔的经验表明，与广大群众之间相互信任的新型合作是社区开发的基础，他们构建了一种社区团结的氛围，这种精神比最后呈现的街区、大厦和社区更重要，更具持久性。这种社区氛围的营造使社区居民生活得更融洽，彼此更加了解，这种氛围的营造远比简单建造一堆建筑要重要得多。

项目成员

规划 / 设计：DW 设计事务所

总设计师：乔·波特、费思·奥库马、凯西·博加斯基、格雷格·威瑟斯庞（Greg Witherspoon）

工程团队：唐·恩赛因、查尔斯·维尔（Charles Ware）、克劳迪娅·迈耶—霍恩（Claudia Meyer-Horn）、迈克尔·拉森、阿曼达·索特（Amanda Szot）、安娜·蒙德拉贡—梅茨格（Anna Mondragon-Metzger）、布鲁斯·特鲁吉洛、卡梅伦·欧文（Cameron Owen）、萨拉·莉莉布莱登（Sara Lillyblade）、约瑟夫·查尔斯（Joseph Charles）

委托方：兰奇维乔社区公司

住宅建筑设计师：埃里克·纳斯拉德（E 点通建筑事务所）、特里·林德罗斯（Terry Linderoth）（林德罗斯建筑事务所）（Linderoth Architects）

商业建筑师：纳尔逊建筑事务所（Nelson Architects）

标识系统顾问：卡莉·巴恩哈特（Carlie Barnhart）—CWH 制图

深度探究

兰奇维乔的建筑密度形式，是从村镇中心的双层住宅，到街区的独栋家庭住宅，直至靠近山坡且位于社区外围的独栋家庭庄园。重复利用的家庭废水被引入低洼湿地或其他系统中，直接用于灌溉房屋或社区周围区域的景观绿地。

13

深度探究

（本页图）综合性的水资源管理措施，使兰奇维乔能利用城市地表径流灌溉当地绿化，这样不仅使当地平均用水量低于圣达菲的规定，而且还能使当地的庭院花园植物茂盛而且色彩丰富。

（对页图）该社区一半的土地被保留为开放空间，众多的小路系统将其串联成为一个整体。

完美

第4章 连接

简述

托德·约翰逊：DW 设计事务所首席设计官，特别重视“连接”理念在项目中的应用，并具有自己独到的见解，他认为需要运用“连接”在客户与社区间发挥作用。本章的案例涵盖了各种类型的项目，这些项目的共同处就是“连接”，连接被认为是它们成功的关键，从长远角度看，连接更是城镇长期繁荣的基础。

案例分析

基尔兰德康芒斯（Kierland Commons）：考虑到亚利桑那州气候的特殊性，该规划设计了一个非常成功的多功能商业综合体。

小奈尔（Little Nell）：将阿斯彭山脚的零散建筑进行了重新设计，使人与自然联系在一起。

罗瑞公园（Lowry Parks）：公园多样的户外活动促进了社会融合，将居民与罗瑞镇中心连接起来。

彻罗基的再次开发（Cherokee Redevelopment）：丹佛市中心工业区的再次开发规划，使其成为一个全新的以交通为导向的城市区域

深度探究

滨河公园（Riverfront Park）：将一块废弃的铁道场地重建为公园，并与市中心和周边邻里连接起来，从而赋予这块废弃之地新的生命活力。

连接使我们融入更广阔的生活环境中。

——托德·约翰逊

在人类文明的历史长河中，人与人之间的关系以及人们思想和灵感的交流是人类最伟大的创造，也是解决问题的强大动力。就像内刻电路的硅晶片，或者学校的走廊和教室一样，联系整合信息并指导操作以产生有价值的成果。联系能创造出很多东西：新社会体验、新社会关系、新的视角。

社区和城市建设是以市中心和连通系统为基础的，人类在如下这些方面已经积累了丰富的经验——在处理自然的和人工建设的、受限制的和可扩展的、庄重的和世俗的、光线充足的和阴暗的、人类社会聚居的和荒芜的、富饶的和贫瘠的、滑稽的和悲伤的环境或建筑方面。人类所居住的地方一般都具有以下几个方面的特点：有很好的自然环境，具有吸引人的格局划分，能培养人际关系，促进交流，为更广泛的人群创造更大的价值。

当自然或某些机遇迫使我们介入这个系统时，会促使我们形成本土文化。这种行动和交流（人们聚居在一起、人们之间思想的交流）便产生了重要意义。对于经历过这些的人们，联系比独来独往具有不可估量的价值。联系使我们创造出生活的意义，通过洞察别人来面对真实的自己，融入比我们的生活环境更为广阔的意义中去。大规模的城市设计为这些的发生创造了环境：即：连接的结构和城市精神进化的内核。

连接和城市建设

人们为了思想的交流和商品的交换聚集在一起。也正是由于对人际交流的渴望，早在7000多年前，人类就开始建造城市。文化随着人际交流的增多而产生，历史上思想火花的出现也是人们在聚集生活后，通过交流得以产生。同一地理区域的人们形成了互相信任的文化，这种文化形成了城市价值的基础，有上述文化氛围的支撑，才会产生人们之间的相遇和交流等最基础的活动。从两个人的交流开始，城市里人们逐渐倾向于更大规模的聚集场所，这促进了公共交流空间的产生。现在，交流已经从最基本的相遇延伸到信息网络以及其他一系列活动，构成了丰富多彩的城市生活。

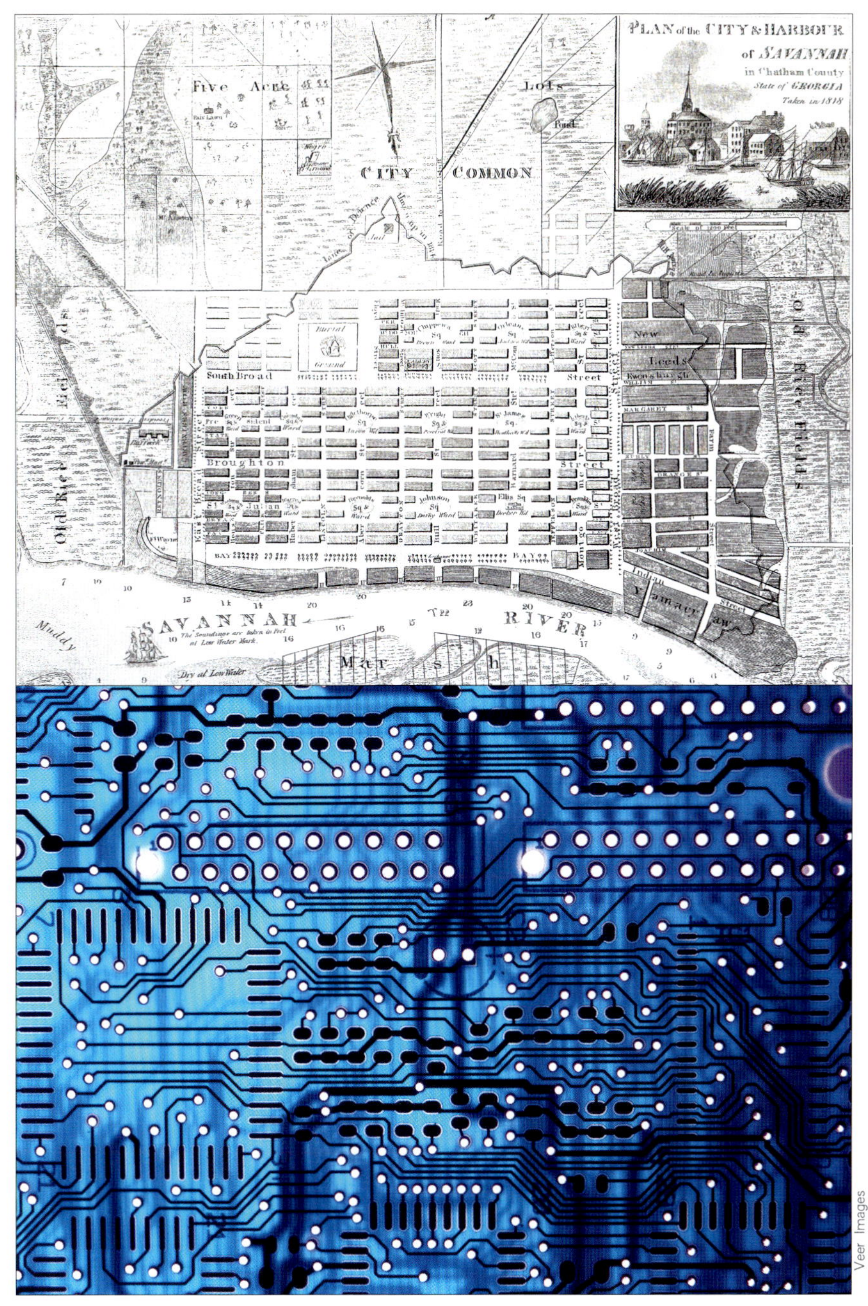

佐治亚州萨凡纳（Savannah）的早期城市规划网络与计算机的电路板有相似之处，它们有共同的相关层次结构——供给并且维持更大的系统。

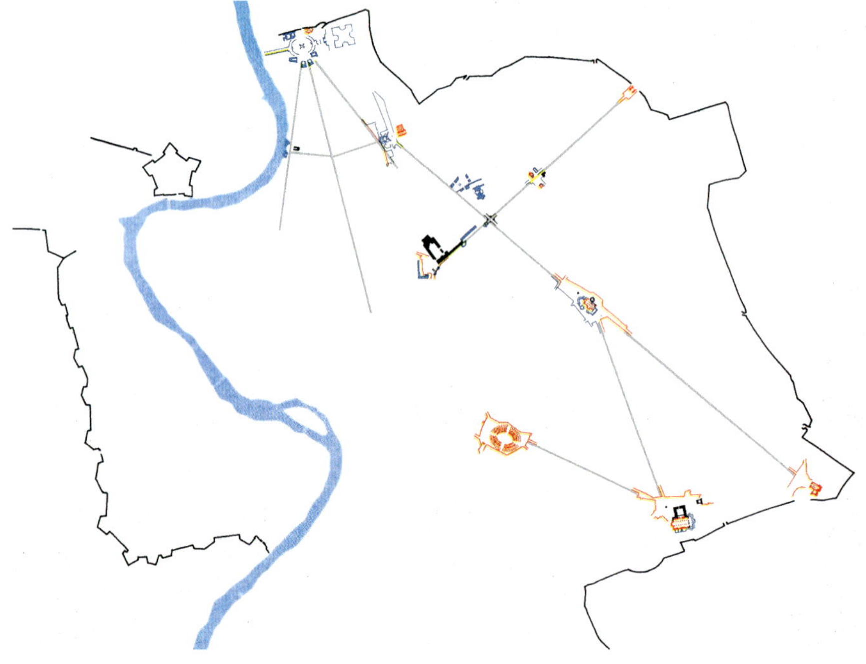

城镇提供的选择越多，产生的机遇也越多——更多的冲突、更刺激的新闻、更科学的发现、更美的艺术、更强大的经济、更好的生活状态、更强大的社会生产资本。

16 世纪后期，教皇希克图斯五世（Pope Sixtus V）就知道中心区和连接的价值，当他重建罗马时，他就在城市的很多地块内设置了这种交流的场所。然而自从罗马帝国衰落之后，这个城市的发展开始混乱起来，缺乏基础设施和标志性建筑。那时的梵蒂冈共和国没有与周边邻国进行很好的连接，并且缺乏明晰的城市脉络关系。后来，贝尔尼尼（Bernini）和米开朗琪罗（Michelangelo）等大师为这个国家设计出清楚的城市网格系统。希克图斯为城市增加了一系列以方尖塔为中心的广场，并且将这些广场与道路相连接，这样人们就可以很自如地在这些场所中进行交流、活动并交换产品。

以今天的标准来看，希克斯图的城市设计显得肤浅，但是它却有效果——通过促进新型活动方式，鼓励建筑创新来应对变化的活动方式。这为明显的地标性场所的产生奠定了基础，比如波波洛广场（Piazza del Popolo）和西班牙阶梯（Spanish Steps）。这种场所反过来又促进了专业化和其他各种运动的发展，最终形成一个更复杂的城市形态和世界上最富层次感的城市之一。

连接、意义和价值

1970 年，那时对当前城市思考的基础开始形成，也就在这时，艾得勒（Mortimer Adler）出版了《生命之巅》（The Time of Our Lives）一书。如 20 世纪六七十年代的简·雅各布斯和其他作家及理论家一样，他试图确定后现代实体意义的源头。艾得勒认为，满足感只能通过开发和整合我们生活的强制性和自愿性来实现，如果我们强调他们两者中的一个多过另一个的话，我们会遭受损失。

城市有许多共同点：城市公共领域应使上述两方面共同存在，相互融合，这样形成的场所人们才会创造更加精彩的生活。强制性和自愿性交界处的能量最为活跃，这种能量体现在城市设计中就是公共聚集场所。自愿性和强制性之间的这种相互作用，能产生意味深远的意义和价值，使我们日复一日、周复一周、年复一年的生活更加具有活力。当人们考虑改变他们的城镇时，一些人可能会很自然地反对开放空间、广场和公园（自愿性），因为他们认为这是一种奢侈品，是土地的浪费；而其他人会反对强制性的设施如城市道路、建筑区域、商业区域、工业区域等。上述两者都忽视了上述两种类型的结合所带来的益处。

连接是关键：它对高水平的活动有不可估量的贡献，同时，它还能预见和促进商业的成功，推进社会资本的发展。在城市设计的所有因素中，连接可能是最有形也是最容易控制的因素。我们能利用连接作为衡量城市中心区成功与否的标准，正如各功能以合适比例的综合利用可以量化场所是否成功，根据交通流量也可以预测零售状况。

城市体系的挑战

达到高水平连通性的区、乡镇和城市，才能吸引人们，引入投资。这种区域是一个有机整体，而非建筑的机械堆叠，并能随着公共场所的价值以及人的活动而不断发展，其周围环境以有活力的连接组成网状系统。但创建这种场所的过程会存在许多挑战和阻碍。

能提供资金或规范这些场所空间运营的机构力量可能不愿意，或者没有能力为这种场所提供足够的资金——包括道路网络的构建以及中心空间的营造费用。他们可能依赖于可靠且易于管理的标准化解决方案，或者针对开放空间开发尺度大小进行讨论，引起一场或大或小的争论。地产投资中有一种规律：成功的社区开发模式不能复制，由于一些特定条件的限制也不可能复制，如果真要复制的话，就会忽视社区的特定风格，同时也会忽视特定时代和地域的联系性。这种对成功经营模式的渴求是徒劳的，也很有可能会是高风险的失败行为，并且是一种违背了创新本质的行为。

（对页图）罗马的航拍照片和埃德蒙·培根（Edmund Bacon）绘制的简图。比较之下可清楚看出，在几个世纪前，希克图斯五世时期罗马市中心区及其周围道路体系的组织方式。

（上图）人类社会的混沌状态反映在我们最古老的城市的布局模式中，揭示了急剧增加或减少，或者大肆重建的布局模式。因为人口密度增大，城市需要对人们进行有效的引导，而潜在的聚集和联系正是城市发展的动力。

重要的交通枢纽（如中央火车站等）是城市关键功能的一部分，同时它们也为城市居民的生活带来了艺术美感和社区意识。

那些关注并参与到城市场所建设的人们，他们试图寻找一种对创建有意义的场所更加理性的方法，但问题是大城市的建设并不能只依靠完善的理论。即使严格按理论的要求来建设城市，也很可能建设出缺乏活力的社区。设计者的工作需要包括：对城市的展望，对社区的管理以及建设等，但如果创造出来的场所缺乏活力，所有这些努力都注定会失败。如果不强调场所的连接性以及场所创造的意义，而过分强调风格或高度形式化的布局则不可能成功。

利用连通性改变发展的模式比较复杂，因为这取决于信息的多少，以及当时的思想水平和思想的开放程度。将场地转变成一个有意义的空间场所，其过程会遇到很多限制因素，它们包括环境、政治、社会、艺术审美和财务状况等各个方面。设计师和开发商在营造具有活力的场所空间中会遇到各种问题，这不仅仅是几百个人聚集在一起参与的一个简单的场地建设。

复杂性表现在更深层次以及更微妙的布局上。连接不仅仅指场所间的联系，还反映在场所建成后，人们之间各种信息的联系。当规划师或设计师介入一个城市或社区生活的设计时，必须以现存的人际连接系统为基础。在大规模设计和城市建设等综合项目中，我们需要将这些调控介入到城市的各个方面，这是一个非常重要的步骤，也是其中最为艰难的一步。为了有效并有序地实现这种复杂性，我们需要同时进行各方面的考虑，包括艺术审美、自然界、当地居民和该项目的投资。鼓励高效利用的模式能平衡不同社区中心或人际联系的特征和美感。我们需要使建筑富于美感，与环境共同构成优美的景观，使人们融入街道之中，使建筑在人行道旁体现出它们的功能和价值，并以一种负责任的方式即宜人的布局和尺度引导人们进入公共领域。某些状况下，这很有可能产生一种与单一性干预完全不同的结果。一种适宜的介入（指连接）有可能将功利性场所变成一个宜人的空间。或者它可以使类似购物等活动产生形成社区意识和社会资本的价值。连接还有可能促使外界来寻求城市的财富，他们不在意城市是否为他们的目的地、也不在意城市的外貌或转瞬即逝的生活场景。该过程面临的挑战是如何从场地及其附属物中尽可能地吸取更多的能量，并利用它丰富这个将发展成为街区、区域、乡镇或城市的空间。

连接的力量

城市生活激发我们的思想、给我们日常生活带来新鲜事物，使各种贡献结合在一起，并创建思想交流的平台，创造探索发现的机会。如果城市缺乏多样性和包容性，而存在包括市民自我中心意识或者地方主义等现象，则会导致种族歧视、政治侵略、无批判性思维，并限制文化的发展。这在《美国大城市的生与死》（The Death and Life of Great American Cities）一书中就有提到，作者简·雅各布斯引用了神学家保罗·J·蒂利希（Paul J.Tillich）对城市功能的描述：

> *从其本质上讲，大都市给予的，从某些方面来说只能通过旅行来展现；也就是说，是陌生的、奇异的。因为这种奇异感能引出某些问题，并在打破传统时，成为提升城市终极意义的理由……没有比这个事实更好的例证，所有极权主义当政者试图让他们的世界避免出现这种奇异感……大城市被分隔成大量的小片区，每个区都被观测，整肃和均衡。奇异感的神秘和人类的理性批判被他们从城市中剔除。*

大乡镇和城市不断地给予我们新的体验，把人们从各个片区吸引到活跃的空间场所。在这些过程中，我们要面对所有的差异，这也是一个激发和考验人类社会及其创造力的过程。

景观设计界常常混淆景观组合和它们在聚集人气方面的重要价值，认为景观组合就可以聚集人气，这是很危险的现象。美本身不能将我们与他人联系在一起——设计必须使其成为可能，让我们与其他人相互交流。我们规划和设计的责任是最大化利用社会资本建造城市，以鼓励人群聚集交流，促进人与人的交往。当景观和城市设计能达到这个目标，他们就已经为构建有意义的生活创造了平台。

天气闷热和对汽车的依赖，这两个特点意味着凤凰城都市的多数购物中心都是在室内，而且需要安装空调。一个不同寻常的规划打破了这种常规，该规划为开发商设计了一个室外的销售场所，而这种销售场所是目前全国最成功的商业综合体之一。

案例分析：
基尔兰德康芒斯

斯科茨代尔（Scottsdale），亚利桑那州

在斯科茨代尔，我们规划了一个可以满足夏季购物的创新型场所

1994 年，太阳城山谷（the Valley of the Sun）的社区试图建造一个户外商业购物中心（由于当地气候炎热，这是那里首个户外的购物中心）。整个太阳城山谷社区占地 730 英亩，人们预留出 40 英亩土地用于户外商业销售中心的建设，而大社区的规划早在 25 年前就开始进行，社区具体位于凤凰城的东北角。

规划人员在编制总体规划、设计草图、设计指导方针以及文本中发现，该规划最大的挑战就是户外购物场所，并且要满足一年四季都能使用，即使是在亚利桑那州的酷热夏季。设计者本着最大舒适性的原则设计该商业中心，他们摒弃了典型的郊区购物中心模式，否定了大面积柏油铺成的宽阔马路以及停车场，利用原有城市布局模式，精炼了街道和广场，鼓励人们利用户外空间。他们严格控制开发密度，将步行距离降到最低，将街道的宽度变窄以同时适合车辆和人群通行，建筑临街且集中围绕在广场周围，共同成为一个综合体，可以更好地作为该社区的一个社会文化中心。规划中的商业综合体原本只是作为零售用的建筑，而现在设计师们将其变成多功能的建筑，包括零售、居住和办公，并且创建了减少通勤距离的城市区域。

设计的结构图强调紧凑且密集的开发，能促进形成有生气的、紧凑空间的销售环境，同时也减少了阳光对街道的直射。从各方面考虑，项目鼓励步行的方式，使零售、居住和办公都能在步行范围内得以实现。该地区

基尔兰德康芒斯的中心广场是这个综合区中心的一个安静的聚集场所，因为有各种丰富的零售、办公和居住场所而成为该区域的较活跃的场地，但是也有足够的距离给予游客一个安静的休息环境。

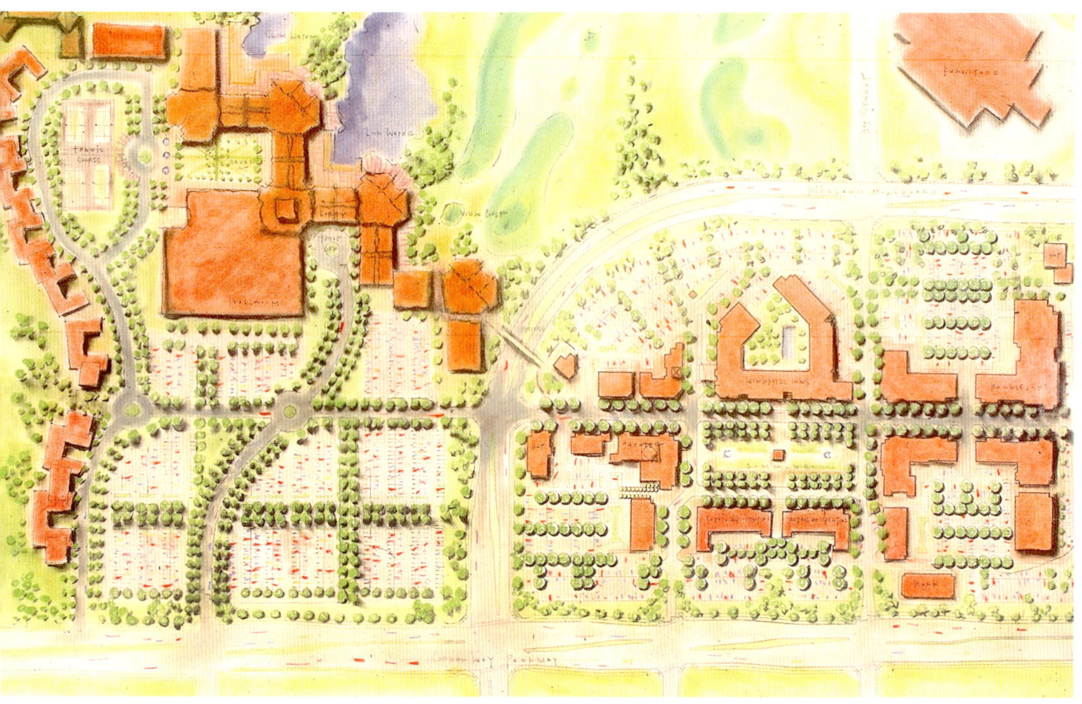

（上图）基尔兰德康芒斯的中心是一个喷泉广场，周围是苍翠的景观绿地。该项目的杰出之处，是与附近一个度假酒店的联系，从上面总平面草图上可见，该项目促使度假酒店的停车场改为一个多层停车场。

（对页图）紧凑的街道调和了车行和步行的两种交通方式，使街区保持活力且适于居住。

的步行环境是通过严格的开发控制和阶段化的引入多层停车场来逐步形成的。为了在该综合体中营造出天堂般的感觉，设计者在销售区中心的广场上设置了喷泉，在该地严酷的沙漠气候环境中为游客提供较为舒适的户外体验。

规划成果是一块具有吸引力和舒适感的38英亩的区域，室外公共场地面积为53.5万平方英尺，具有多种功能，包括高尔夫博物馆、剧院、带有130间客房的宾馆、零售店、饭店、办公楼、居住区和中心公园。这些都位于一个传统的商业区，该地的环境使这块区域更具魅力。零售商分散在整个区域内的一层、两层或三层的面向主干道和市内道路的建筑中。商店和旅馆则面向具有美丽景观的中心绿地广场，在该项目的中心区共同营造出一块宜人的聚散场地。与当地其他零售店不同，这里的各种建筑和公共场地塑造了一种大街道的环境氛围。该项目团队精心设计指导原则，以确保品质的持久性，同时鼓励为每个承租人特制一个店面。

2004年中期，零售区扩充完成，居住区的销售获得了轰动性的成功，大大超越了预期情况，并推进了居住区第二阶段的开发建设。基尔兰德康芒斯作为一个特殊的商业广场获得成功，其理念是提倡步行运动，减少对汽车的依赖，并加深与附近居民的联系。该项目作为一个宜居社区的典范，也因其优美的环境而备受称赞。国际购物中心协会（The International Council of Shopping Centers，购物中心产业的全球贸易协会）指出，基尔兰德康芒斯是亚利桑那州唯一真正意义上的"生活中心"。

项目成员

规划／概念设计：DW设计事务所

总设计师：托德·约翰逊

规划师：杰夫·麦克梅尼曼

委托方：乌班西南公司 Woodbine Southwest Corporation

设计／工程文本：易道（EDAW）

EILEEN FISHER
babystyle

基尔兰德综合体的都市氛围成功地推进了居住区的销售，并使其成为一个购物、餐饮的理想胜地。

TROON GOLF

1985年，阿斯彭山脚下散布着无规则的老建筑，它们堵塞了滑雪通道，使游客难以辨认，也使游客们在市郊高原乡村的娱乐体验大打折扣。此时，阿斯彭滑雪公司决定设置缆车的想法促使了新的规划，将人们同大山、城镇以及彼此相互连接起来。

案例分析：
小奈尔
阿斯彭，科罗拉多州

新公共场地融入具有滑雪山的度假胜地中

阿斯彭镇在上个世纪初是一个矿山城市，于20世纪五十年代演变为单一的滑雪场地，最后成为一个全年性的度假区，目前，每年可接待140万游客。但是在1985年，阿斯彭山脚散乱的分布着建于50年代的旧建筑，这些建筑物包括滑雪区的主要购物区、地面停车场、公共储物区、食品和饮料供应设施，它们成为滑雪者到达山顶滑雪的屏障。该区域在人群聚集的滑雪高峰期令人不太舒适，因为它没有为滑雪者和当地居民提供室外集散场地。陈旧的滑雪缆车也成为问题，因为它需要滑雪者在山底等待，该缆车45分钟才上山顶一趟。

滑雪场老板聘请DW设计事务所，为其规划一个高速缆道和一个位于山脚的五星级酒店，设计者从宏观角度考虑该项目，他们考虑如何将带有新面貌的旅游度假区整合到该村镇之中，使其成为整体。阿斯彭曾经是一个拥有19世纪布局风格的典型西部小镇。阿斯彭山，最初用作矿产开发，在几十年前转变为一个世界级的休闲运动场所——阿斯彭山脉的几个著名滑雪场之一。设计团队发现，高档次的设计可能使这个小镇有机会成为公共的焦点，成为当地居民的中心闹市区，同时也会为游客带来宾至如归的感受。

那时，滑雪场只有一家名为小奈尔的酒吧，它为在山坡上玩了一天的人们提供了小型的社交场地，这里在冬季通常会有各种狂热的活动。同时小奈尔也是山脚下唯一的公共集散场地，它只能满足一批特定的顾客群的

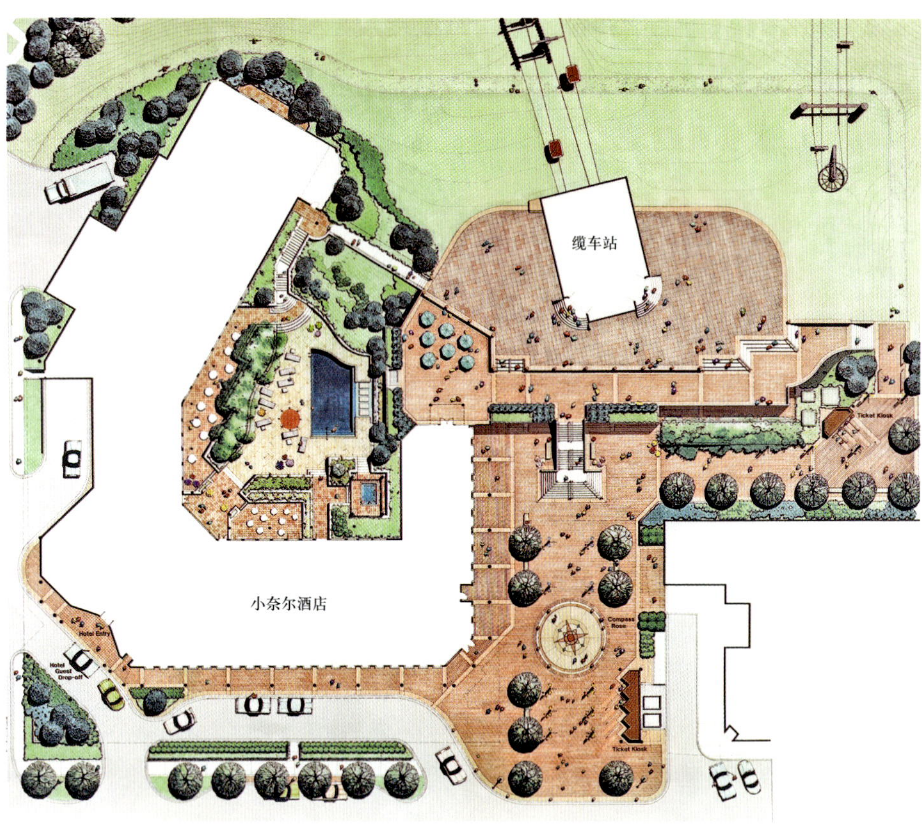

（上图）总规划创建了一个宽阔的公共广场，能利用缆车直接将阿斯彭山脉下的小镇与山顶连接起来。广场的公共场地和缆车被精心设置在能与附近的小奈尔酒店隔离开的位置。

（对页图）为了创建一块更大的场地，项目将场地向山脚扩展，一直扩大到之前小奈尔酒吧大厅的前面（左上图）。设计团队利用3D模型（右上图）和图示（左下图）来演示未来的变化，以消除居民对开发会破坏阿斯彭山脉景观的忧虑。设计方案最后只是稍稍调整就得到了批准（右下图）。

需要，比如，它不能满足带小孩的家庭的需要。因此，此地迫切需要属于市民和游客的空间，而这种空间需要近乎完美的设计。

随着项目的进展，小奈尔项目的主要设计任务就是围绕缆车道营建一块公共空间，而该公共空间需要与周围的酒吧以及其他户外空间有连接。如果能将这两个地方的个性和特征，以公共花园、水景、餐饮、遮阴景观设施等组织在一起，该设计将获得巨大的成功。但设计需要利用一系列空间使到达山脉的拥堵通道变得通畅，而且该空间还需要能促进人们的交往并且将小镇与山脉联系成一个整体。

项目遇到的主要困难包括社区感的营造和场地本身的严格限制。两年来，设计师与居民及镇官员们紧密合作，消除了他们对项目会改变阿斯彭文化、破坏山脉景观的忧虑。反发展力量和镇委员中的一些激进分子要求规划要满足25条严格的条件，以维持小镇的个性特征。强有力的公共投入促使了方案的成功，最终场地的一半为公共空间，一半为私人空间，东边有92间客房的酒店，西边是缆车站，东西中间是一块宽阔的公共空间，将镇中心与滑雪场很好地联系在一起。

该项目需要极大的努力，这两英亩的坡地十分陡峭，设计不得不挖掘斜坡底部的100英尺深的土方，将各种用途设置在各层的顶部。该项目的复杂性可以从它的设计方案中得到体现，方案配置并整合了几十个独立的系统，包括分等级的滑雪道系统、缆车设施的定位、主要公用便利设施的搬迁，以及保证视线通透和小镇和与山脉的通道通畅的大量建筑。我们将酒店的附属庭院和游泳池建设在酒店会议室和停车场的顶部，以保障各层次的有序使用。新建的公共场地位于酒店和缆车道之间，是一块无车区，主要是为了营造一种步行环境，并通过旅馆和零售等用途使该场地更有活力。

小奈尔公共广场的成功，说明了这种度假产业中公共场地的重要性。设计利用中心广场在城镇的关键点，将城镇与该山脉有机地组织在一起，将社区引入该区域，并缓解了冬季高峰期每小时接待多达2000名滑雪者的压力，同时为阿斯彭清爽的夏季保留一个适宜步行的场所。汽车作为该地区原来的主要交通工具，已经完全消失，取而代之的是步行和滑雪设施，它们包括位于广场外围的缆车道、食

Little Nells
SKIWEAR & accessories
THE MOGUL SHOP
SALE

该图片是从小奈尔酒店屋顶向下的庭院空间景观模型，绿地将它与上部的公共空间分隔开，位于邻近建筑附近的餐饮区与泳池之间种有植被，起到了缓冲作用。

品和饮料供给设施。广场中心设计有大幅罗盘的玫瑰图案，成为山上可见的天然聚散场所。除了滑雪道之外的所有空间都配备了融雪设施。高速缆车能在 12 分钟内将 6 名滑雪者送到山顶上，也能在中途将想避免部分艰难地形的滑雪者带到山脚。

小奈尔酒店在酒店行业中得到了广泛认可，是本国最成功的精品酒店之一，其庭院设施的设计和邻近公共广场的选址是其获得成功的重要因素。2004 年，它赢得了美孚五星奖和 AAA 五钻奖，名列《康德纳特斯旅行家》金榜之列，并成为《葡萄酒鉴赏家》（Wine Spectator）大奖获得者。它成为《旅游与休闲》的全球 500 强酒店中最高等级的滑雪度假酒店，并赢得了安德鲁·哈伯（Andrew Harper）的最佳小型新酒店奖。

项目成员

规划 / 设计：DW 设计事务所

总设计师：比尔·凯恩（规划 / 校对）、理查德·肖（设计 / 景观建筑）

项目管理：格雷格·奥克斯

景观建筑师：斯科特·乔米亚基、拉里·霍特默（Larry Hoetmer）、帕特·卡罗尔、亨利·托马斯（Henry Thomas）

委托方：阿斯彭滑雪公司

水景顾问：霍华德·菲尔德事务所（Howard Fields & Assoc）

建筑师：哈格曼·约建筑公司（Hagman Yaw Architects, Ltd.）

土木工程：雷、卡森斯联合公司（Rea, Cassens & Associates, Inc.）

岩土工程师：陈氏事务所（Chen and Associates）

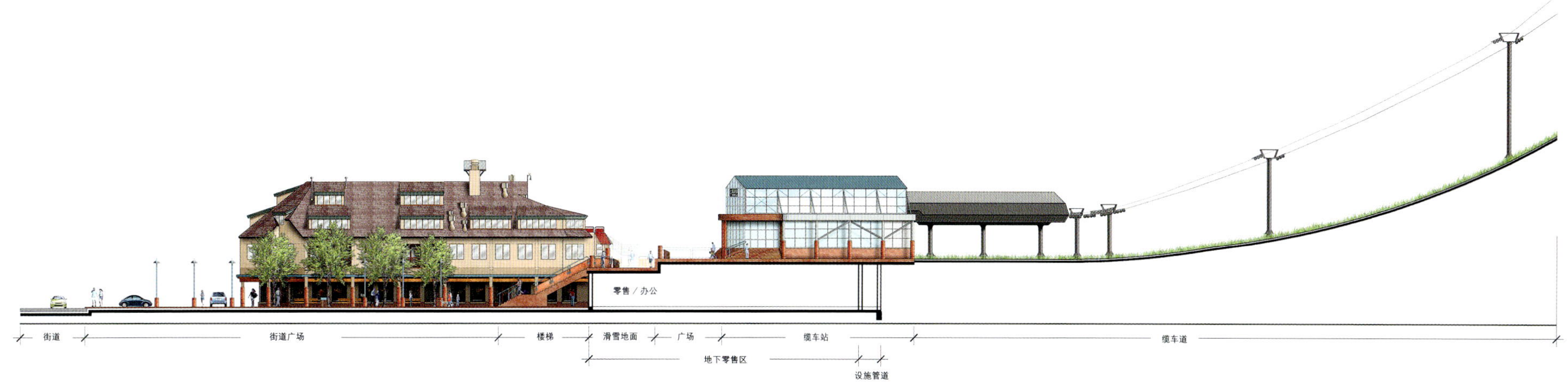

这个复杂的多层空间位于受严格限制的场地上，整个设计过程进行了大量的研究，包括横跨结构和 3D 模型，展现出私营酒店场地与公共广场和缆车道等设施之间的关系。

（本页图）作为休闲滑雪场的入口，与酒店庭院不同的是，这块坡地极为公共化，它是进出该酒店的旅客聚集的场所。设计用层级地形高差、朝向和景观将这两个场地区分，利用茂密的松柏植物使庭院与具有活力的公共场地完全隔离。

（对页图）山脚下，从山上下来的滑雪者有如下几种去处：可以径直向前滑行，进入滑雪后的社交活动空间；可以向右转弯，进入小奈尔酒店；左转弯，下楼梯后进入公共活动空间和城镇中。

ASPEN

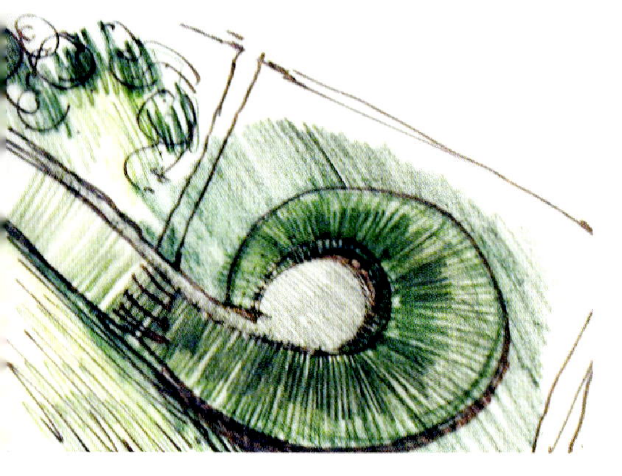

将原来的空军基地重新开发而成的罗瑞公园，营造出一个有趣味性的公共空间社区。五种不同户外体验的设计创造出一种适于步行的空间体系，吸引人们走出房屋，融入整个大社区中。

案例分析：
罗瑞公园

丹佛，科罗拉多州

由具有活力的公园和公共空间营造的社区

罗瑞空军基地（Lowry Air Base），曾经是丹佛市用于训练的最大军事基地，服役 50 多年后，于 1994 年被废弃。人们打算对这块 1900 英亩的土地进行的重新规划设计，将其建设成为一个多样化、综合多种用途的社区，包括城镇中心、学校、教堂、图书馆、娱乐设施和住宅。整个项目将仿效附近的旧街区，延续城市的肌理。DW 设计事务所负责了总体规划中位于西北部 180 英亩的区域，该区域被提议建成综合多功能开发区，包括公园。

为了在新建社区里鼓励各种活动的展开、交流和互动，设计师设计了街区模式、不同层级的街道和公园大道，促使人们以步行方式到达城镇中心。之后他们集中创建了一系列的场所空间，包括具有丰富的户外体验的开放式公共空间和私密性的角落空间。这两个最大型的公园之前暂时设置在街区边缘，但是团队将它们重新定位在各自住宅区的中心，并利用由城市网格划分出的三小块场地将两个公园连接起来，同时也将居住区和城镇中心、办公区、学校和零售商业区连接起来。

项目成员

规划 / 设计：DW 设计事务所

总设计师：托德 · 约翰逊

项目管理者 / 设计师：柯比 · 霍伊特、希思 · 米泽尔（Heath Mizer）、埃林 · 蒂德贝克、伊莎贝尔 · 费尔南德斯（Isabel Fernandez）、阿利森 · 门登霍尔

景观建筑师：科查科恩 · 沃拉阿克霍姆（Kotchakorn Vora-Akhom）

委托方：罗瑞再开发机构（Lowry Redevelopment Authority）

总规划：温克联合公司（Wenk Associates）

灌溉系统：液压系统公司（Hydrosystem, Inc.）

土木工程：URS

结构工程师：马丁 / 马丁（Martin/Martin）

金属制造商：NeoSource 新源公司

新月公园（Crescent Park）

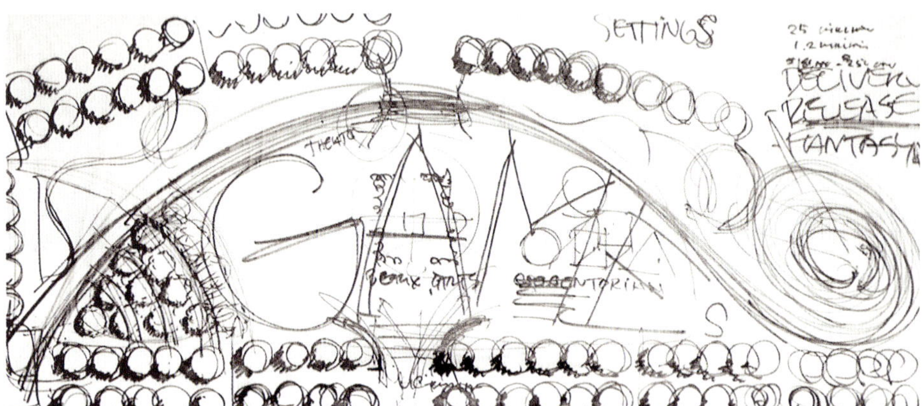

这块8英亩场地最初被设计成一个中心对称的草地，一个亭廊将位于中心，把两边的空间分隔开。但为了创造一个更具有活力的引人入胜的场地，人们改进了方案，将公园的中心重新设计成一个能进行休闲娱乐活动的大型开敞草坪，草坪周围是一系列体验性的空间。西边是一个开放式的广场，与此相对的东边是一个高高的冥想山坡，而一条散步道将草坪与沿场地北侧的一系列私密环境隔离开来。

西边的广场以游戏场为特色，有供人们野餐的三个廊架，东边的山丘是一块自然式的安静休憩场地，山上有花岗岩碎石小道以及和石景配置在一起的乡土植物，在该小山丘上还可以欣赏到公园、街区及远处落基山脉的风景。北边有可供人们停留休息的石质坐椅，是享受日光浴和观赏中心大草坪的最佳场地，人们可以在草坪上进行各种体育活动。

（左图）最初的设计试图打破整个空间，营造一个中心场地，以吸引场地各个方向的人们进入这里。设计团队将该设计转化为以鼓励各种社区活动为重心的场地。许多小空间地被设计在中心运动草坪的边缘，且在高丘上可以以一种居高临下的视角观赏草坪上的活动。

（对页上图）从公园东边的视景中可以看到，前景是东部山丘上的乡土草地，中景是位于运动草坪边的一组阶梯式座椅，图中左上处还有一个小型的健身场地。

（对页下图）社区的道路与公园的小路交织在一起，附近有游戏健身设施以及野营廊架。廊架这边游客的视线可以延伸到公园东部的小丘。

落日村庄公园（Sunset Village Neighborhood Park）

这个2英亩的公园距离罗瑞镇中心仅有一个街区的距离，该公园的服务范围包括：新建的楼房、现存的居住单元，以及其他的散置独栋住宅区的居民。这块矩形区域被设计成酒瓶状，东部很窄，有一个狭小的入口。西部则有凸起的山丘，北部和南部是宽阔的街道景观，一个植有乡土植被的山丘与邻近宽阔街道一起构成了公园的另一个大入口。

该公园能对百年一遇的暴雨起到滞洪的作用，所以场地地势设计从东向西逐渐降低，利用挖掘的土方在公园的西边和南边堆成土丘。乡土植物具有耐践踏的作用，将其应用在该场地的活动场地中。

公园的西边尽端是圆弧形的石阶构成的一堵顶部呈半圆形的景观墙，和以常绿树作为背景的广场。游客在这里可以观看低处草坪上的活动，或者回头欣赏公园的入口处的小山丘。沿公园北侧边缘有一条最常见的人行道。在公园的南部边缘有一条自然式的砾石小道，大树下面设置了一些游戏、健身设施。

顶图是公园规划总平面图，从图上可见东面是狭窄的公园入口，中间是起伏的小山丘，西面是半圆形的广场，从小山丘上看西面半圆形的广场像个碗形的绿草地。公园将规则式的石阶和廊架与具有亲切感的砾石小道及各种乡土植物很好地协调在一起。

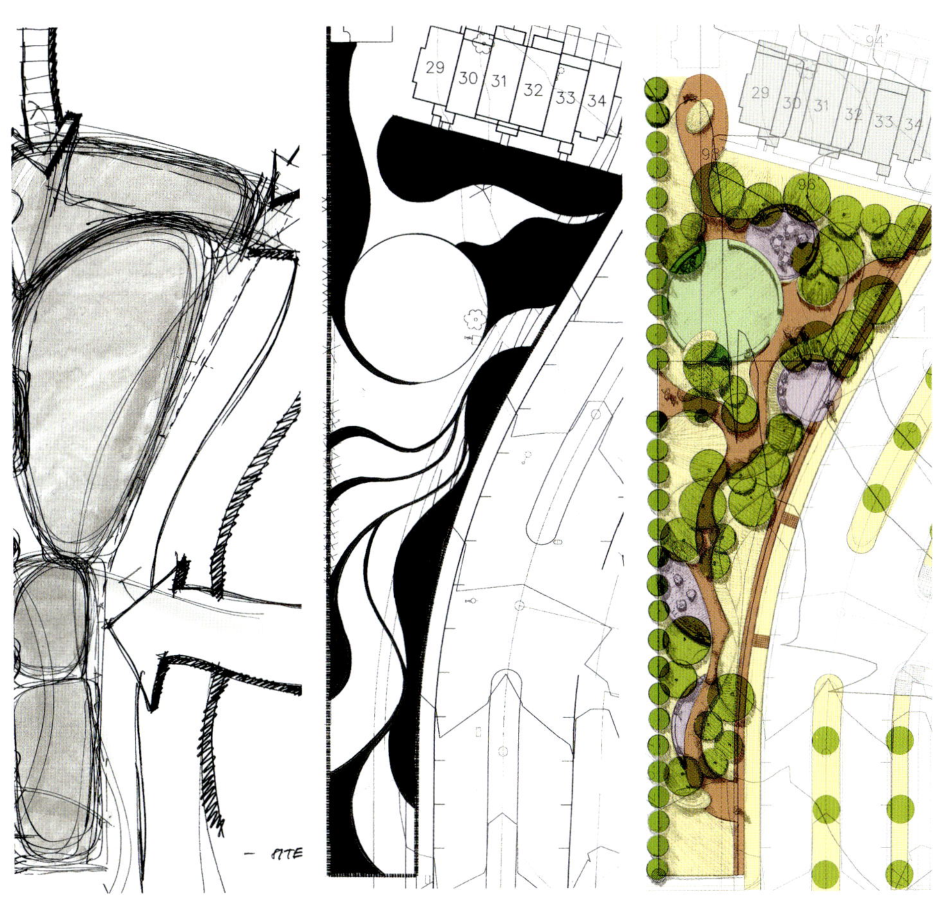

罗斯林公园（Roslyn Park）

位于街道边缘右侧1英亩大小的街角公园将新月公园和城镇中心连接起来。这个街角公园的南端比较窄，往北逐渐变宽，北边靠近住宅区的地方最宽，有120英尺。街角公园有一条蜿蜒的景墙，并且配置有各种颜色的耐寒乡土植物，以营造既有开放空间也有私密空间的场地。

该项目的主要挑战是场地所具有的不规则而狭长的形状，它直接与附近的住宅连接，而住宅所有者总想将此地作为其私有空间。设计方案将私密性尺度的空间转化为一个公共花园，对地形的塑造与雕琢提供了高低错落、不同形式的空间变换，能使人们沉浸在这个弥漫着植物香味且美丽绚烂的安静空间里。

景墙和沿公园东缘的植被将公园和街道隔离开。该街角花园的最宽处有一个圆形的草坪空间，人们可以在这享受日光浴，沿砾石小道还有一系列精心布置的独立花园。特意设计的成片树木将公园北边与邻近城镇住宅区间进行隔离，公园西边用林荫树木以及灌木对部分住宅进行屏蔽，西面设有一个出入口，供附近居民进出该公园。

设计者对这小块区域的道路系统进行了多方案的比较，最终认为这个公园可以作为一块有宁静空间的聚散场地，并且设有一条蜿蜒的小路作为连通新月公园和城镇中心的主要通道。

通过蜿蜒的道路系统的设计，很好地创造了私密性空间，并且创造了一个有大树和色彩鲜艳植被的宜人步行系统。

动力广场 (Powerhouse Plaza)

该广场位于两栋新建的办公大楼之间，北边是一个街心交通环岛，南边是一个居住区，广场原本打算作为一条宽 25 英尺的应急消防通道。设计师利用其优越的位置，将其设计成一个供办公人员和当地居民聚会的场所，并有一条景观优美的步行道将该场地与罗瑞镇中心连接起来。

该项目的主要挑战是在一块 50 英尺宽的美丽地块上，营造一个具有吸引力的社交空间。设计师说服当地的消防机关，将该场地的消防车道宽度减少 5 英尺，在道路两边的终点各设计一个圆弧形空间，给行人休息空间。其中一个圆弧空间设有个人使用的休息坐椅和桌面，另一个圆弧空间设有供很多人聚会用的遮阳伞坐椅和桌子。条纹图案的混凝土铺装与成条纹状的绚丽植被融为一体。沿广场两边的特制灯光柱上，刻有标志场地原有身份的星形图案，使人感受到场地的军事历史。

（上图）原本是一个普通的道路，由于场地的特殊性，被设计成联系居民区和镇中心有休息空间以及特殊用途的聚集场所。广场设有供个人和集体使用的坐椅（右图）。广场上的特制灯具，都刻有标志场地原来身份的星形图案。

阅读花园（The Reading Garden）

这块180英亩的场地位于罗瑞社区西北部，占社区面积的四分之一，当设计团队开始为该地设计一系列公园和公共空间时，他们发现两条道路转弯处有一小块土地已经从居住区用地转变为办公建筑用地。他们提出要将该地块建成一个吸引人们来到社区中心的枢纽，并且鼓励整个社区的交流。

因为该社区已经有一些活跃的户外活动场地，所以设计师就思考如何为该区域创建一个引人入胜的静态休憩空间。他们得知，罗瑞基金董事会正在寻找一种方式，纪念一位之前因意外而去世的董事会成员，希望能用一种方式纪念他并且表现出他对阅读和花园的热爱。设计师建议将这块场地转变为一个小型的纪念性公园，并且也给予游客一个平台，让他们在这里发掘自我价值。

该公园和广场里有很多雕塑性的小品、很多名言名句还有董事会成员从自家花园搬来的雕塑。这个私密性的场地被一条东西向的规整步行道和一条南北向的自然式小径分割。地形、植物和硬质景观划分出一块故事分享区，一组单一的读书角和一个环绕在一个中心聚会广场周围的微型圆形剧场，剧场的座凳侧墙上还有书本形状的浮雕，将居民喜爱的小说名字刻在上面。景墙、草坪和人行步道因为这些文字而更优美。

因为这块公共场地不允许在西侧的半块场地上种植树木，广场上由大型金属遮阳篷提供遮阴。遮蓬上面都有镂空的单词“READING”，在阳光的投射下，广场地面上也会显现出这个词的轮廓，同时，这个花园的理念还会在地面的立体石块字母“GARDEN”得到体现，这些字母本身也是能即兴演出的场所。场地北边草木繁茂，另外三个方向都有缓坡，这为舞台营造了一个天然的观众席。

（左上图）这个袖珍公园坐落于两条道路的转弯处，袖珍公园中自然式和规则式的道路将人们与中心连接。它提供了一个具有开敞式广场的公共空间，有一个以单词雕塑为主题的广场（左下图）和树荫下的多个私密性空间。

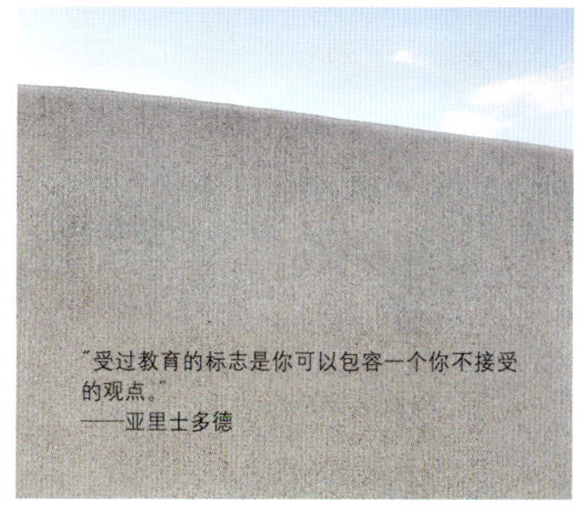

（本页图）中心广场的一圈矮墙上刻着书中警句。广场设有遮阳的小雕塑。雕塑、各种小品及材质上雕刻的格言使公园空间显得更丰富。

盖茨橡胶工厂于1991年关闭，当时它留下了一个混乱的、被污染了的工业场地，该场地与周围环境的联系完全割裂。一个全新的长期规划精心地将这块场地设置为交通要塞，以创造一个具有活力而密集的闹市区。

案例分析：
彻罗基的再开发

丹佛，科罗拉多州

我们将废弃地转变为一个充满活力的地区

丹佛市的盖茨橡胶公司成立于1911年，它为附近的福特汽车公司T型车工厂提供橡胶类产品，比如生产能延长金属汽车轮胎的轮辋等。从成立之后的80年来，盖茨橡胶厂一直是丹佛地区较大的工厂，有约1万名工人，生产大量汽车所用的橡胶制品，包括汽车安全带和各种软管等。那时，盖茨工业园是一个设备齐全，24小时全面服务的社区，包括工业区、办公区和库存区、自助餐厅、公司内部商店、一家具有先进医疗设备的医院和户外聚会场地，还具有屋顶花园。在20世纪50年代后期，25号州际公路通过该地，但是随着时间的推移，盖茨将其主要的职能部门转移到国外，于1991年停止了这里的所有生产活动，留下了一大片位于城市中南部的废弃带状工业基地。

20世纪90年代，随着城市官员开始规划轻轨枢纽，盖茨地区成为人们关注的焦点。当地交通部门决定将两条轻轨路线的连接点设在盖茨地区，能将人们输送到城市的大部分地区。政府投入了12亿美元进行轻轨建设，并于2006年投入使用。这个新用途对该场地来说，多少有点出人意料：一个曾经因汽车而繁荣的地方，如今演变为一个主要的交通站点。

彻罗基投资公司（Cherokee Investment Partners）——一个关注受损环境的修复和重新利用的私募股权基金会，2001年，他们对这块50英亩工业基地产生兴趣，并与设计师一起对其经济效益进行了评估。高速干线、铁路干线和沿南部的普拉特河扩

（上图）1925 年的航拍，图的中下侧是盖茨橡胶厂，它位于丹佛市的郊区，而整个市中心位于图片的右上部分。

（对页图）现在，该地位于整个都市的中心区，并且可以直接连接高速公路，通往城市的各个区域。

展的城市工业带，将这块杂乱又受污染的场地与周围的环境隔离开，形成一个相对封闭的地区。这块场地具有中心性的位置并拥有主要交通中转站的优势，设计师希望利用这种优势，将此地建设成一个规模适中、多功能的公交社区，并利用步行道路系统将新建筑、历史建筑和市郊及山脉的景观联系起来。消除与场地周围街区的屏障，并将这块城市边远地区重新组织到整个城市结构中。

投资方期望将该场地建设成一个适于步行的社区，带有精心设计的集居住、办公、零售商业、酒店和娱乐空间，成为一个综合性的社区。新的规划从以下几个方面对过去的工业场地进行了改造：一、将场地同周围的环境间建立起良好的连接；二、提供适合这个场地规模的建设；三、最大化利用交通枢纽的便利；四、尽可能地节约水资源和其他能源；五、减少机动车出行，创建适宜步行的环境；六、创建一个充满生机的市民活动场地，并在建筑物周围设置公共活动空间。

设计团队制定出一个合作过程和一个公私合作方式，以创建一个供社区人群都来交流的场所。规划师们引导彻罗基基金会支持这个社区参与方式的建造程序，因为它是丹佛市首个由私营开发商参与开发的完整社区。整个设计过程中，社区从许多方面参与了进来。例如，设计方直接给周围街区的 3.3 万户家庭寄信咨询意见；他们与主要的利益相关者进行了数十次会议，两轮公开的工作会话，此外，他们还组织了一个代表有 12 个组织机构的街区顾问小组，在过去的四年里每月举行一次会议。

市政府官员通过组织规划和运输工作小组，包括区域性运输区和科罗拉多交通开发部（Colorado Department of Transportation）的代表，参与到该项目中。他们同时重新进行了区域划分、并开展综合运输的规划，使其具有综合利用功能和较高的城市建筑密度，轻轨站附近地区的建筑密度高达 20%，由于紧邻轻轨交通站，该地的停车需求将被有效降低 50%。

最终的规划将之前的生产场地开发成了一个具有综合性功能的大规模公交社区，对来自城市各地的人们来说，这里将是中心枢纽，同时，规划将之前由于高速公路和工业而被隔离开来的场地很好的融入了周围的环境中。整个规划将场地划分成

总体规划设想是在这片早期的工业基址上建设一个密集城市区

(1)

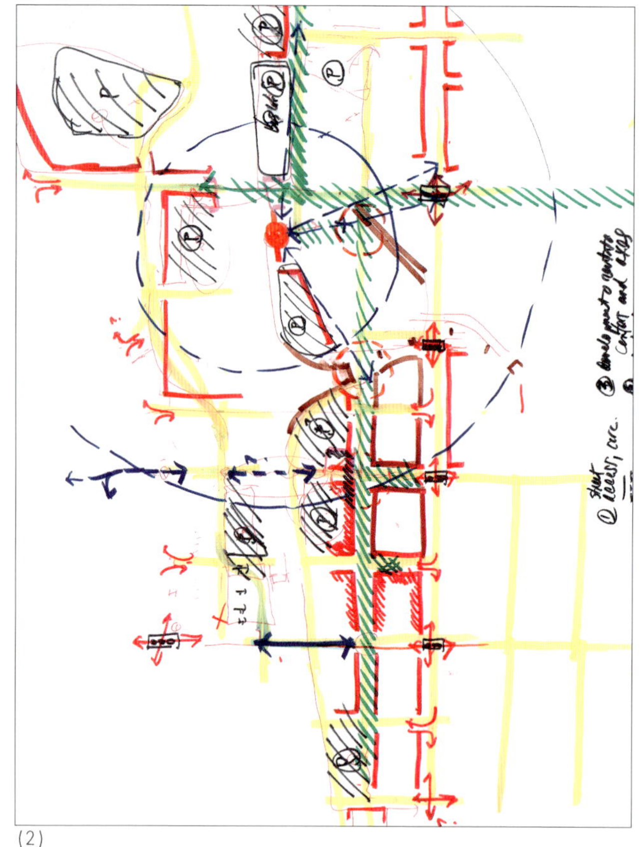
(2)

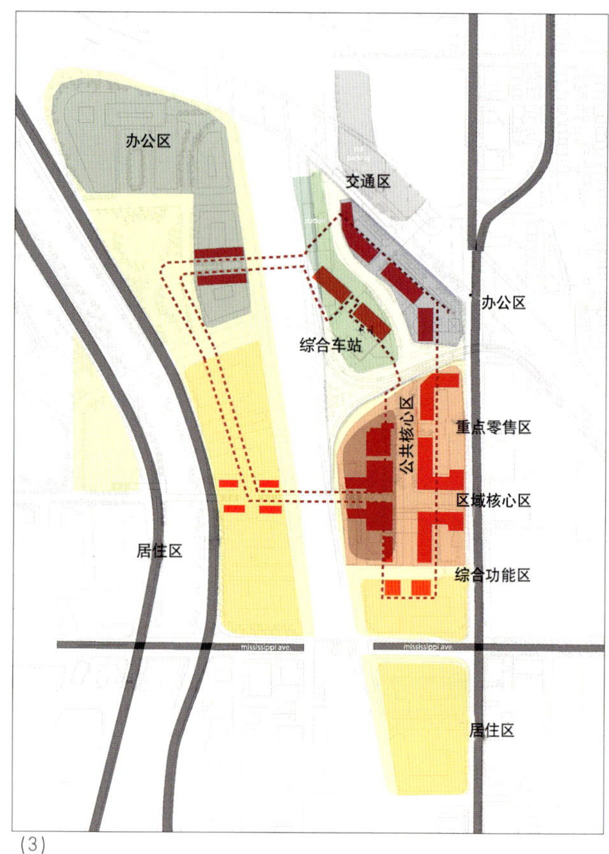

(3)

研究内容：

(1) 红色和黄色线勾勒出需要重新开发的场地。以四分之一英里为半径的白色圆圈描绘的是从公交站步行可以到达的区域。

(2) 该草图展示的是线性排列的建筑，建筑前面设有人行道，将建筑与交通枢纽连接起来。

(3) 城市社区由四块独立的区域构成，每个区域都有自己的核心，并且每个区都能与其他区域及周边街区相连接。

(4) 街道、街貌、开放空间和人行道的设计将整个项目于周边社区融合到一起。

(5) 联运交通系统网络有助于定义和激活该场地的改造区。

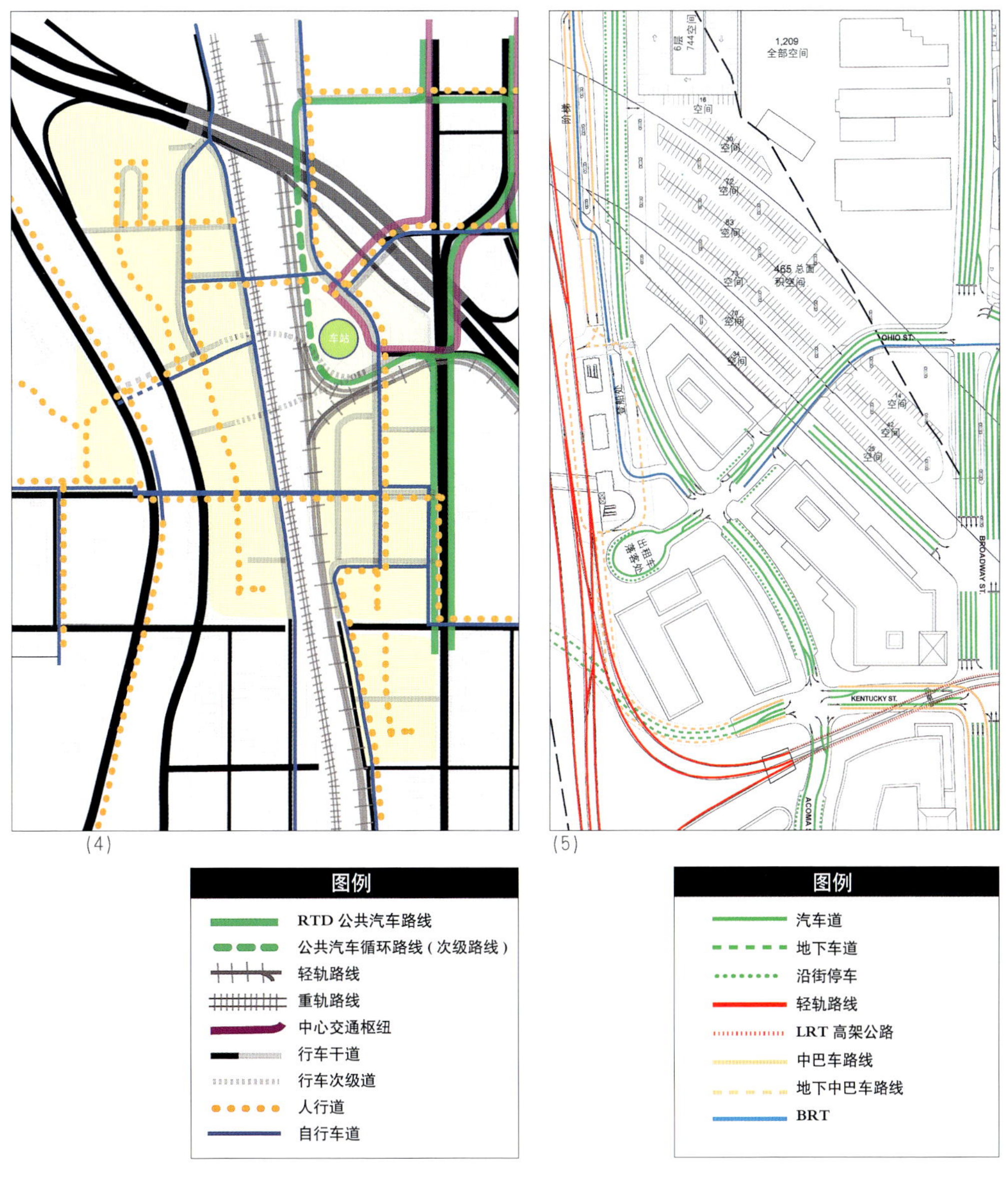

四个小区：场地西北部的销售和办公区（从 25 号州际公路可以清楚地看到该地区）；位于场地南部的居住区，是与周围街区间的适当的过渡区；场地北部是一个集商业、办公、居住为一体的核心地段，建筑规划部分重新利用了当地的工业遗产建筑，而交通规划则利用了交通枢纽的便利区位。该规划将这些分区与一系列有活力的公共空间连接起来，包括连接到城市开放空间的道路系统，以及跨越铁路设计人行天桥，把原来由铁路分割开的两部分连接。预期在 10~20 年的扩建中，该改造项目建筑面积将达到 700 万平方英尺，这些建筑的楼层一般是 4~12 层高，共有 4000 多个居住单元和面积多达两百万平方英尺的办公、销售、娱乐、酒店和市民使用场地。

该项目的可持续性体现在：比传统独栋住宅节约 70% 的水资源；提倡公共交通较少污染物的排放；适当增加公园绿地面积；还建设有符合 LEED 认证体系的建筑。

项目成员

城市规划 / 权益 / 社区设计：DW 设计事务所

总设计师：丽贝卡 · 齐默尔曼

城市规划师：库尔特 · 卡伯特森、托德 · 约翰逊、托德 · 温斯科斯基、杰夫 · 格里恩、麦克尔 · 霍夫曼（Michael Hoffman）、丹 · 福特（Dan Ford）、杰里米·奥尔登、葆拉·埃斯皮诺萨（Paula Espinosa）

委托方：彻罗基投资基金有限责任公司

公共事务：CRL 联合公司（CRL Associates）

工程师：诺特联合公司（Nolte Associates）

土地利用律师：布朗斯坦 · 法布尔 · 海特（Brownstein Farber Hyatt）

表现图专家的手绘图显示出项目与丹佛城市核心区和普拉特河（Platte River）的区位关系。该改造区被规划为高密度的，具有一系列广场、庭院和其他公共场地的区域。交通系统将场地分成东、西两个部分，而跨越河流和道路的人行天桥将东、西场地连成一体。

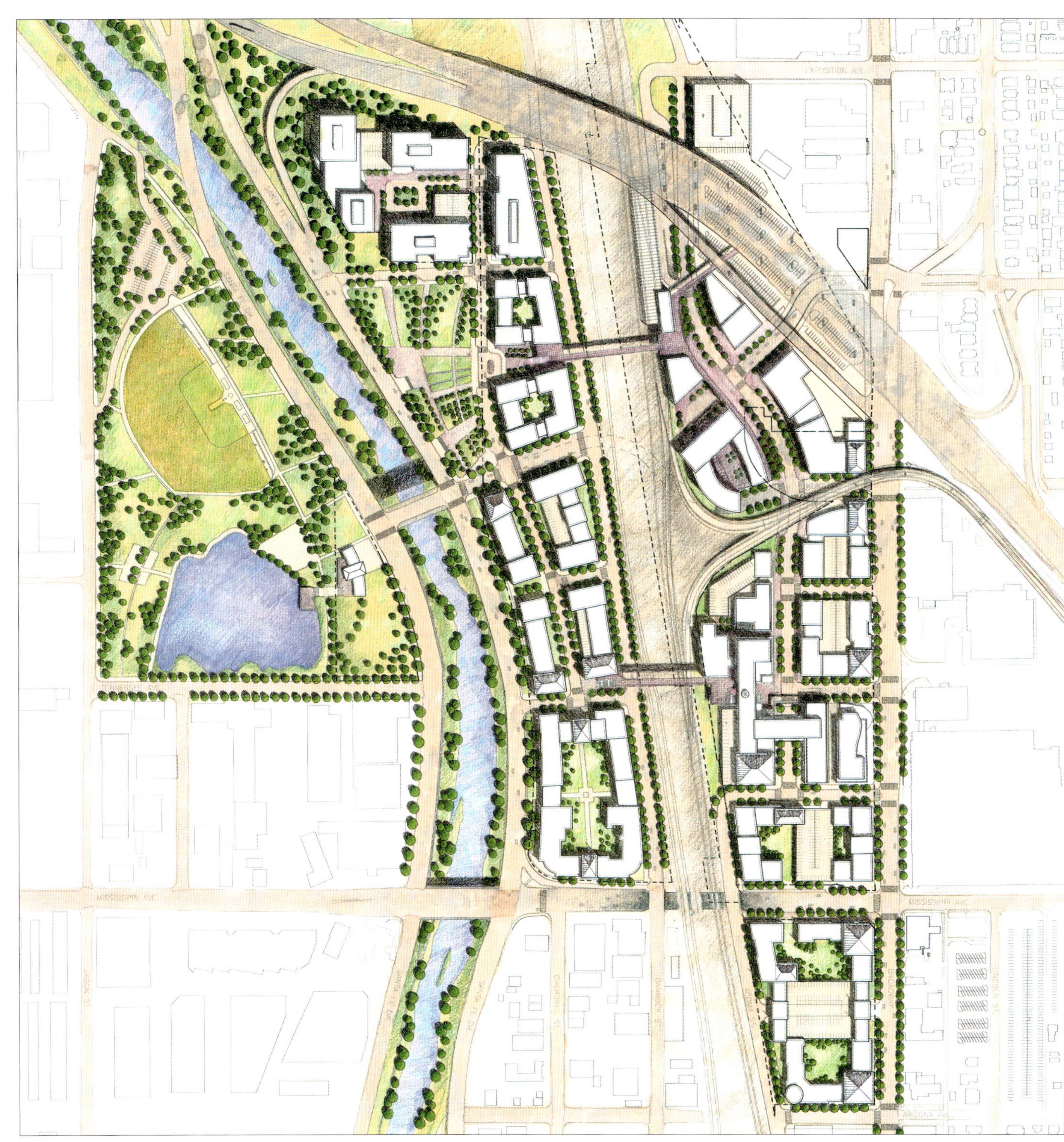

最终确定的总体规划将项目的两部分相互连接起来，并将新城区与河流及其道路系统连接，直至东部的居住区。通过交通系统，项目地与该城市其他大部分地区都能够连接。

深度探究

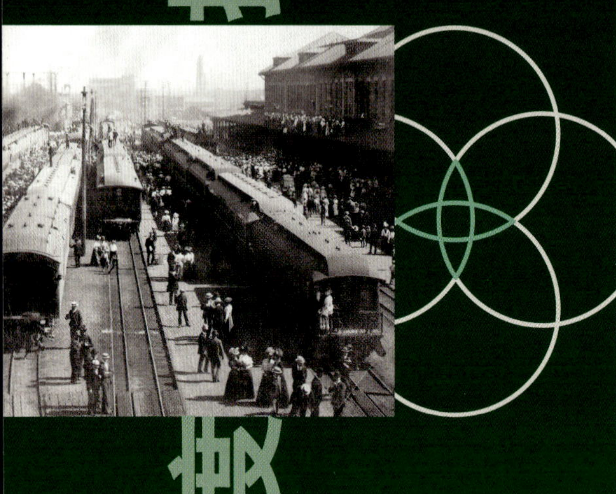

困境：当联合太平洋公司（Union Pacific）关闭时，仅剩下两条主要的轻轨路线穿过丹佛市，位于市区西端的早期铁路运输站规模很大但是没有利用起来。多年来，很多人针对这块棕地提出改造意见，很不幸的是这些意见都没有实施。

完美目标：

社区
创建一个新型多用途的区域，规划一套全新的连接体系将该区与中心市区和周边环境连接起来，将这些地区的活力吸引到这个新区；创建新聚会场地以吸引游客；利用贯穿整个城市的步行道路系统连接这个新区。

环境
改造该地区以提供居住、办公用途、公共场地和道路；集中开发城市规模的场地以增加建筑密度，较少机动车行驶道路，增大公共开放空间的面积，规划中引入轻轨系统，方便该区与各区之间的联系。

经济
保证城市对新区基础设施的投资；对该地区进行规划设计，吸引周围区域的人到该区，充分利用该区域邻近普拉特河，且具有观赏落基山脉景致的良好视线的优势。

艺术
在交通最密集的地方，树立一个规模大且造型、意义独特的雕塑吸引游客注意，并作为该新区地标性雕塑；用一系列小广场把城市开放空间连成一个系统，以营造一种都市旅游环境；设计迷人的环境场所，舒适的建筑立面，创造引人入胜的户外休闲场所。

主题：如果新区的规划设计能有机地与轻轨系统、中心城市路网、历史街区、邻近下城的多功能老仓库区联系起来，那么将会给这个新区注入生机、带来活力。

深度探究：

滨河公园

丹佛市，科罗拉多州

新区是一个旧铁路站的重生

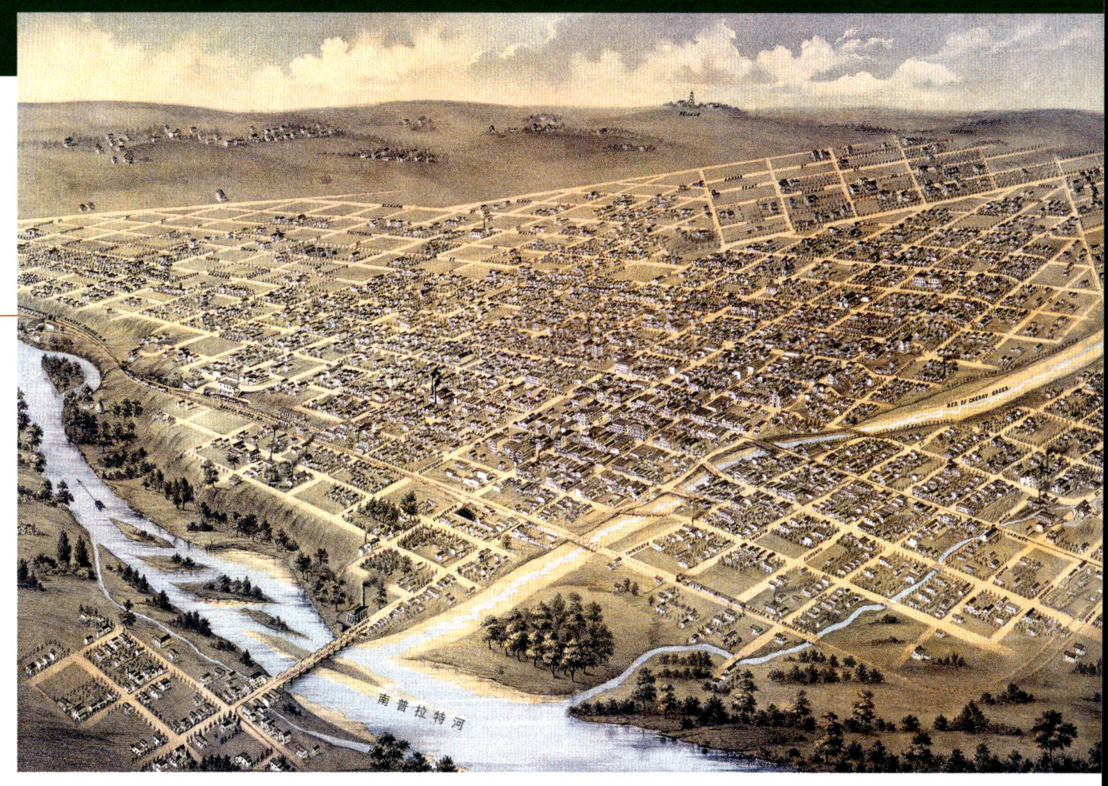

丹佛市早期的鸟瞰图，位于樱桃溪和南普拉特河交汇处，图中所示城市是在铁路未出现之前的景象，很多早期的街区后来被荒废。

前言

滨河公园的规划于20世纪90年代初开始进行，之前已经有过几次失败的场地修复规划。随着城市人口迁徙、城市扩张和交通堵塞日益严重，市政府高级官员做出了在城市核心区进行再投资改造的承诺，包括公共交通的完善等。一个全新的规划在这种背景下应运而生，该规划将65英亩的早期铁路站转变为一个具有21个街区的综合城市社区，它成为一个现代多功能的集中联运中心——一个充分利用了周边城市核心区的有利条件的新区，并带给了城市活力。目前，该项目已经使该地区的私人投资获得了回报。

历史/背景

随着1858年金矿的发现，丹佛市被建立在普拉特河和樱桃溪（Cherry Creek）的交汇处，该区域曾经是犹太人和阿拉巴霍人（Arapaho peoples）的圣地。科罗拉多州矿业的迅速发展，最终促使铁路的繁荣，1870年丹佛市修建了第一条铁路轨道，并沿河铺设，以方便为蒸汽火车供应水。为了创建一个足够大的铁路车站，容纳每天80列火车，铁路部门收购了沿丹佛市河流交汇处的周边街区。

20世纪中期，丹佛市的商业区开始从火车站附近向一英里远的新古典市民中心区转移，该铁路车站也逐渐被淘汰。与此同时，市政府官员发出了旧

深度探究

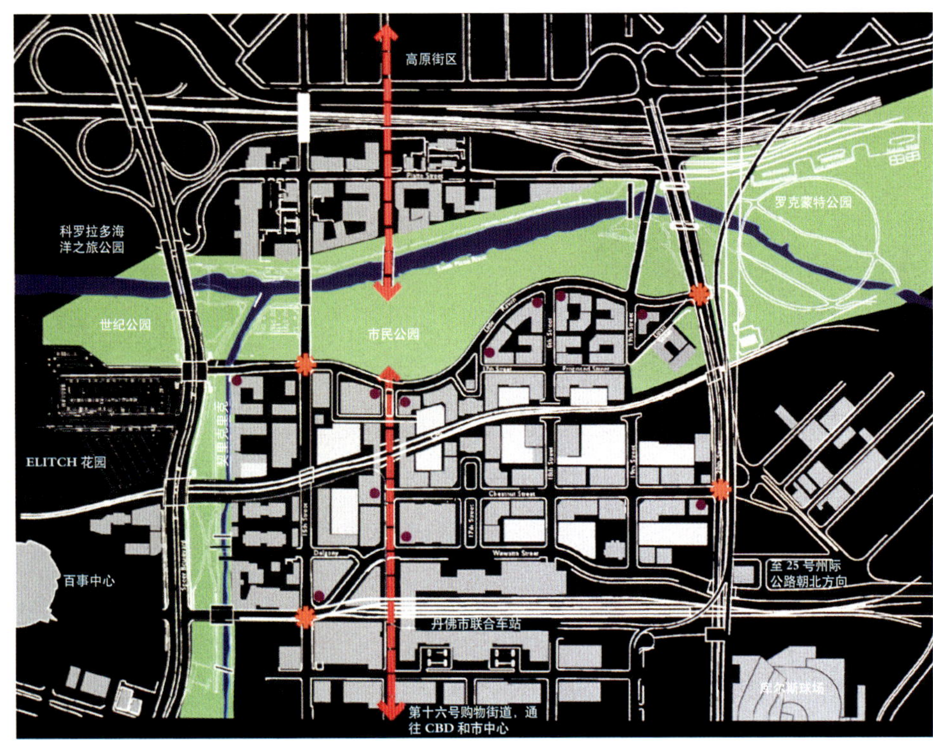

延长后的第十六步行林荫道横穿该地区，并与跨河人行桥一起为维持新区与城市其他地区的连接发挥着至关重要的作用。

城改造的辞令，并开始拆除部分旧城区，其中很多地方被空置或者转变成为停车场。火车站附近的地区也日益孤立、破烂不堪和充满危险。但 1965 年，开发商德纳·克劳福德（Dana Crawford）反对将丹佛市仅存的赖玛瑞街区（Larimer Street）拆除，并快速将该街区的建筑修复，将它们转变为一个蓬勃发展的、以赖玛瑞广场而著称的城市市场。克劳福德接下来开始对围绕火车站的、以仓库厂房为主的第二十五街区进行保护，将其改造成一个集居住区、办公区、酒店和娱乐为一体的充满活力的综合性区域。与此同时，整个城市沿河岸筑坝以保证附近河流冲积平原的安全，并在坝后的普拉特河谷中心建设了几个大规模的新游乐设施，包括能承办重要的足球赛、棒球和篮球的赛场。在这片迅速发展的区域的中部，还有大片未利用的铁路车站。联合太平洋铁路公司于 20 世纪 90 年代早期将这些铁路线进行整合时，私人投资最终转向改造这些区域，希望和确保官员和市民支持这项改造。

曾经在该区域的、年久失修的高架桥，随同铁路存储设施被拆除。只留下需要环境修复的场地，场地内严重缺少基础设施——没有排水管，没有公共设施，没有街道。但是更大的问题是，如何建设该场地才不会让它变成一个孤立的场所。针对这一难题，几年来提出了很多建议，包括建设一个体育场、一个会议中心和一个办公园区等，但是任何一种提议都得不到人们的支持。直到 1995 年，DW 设计事务所带领着一个顾问团队，最终为这块土地勾勒了一个可行性、具有活力的总体规划，该团队包括商人、财务专家、地产经济学者、交通规划师、工程师和律师。

过程

设计组成员以场地的历史背景和区位为基础，理解该场地的位置与城市其他地区的关系，包括与交通系统的联系，以及与开放空间联系。发现其在“连接”方面具有如下潜在优势：场地有州际高速公路、高架路、城市主要干道以及历史遗留下来的联合车站。设计团队将焦点集中在如何从历史角度、布局和象征意义上，使该地区与城市其他地区进行连接，并寻找出这些使该场地繁荣的要素，反之，这种联系同样也能带动其周边区域（被连接区域）的发展。街道网络、

航片显示，铁路站场、城市带状工业带将城镇中心及城市的其他部分同普拉特河隔离开来。图中右侧是普拉特河。

深度探究

一张手绘效果图勾勒出达到这个新城区的交通连接点。第十六街用红色标识出来，其两端分别是千禧桥（Millennium Bridge）和市民公园（Commons Park）。圆圈标志的是周边区域的主要交通连接点（红色）和该项目与整个大交通系统相融合的干道（灰色）。

右上图显示的是项目场地位置与城市中心区的关系；右下图显示的是该场地与城市中心区重新联系起来。该场地用红色线条勾勒出来，河流的交汇处用红色圆点标识出来。

河流和翻新的仓库区，这些逐渐成为富有活力的地区。该场地与周边街区的连接成为创建一个繁荣新区的关键。通过集中了市民、街区组织、公司员工和市区商人的数次公共会议，该团队制定了一系列用于指导该新区规划的设计原则。

利用这些设计原则，设计团队基于城市核心区的有利条件，构建了一个新区，使其融入整个城市中，从中获利并为整个城市带来更大活力。设计团队将该铁路场地融入城市的整体布局中，并且与西北部河对岸的街区建立联系，以这种方式适应丹佛市的快速增长模式。从某种意义上说，该项目将曾经作为美洲土著人聚集场地和白人殖民者建造的市民广场象征性地重新连接起来。

连接城市与该铁道站的主要方法是将市区的中心部分——第十六步行林荫道——延伸到新建的地区中，带动该地区的活力，并在原来的主要干线上架一座桥梁作为该地区的标志。越过这座桥设计了一个重要的集散广场、新居住区、一个 25 英亩的公园和滨河绿地，这些都与整个城市的步道系统连接起来。街道布局和公共空间成扇形散开，通过第二十一街区使人们与城市周边区域更好地联系，使人们更方便地感受新区的魅力。设计团队还说服交通部门的官员，引入了一条新的轻轨路线，以便将该地区与大都市的其他地区连接起来。这样也能创建一个多类型的地带，能与购物中心、自行车停车场、规划中的机场快线和客运铁路线联系起来。

规划

通过该城市的一些员工、当地建筑师和工程师的帮助，该团队进行了大量研究和多方位的功能考察，形成了住宅单元规划开发协议书，该协议书于 1997 年被城市规划部门批准实施。城市设计标准和原则的焦点，是创造一个以步行为导向的、具有步行尺度的、经济上具有可行性的街区，同时也是一个具有视觉凝聚力和美学的视觉冲击力的场地。

该规划中，它的分区规划和后期实施包括：

- 400 万平方英尺的商业和办公空间
- 50 万平方英尺的零售面积
- 1500 间酒店客房
- 2500 至 3500 个居住单元、其中有 10% 的廉价房
- 一座学校
- 一个邮局

设计

总体规划和建筑指导规划给这个街区带来很多亮点，比如滨河广场和普通公园相结合的地方，形成了很受人们欢迎的具有优美曲线的街道；新 LOFT 居住单元的建筑风格，与附近历史遗留下来的仓库区风格相吻合；还设计有特殊节日用的集散广场，比如为音乐会以及节日庆典而设计的广场。设计通过以下几个方面增加了人

们的交流：精心设计的公共空间、底层零售商店以及建筑的出入口。该区域的标志性桥梁既被作为城市天际线的背景，也是一个供人们漫步、享受城市环境的场地。

滨河广场和街道景观的设计也体现了该区对设计细节的追求：如广场的地面铺装由点缀有红色的长条状传统黑色花岗岩成排铺设而成；传统人行道的铺装由灰色混凝土构成，给单一的街道增加了生动的节奏感；第十六步行街上到处有设有设计精巧的木质座凳；垂吊花卉种植在大型不规则梯形种植槽中，装点街道的美观；公共广场上设有奇特而精致的石质座凳。

结果

该街区的新街道依旧沿用已100年历史的老名称：栗树（Chestnut）、韦韦塔（Wewatta）、小渡鸦（Little Raven）等。千禧桥，作为该地区的标志，于2002年开始通行并成为该城市的地标。在十年的时间里，该地区的土地价格提高了200倍，从1993年政府要价的每平方英尺75美分增长到之后的每平方英尺150美元。首批居住单元的畅销证实了该规划的合理以及可行性，该项目也刺激城市核心区的投资产生回报，将此项目作为样板在丹佛市的其他地区进行推广。

该项目也被认为能促进普拉特河西部的其他开发项目，并且这些开发区通过步行桥与滨河区连接起来。

项目成员

城市设计/总体规划：DW 设计事务所

总设计师：托德·约翰逊

股份权益：格雷戈里·奥克斯、苏·奥波利森（Sue Oberliesen）

景观设计师：金·斯旺森（Kim Swanson）

街道景观设计：DW 设计事务所

总设计师：托德·约翰逊

景观设计师：托德·温斯科斯基、杰米·福格勒、查克·韦尔（Chuck Ware）、查德·克利夫、希恩·迈兹、杰夫·麦克梅尼曼（Jeff McMenimen）、刘玉菊（Yu-Ju Liu）、柯比·霍伊特、葆拉·埃斯皮诺萨、罗伯特·松田（Robert Matsuda）

委托方：Trillium 开发公司（Trillium Development）、东西联盟（East West Partners）

建筑工程：城市设计小组（Urban Design Group）

桥梁设计：丹佛建筑公司（Architecture Denver）

公园设计：Civitas 荒野公司

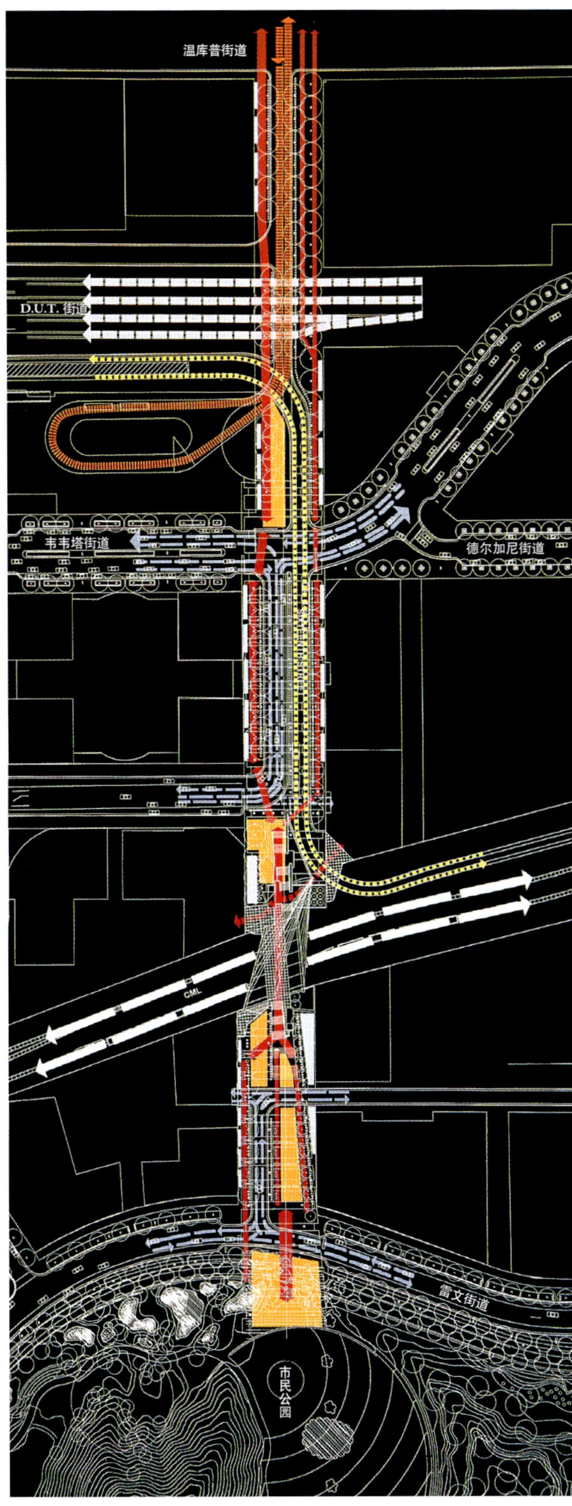

（左图）第十六街走廊的交通路线图中，白色为干线（上层是客运线、下层是货运线），地面交通路线为蓝色，步行路线为红色，往返林荫道为橙色，主要的公共空间为橘黄色。

（中图）这张手绘图描绘出街景和广场的设计方案，该方案扩大了人行廊道和集散空间，既有私密性的空间也有开放空间。图的中间是标志性桥，横跨主干道，从图上看桥的下面是市民公园。

（上图）将轻轨引入滨河公园区域是该项目成功的关键。从图中可见正在驶往联合车站的轻轨列车，其后是首批居住建筑。右边是千禧桥，还有向上的台阶和位于桥下的铁路线。

深度探究

（本页图）项目规定了建筑的最大密度和市中心的规模，从市中心到联合车站（Union Station），一直到公园的边缘，建筑密度逐渐降低。该地区也促进了旧城改造，包括联合车站东部充满生机的低密度市区，项目还建设了一批吸引人气的建筑，比如位于图片左上部的库尔斯体育馆（Coors Field），以及位于图片右边中间位置的百事中心球场（Pepsi Center）。从图中可以看到位于新区后面的原市区的外缘。

（对页图）这个总体规划将城市的格局延伸到这块区域中，在公共空间和广场的周围布置建筑群。图中南面和北面的边界是进入市中心的主要干道。

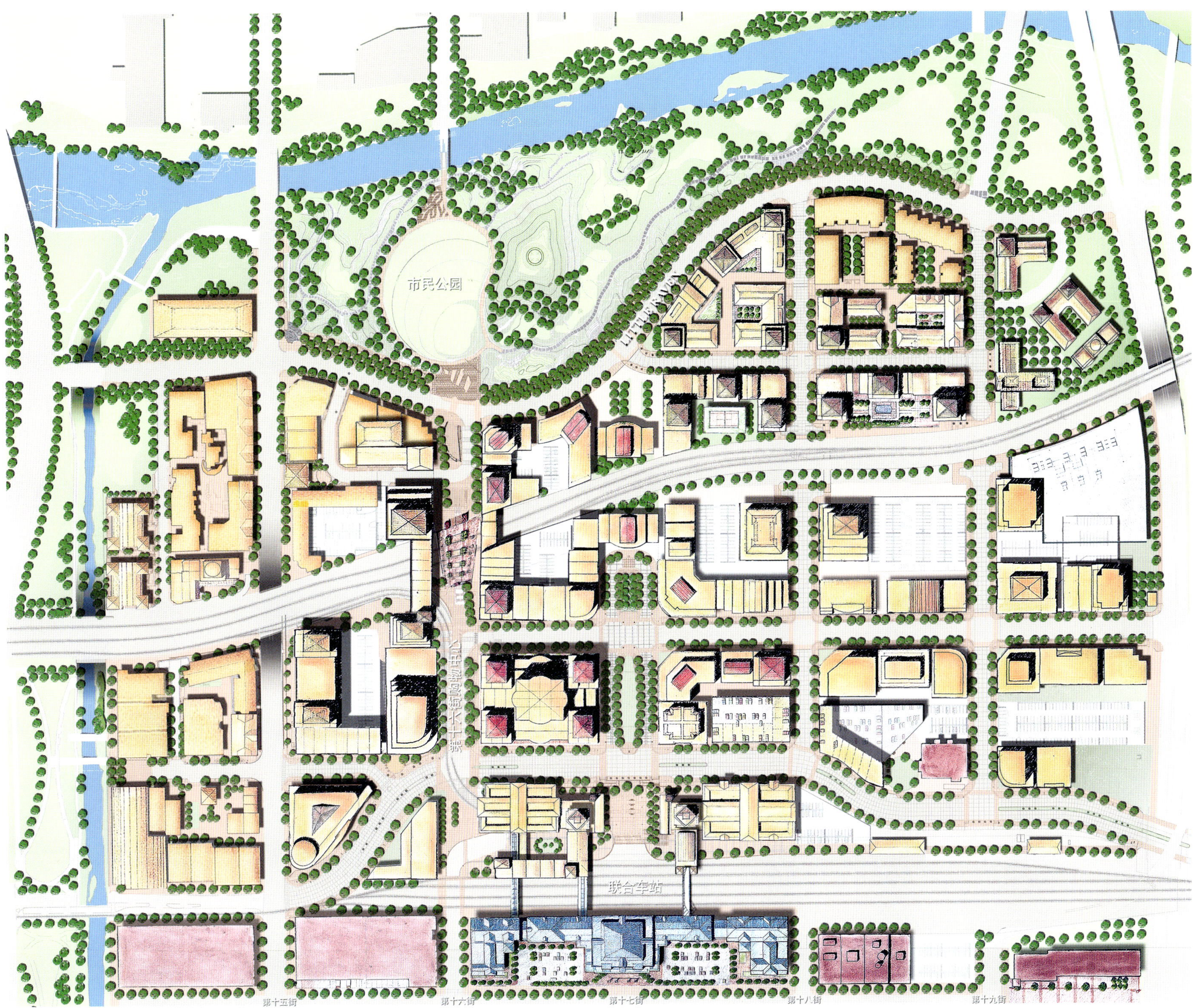
市民公园
LITTLE RAVEN
第十六街购物中心
联合车站
第十五街
第十六街
第十七街
第十八街
第十九街

（本页图）从一开始，滨河区就被设想为一个充满生机的高密度城区，具有居住、办公和零售多种功能。右边的手绘鸟瞰图为第十六街区的设计，从图中可见该街区跨过千禧桥，一直延伸到公园及河边。

（对页图）滨河广场是该项目的核心，周边有标志性千禧桥、公园和一层为底商设计独特的建筑等。这里已经成为非常受欢迎的节日和特殊活动的聚会场地，该广场与普拉特河道连接在一起为骑自行车和散步的人们提供休闲场所。

第5章 引领改变

简述

库尔特·卡伯特森、理查德·肖、丽贝卡·齐默尔曼和格雷格·奥克斯一起在本书最重要的章节中，介绍了涉及重要公共程序的项目。通过对多个项目的描述，本章大胆提出了在设计中最难的就是要让人们参与进来，并且总结出他们的一致心声——能够让人们参与进来的主要因素：要不断拓展自己的知识面和强化业务技能，充分吸引对这方面感兴趣的社区居民。

案例分析

弗拉特黑德县（Flathead County）总体规划：面对城市的快速发展，冰河国家公园（Glacier National Park）附近的居民遏制了对规划的反对情绪。

北太浩湖（North Lake Tahoe）：规划促进了非自治镇的经济繁荣，除了经济方面，还给这些镇带来其他很多方面的好处。

峡谷森林村（Canyon Forest Village）：各种职业的人一起为大峡谷规划设计了一个入口处的乡村。

查拉澜生态小屋项目（Chalalan Ecolodge）：一个位于玻利维亚梅蒂蒂区（Madidi）的生态旅游者的理想露营地，村民因此项目赢得了外界的支持。

深度探究

公园大道（Park Avenue）的改造：全面而长期的公众程序解决了南太浩湖的环境和经济问题。

让人们共同规划未来，是社区成功引领改革的唯一方法。

——DW设计事务所

改革是任何一个社区在建设过程中都将面对的最大挑战之一。这也可能是最有回报，最有意义的一个步骤。改革是个绝好的机会，但是它也可能是极其艰巨的任务，即使这种改革是积极的、目标清晰的、最能表达社区居民意愿的，但实施起来仍会十分艰难。如何控制改革，将决定社区的发展和未来。最成功且令人满意的改革，源自能明确其长期的社会、经济、环境和美学意义的社区共同意愿。

改革可能带来大量新生事物、经济衰退和对环境的威胁。当社会的经济基础从农业、或者矿业向旅游业转变时，社区的改革有助于社区适应这种改变。或许还可能因为急剧增长的土地价格而推进改革，因为目前土地价格已经超出了社区中产阶级承受的范围。有时改革就是一场突然爆发的危机，有时它会逐渐呈现。改革不是简单而快捷的，改革需要时间的检验，通常人们不喜欢改革。

改革能促进社区繁荣，需要居住在社区里的人们全面而透彻地参与其中——这不是一个简单的任务。帮助社区控制改革绝不仅仅是景观上的改变，它是让社区居民参与进来共同创建社区的未来，因为改革的过程始于人内心深处和思维意识上的变革。

描绘未来蓝图的重要性

当社区开始推进改革，社区中的每个人都将受到它的影响，只是影响的程度和方式不同——有些是积极的、有些是消极的、有些是极端的、有些却几乎没有影响。改革可能发生或者需要在多个系统中同时进行，改革让市民卷入不同的冲突中，比如，社区的环境目标可能与对当时经济和社会条件的扶持不一致。对改革的反映将是多种多样的：政府部门之间会有相互冲突的地方；居民可能不会认同改革的成功之处；以及必然会产生的、改革所带来的商业利益冲突。

为了让社区摆脱困境，恢复到繁荣的景象，并能主动地控制改革，彼

（上图）1959 年 6 月 4 日，城市总体规划师罗伯特·摩西（Robert Moses）站在纽约市罗斯福岛（Roosevelt Island）的横跨东河的工字型钢梁上。摩西是旧城改造的标志性和争议性人物，他的规划过程未考虑公众的参与[1]。

（对页图）1963 年，在纽约市宾州火车站外，美国作家简·雅各布斯（右数第三个）和建筑师菲利普·约翰逊（Philip Johnson）（最右侧）站在游行人群中，抗议对建筑物的破坏行为。雅各布斯成功抵制了摩西的部分项目。

1 罗伯特·摩西（1888~1981）被称为 20 世纪中期纽约市、长岛，以及纽约州西彻斯特县（Westchester County）的总规划师，是成为美国城市规划历史上最具争议的人物之一。摩西所主导的市政项目对从 20 世纪 30 年代大萧条和 70 年代滞涨危机后纽约经济的恢复和发展起到了不可或缺的作用。仅仅在纽约市范围内，摩西就主持建设了 658 个公园、416 英里景观道路和 13 座桥梁。然而，他主导的项目主要为具有私人汽车的白人和富裕阶层服务，由此也激起了社会民众日益强烈的反对浪潮。他的行为引发了美国规划由重视形体与功能的现代主义时期向强调民主和参与的后现代转型的历史进程。——译者注

[改革]是一个巨大的动荡时期，也充满了机遇。

——约翰·奈斯比特（John Naisbitt）的《大趋势》（Megatrends）

有时，旅行会让你感到尴尬或危险：人们有可能会嘲笑你提出的问题，对你失去兴趣；或者你可能无法用正确的语言来表述你要寻找的东西；或是你可能会想，离开我原来熟悉、安全和舒适的家来到这里可真像是一个大白痴。但有时，旅行——出发去一个全新的地方，那样的清新而愉快会成为一种纯粹的快乐。

——保罗·雷（Paul Ray）和谢里·鲁思·安迪生（Sherry Ruth Anderson）的《文化创意者》（The Cultural Creatives）

没有社区的有效参与将导致无序的增长，产生不可恢复的、长久的严重影响。图为一个位于加利福尼亚州卡斯特罗山谷附近沿山脊分布的新住宅区项目。

此之间的信任是必不可少的。这需要理清楚错综复杂的关系网。既定的利益会约束其场地的现状及其存在的根源——在新规划构想没有被认可之前，这些肯定将是不可忽视的力量。应该了解和倾听所有利益相关者的心声。在整个规划和规划实施过程中，我们需要关注所有人的心态和担忧，以及一些看似与改革过程没有关系的因素。它们都必须得到妥善的处理。

一张可视的、描绘未来的理想蓝图能应对人们在社区变革中的各种反映，这是一种最高效且重要的处理问题的方法。在人们内心不确定的时候，未来蓝图的描绘将安定人们的情绪，增加人们的信心。一个成功的规划蓝图会涉及社区的各个方面——它告知人们的不仅仅是创建一个更美好的地方这样抽象的概念，而需要包括真实的规划方案，以及能反应场地如何改变、发展和成熟（完善）的过程。规划蓝图还将描绘改进后的经济体系如何为未来提供发展机会，社区如何从中受益，这些转变将如何影响外界人士对改革的看法等。大多数人都认可的观点有助于解决问题。规划蓝图考虑的问题越少，在规划建设中出现的问题就越多，带来的麻烦也就越大。因此，从项目的最初开始就考虑许多的问题才是解决问题的根本。这样我们能更全面地思考，能最大限度地预期建成后场地、社会以及经济的发展状况。

这个艰难的任务，就是让人们参与进来，并且获得每个人的认同，同时要将社区成员像DNA螺旋结构一样有序地组织在一起。改革最主要的成就：不是改造后出现的那些物质要素，而是人们内心的变化和他们之间建立的新关系。投资人必须与人们一起，在追求短期经济回报之外，还要支持社会的发展，并为公益事业作贡献。政府必须认识到推动改革的人（即私人投资者）存在的风险，并且尽力将这种风险最小化，由政府带头减少投资者风险的方式有：增加基础设施的投资力度，利用所有平台宣传项目，有必要时可以重新调整规章条例，用各种方法获得更多人的支持。

蓝图、规划和潜在的困难

未来的规划取决于蓝图的可行性。但我们需要注意，即便所有的人对规划蓝图都高度认同，也不意味规划百分百的成功。规划方案必须是明确的、可理解的，因为人们要明白规划意味着什么，并将如何影响他们自己。有必要制定符合利益相关者的执行策略，有必要让政府部门执行该策略和规划本身。如果不是这样的话，规划可能毫无进展。如果被采纳，它至少将作为所有未来规划的一套完整的指导方针和建议。

为什么这种项目如此艰难，且容易走向失败？为什么人们如此轻视他们的工作？其部分原因在于这些项目的发展很容易脱离控制，而难以收场。规划成员当中只要有一个反对，就能阻碍整个改造规划的实施。对规划师和设计师来说，尽管要在进行有效的积极改革过程中，面临深奥的策略挑战、技能的挑战、重大的障碍和琐事，但是能始终坚持自己的方案，并找到愿意执行该方案的股东会起到非常关键的作用。如果能一次解决一个问题或者防止破坏规划的因素变本加厉，那么规划的进程就能向前推进一大步。

详细情况是成功的关键要素。即使是有最真诚且最大的努力，但如果该进程没有令人信服的详细情况，也可能被反对力量颠覆。变革倡导者的观点和品质具有重要性、有领袖能力并且具有叙事性，并且在变革的过程中发挥着重要作用。当一个强有力的领袖，比如丹佛的佩纳（Federico Peña）市长或者巴西联合矿业公司的吉尔赫梅·弗林（Guilherme Frering），能发起大规模社区争论，这样变革的成功的机会就能大大增加。这些变革倡导者和他们所提倡的观点表现如下：哈佛的教育改革者霍华德·加德纳在《改变观念》一书中提出的"共鸣"的观点，作家马尔科姆·格拉德威尔（Malcolm Gladwell）在《引爆趋势》（The Tipping Point）提出的"黏性"的观点。这类领袖能呼吁公众奉献精神，并不断向公众描述美好的未来。设计师通过展映、可视化演示和书面帮助人们了解和认识未来蓝图。这些情况必须足够复杂以激发人们的兴趣，但是又必须简单易懂，这样才能顺

最后，通过给政府带来活力，或者对大众公开信息，使和平状态长期维持。最有把握的，也是最合理的治理动力就是教导和告知所有人，使他们明白是他们的利益在维持和平与秩序，从而他们将维护这种利益……他们是自由的唯一可以信赖的保障。

——托马斯·杰斐逊（Thomas Jefferson）。一封寄给詹姆斯·马德森（James Madison）的信，1787 年

可以说，除非领袖的故事或个人能与听众们产生共鸣，否则，他们在改革中的作用不大（我们也不能强求他们为之奉献）。

——霍华德·加德纳的《改变观念》（Changing Minds）

……我们必须往前看，并考虑不确定性……我们需要的并不仅仅只是提出问题，那将无济于事，因为太多人只是简单的否定不确定的东西，他们总是以一种无意识的宿命感来看待这些事件。

——彼得·施瓦兹（Peter Schwartz）《前瞻的艺术》（The Art of the Long View）

彻罗基的重建项目，之前在连接的章节里对此进行了讨论，要求该城市进行全新的分区和分类，以将原来的工业遗址转变为一个综合性城区。

利通过听证会。

改革的成功与否关键在于领导阶层。领导阶层的变革意味着可以不依靠教条，可以清晰地传达、解释和描述出可供选择的未来。它需要领袖们谦恭地将“专家”的妄称搁置一边，并认识到群众和托马斯·杰斐逊笔下自耕农的智慧。领导阶层需要有能力避免风险，以合理配置资源，在特定的情况下，善于利用世界上的各种事件。最重要的是，改革需要毅力和耐心，以应对改革过程中不可避免的阻力。

如果一个社区能够积极地应对改革，它可能将重新繁荣该地区的经济、社区和社会的未来。但是这需要时间、耐力和长期的努力——或者可以说，这需要一种母爱似的奉献和圣人般的耐心。反对的力量会极其强大，我们应预计到各种抵抗。或许最强大的阻力是改革需要的时间，因为这种项目通常极其繁琐，需要花很长时间才能完成。

资源、技能和挑战

最近几年，帮助人们应对变革的方法，已经被富有洞察力的人们清晰而详细地阐述出来，诸如加德纳、格拉德威尔和公众舆论学者丹尼尔·杨克洛维奇（Daniel Yankelovich）（《恢复公众评判》）（*Coming to Public Judgment*）。这些成果能使人们了解到一些关于改革的基本常识，主要传递出这样的信息：改革是需要时间的，并且会不断地遇到各种阻力，改革源自于我们自身的需求。

如果一个人自己不能坦诚地面对改革，还想带领其他人一起改革，这是不可能的。那些仅仅通过早期一遍又一遍的学习，而没有疑问、基本的假设或者信念的人，这种人领导的改革是不会成功的。如果变革领导者不亲自主动追求创新和新理念，又怎能寄希望于别人追求卓越？特殊的品质是引领改革所必需的，包括坚定不移的信念和公开性。改革委员会必须要有信心和稳固的地位，同时还要有面对危机的敏感度、开放性和胆量——

要在这几方面维持平衡也不容易。成功源自不断地追求更深入的专业技能和专业课题，以及生活中的挑战。

那些改革委员必须能够在一个混乱而模糊的环境中工作，并能够处理各方面、复杂的信息，使场地中社会、经济、设计和环境要素协调一致。他们自己必须能够面对——并且能帮助其他人面对——一些结果不确定的事实。没有所谓的完美信息，且改革可能不会如预期的那样美好。对项目详尽的研究和分析能减少投资风险；信息越多，成功的可能性就越大。但早期的工作仅凭强大的信念在支撑，而没有任何保证。

我们已经在风景优美的地方建立了几个研究改革的重点实验室，这些名胜区的美景正逐渐消失、环境也逐步恶化、经济衰退。这些风景优美场地附近的社区，面临自然资源、社区居民以及经济利益之间的冲突，冲突导致社区运转不良，问题复杂且棘手。这些地方往往难以自我维持，并且常常是遇到一些从未遇到的复杂挑战。在一些主要的度假胜地，旅游压力给当地居民带来了苦难，相比之下，当地的基础服务设施完全难以承受这么大的压力。在其他方面，经济衰退已经威胁到当地的生活质量和环境。那些有既定的经济利益的地方，他们可能会看到改革中的深层次威胁，也会采取一些措施来削弱威胁的影响，以控制改革。在美国，几乎所有的土地利用决定都取决于当地政策，即使一个国家项目也需要取决于地方的土地政策，地方政策能决定私有土地的用地性质。地方政策能轻易地颠覆新锐的设计、国家形象和最美好的蓝图。

改革才有未来

改革是不可避免的。我们在生活的方方面面都随时与之较量。为了有效地改革，我们需要熟悉斗争过程中可能会用到的知识和工具，这是至关重要的。我们必须承认，改革是艰难的。在引领改革的 35 年中，我们已经看到一些令人惊喜的成绩，许多措施正逐渐被采纳，一些看似不可能成功的项目也取得了成功。我们的指导方针已成为一个整体性的方法被人们采纳，它能全面把握各个方面——这是完美哲学中形成的方法。我们追求完美的决定是一个义务，我们需要从简单地考虑风景园林和城市设计，转向一个更复杂的概念，最终将理念和精神蕴含在这个复杂概念之中。它促使我们寻找生命中的意义，使我们在世界上、公司中和我们自己的生活中以改革战斗的形式进行工作——并支持他人在面对生活里不可避免的改革中寻找意义。

我们的探索永无止境
所有探索的终点
都将是新的起点
这才是第一次真正理解场地的含义。

——艾略特（T.S.Eliot）《四个四重奏》

（The Four Quartets）

冰川国家公园附近建设无节制膨胀，然而具有讽刺意味的是，当地居民强烈抵制对其进行合理规划。但人口的急剧膨胀最终促使居民团结在一起，尽力解决人口膨胀所带来的问题。

案例分析：
弗拉特黑德县总体规划

弗拉特黑德县，蒙大拿州

弗拉特黑德湖的卫星图片。该地区壮丽的自然景观在最近几十年里吸引很多外地人来到这里，然而该地的基础设施和服务却完全无法满足人口的激增。

一个景色优美的社区将发展带来的问题提上议程

弗拉德黑德县是一片占地 380 万英亩的广阔地区，与加拿大南部边境相邻，该县内有半个冰川国家公园和半个弗拉德黑德湖，该湖是密西西比州最大的淡水湖。这里曾经是樵夫和渔民的天堂，原生态自然环境优美健康。但到了 20 世纪 80 年代，很多城市人、退休老人以及野外探险爱好者被这里的景色吸引，纷纷来到这里定居或者游玩。在 1970 年到 2000 年之间，这个与罗得岛大小相似的县的人口几乎增多了 90%，达到 6.5 万人。该地区每年的游客量超过 200 万人，二手房市场逐渐繁荣起来，将大牧场挤压分割为仅占地 20 英亩左右的小牧场。

人口急剧增加，使得弗拉德黑德县的房产成为全美最抢手的市场，远远超过了县政府能提供的住房资源，毫无疑问，该县的 15 年总体规划需要重新修订。在 20 世纪 90 年代末期，该地区道路堵塞，学校爆满，最初吸引人们来到弗拉特黑德县的风景资源也受到开发的威胁。农业用地和开阔场地被用来建设住宅；住宅用地每一年就增加了 15%；新建区的需求量每两年就翻一倍。在 1973 年到 1992 年间，13.5 万英亩的土地被分成小块的住宅基地，其中 94% 的土地没有通过公共审议。这些项目的公共审议经常失败，因为受到一个又一个的项目利益相关者的压力。公共审议试图保护本地风景，但是却阻碍了经济的发展。经济危机使政府机构的行动更加缓慢，但是治理这块场地的真正障碍，是蒙大拿州居民产权倾向和该地区自上而下的一个个社区规划的失败。

（上图）由于人口激增和旅游的压力，弗拉特黑德县出现了很多分散的零售店和服务点。

（下图）人口的增长和规划的缺乏，使早期的农业用地被盲目的发展所侵占，新来者和长期居住者开始争夺湖边或其他具有水资源的极好场地。

当弗拉特黑德县进行全县总体规划时，开创了蒙大拿州县级总体规划的先河。弗拉特黑德县的人口在社会经济上有巨大的差异，有非常开明的，也有非常保守的，有极其富有的，也有十分贫困的，有环境保护主义者、也有木材工业的热情支持者，有真正的牛仔、也有“卡布奇诺牛仔”。这些人有一个共同点，就是极其反对公共规划。由于居民的独立性和对政府干预的敌视，该县的各类人群不可能对如何进行规划达成一致。弗拉特黑德县需要独立创建符合该县的规划程序，制定一种能够满足广大民众意愿的规划。

发展所带来的压力在 1992 年达到顶峰，之前的反对者组成联盟——林业、农业、环境、发展、政治和地产利益集团——团结在一个叫做合作规划联盟（Cooperative Planning Coalition, CPC）的基层经济组织里。他们的目标是建立一个总体规划，以指导该县能以可持续的方式进行发展。社区的支持很及时，群众的力量是强大的，民众自愿捐款达到 35 万美元，使其成为最大的、私人资助的公共规划工程，也是美国实施过的最大数量人员参与的总体规划。但是到 1993 年年底，这个工程超出了合作规划联盟的能力，他们邀请 DW 设计事务所帮助其完成规划。

DW 设计事务所寻找各种类型的人参与规划过程，从自然科学家到小个体经营商，于是，一个新的综合规划工程开始展开。简化当地的土地利用审批过程，保护自然资源和山谷的田园特质，并以低成本的方式对公共设施和服务进行系统规划。一年中，这个设计团队每个月都会深入到弗拉特黑德县的山谷中，进行为期一周的调查工作，其中有战略规划师、房地产商和协调者，帮助居民描绘出一个范围更大的理想蓝图，并且深入调查不同地区的具体问题。团队共会见过 165 个服务组织，主办了 80 场公共集会，参与了一次电视节目和电台讲坛节目，公开征集居民对规划的意见。随着有居民开始界定他们的街区，并设想每个区域的未来，该工程才算正式开始，团队首先设计了一个公共服务设施的大体布局，这样才能更好地服务于当地居民、商业和工业；并且能据此推测出该县最适宜居住的人口规模。志愿者在项目中发挥着重要作用：他们的团队包括 300 人组成的 26 个工作小组，他们拟定了最终规划的

苏莫斯／洛尔峡谷——邻近公共服务设施

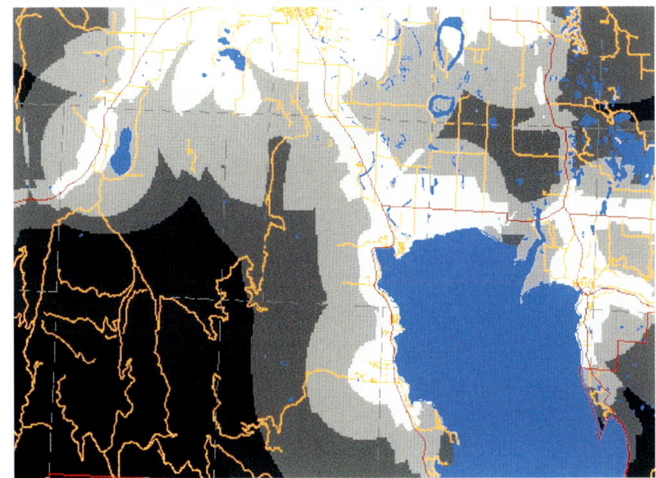

克雷斯顿地区资源——合适的土地利用状况

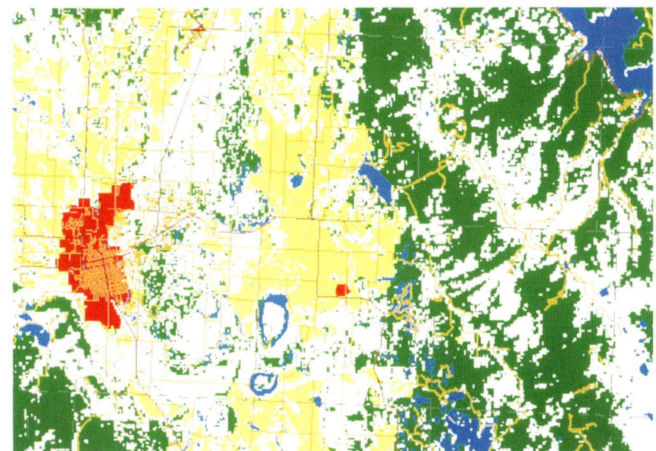

卡利斯佩尔——前期土地利用状况

最终的土地利用规划

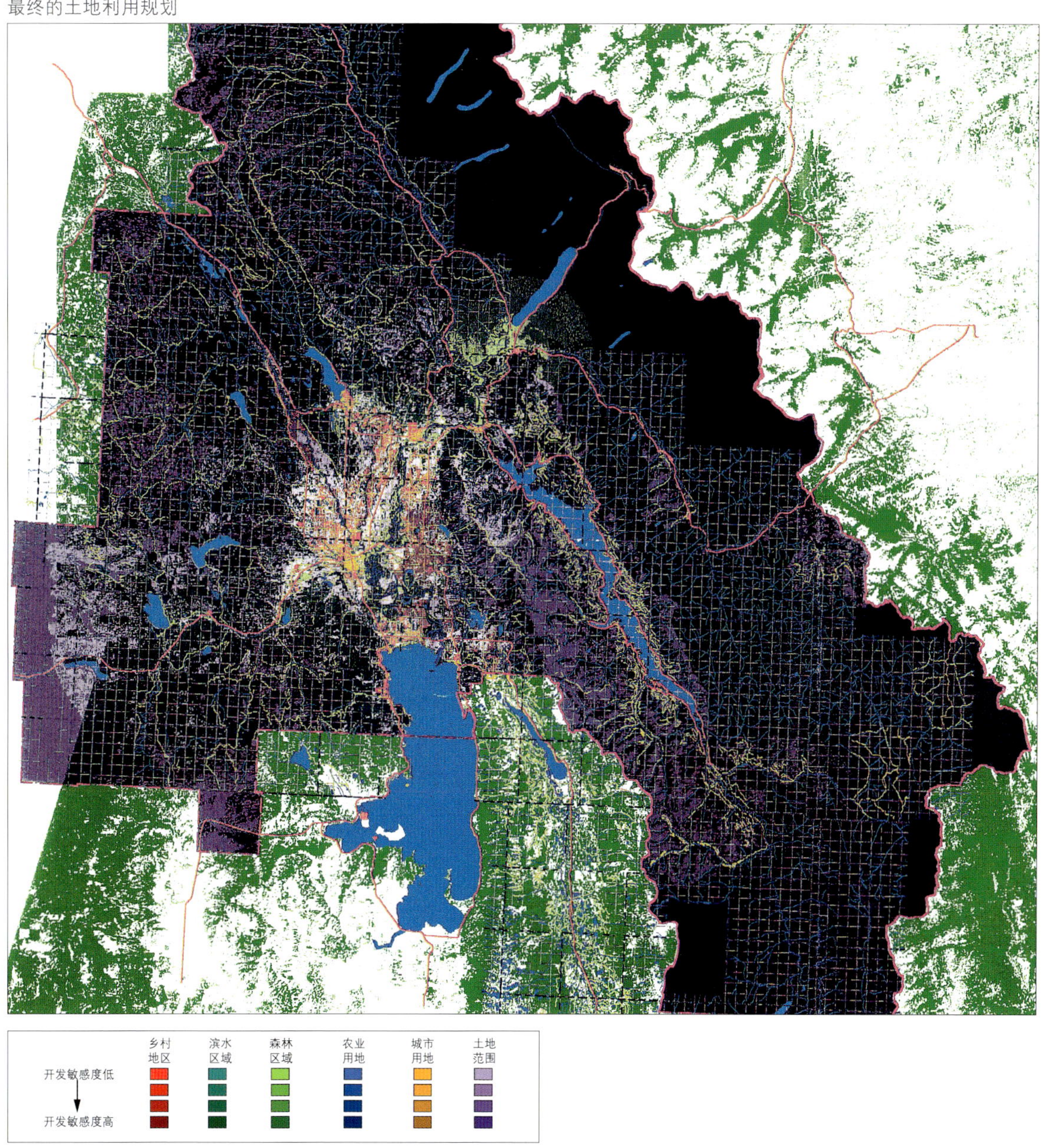

（左图）设计团队分析了该地区的物理特性、人口和市场趋势，与大量参与到社会工作中的人们一起，了解发展可能带来的影响，起草规划并对其进行管理——成为一个能够容纳该县的各种人口的规划。

（上图）最终的规划预留了未遭破坏的大量土地，并使公私权益保持一种微妙的平衡状态。

几个部分。据估计，至少有 20% 的当地弗拉特黑德县居民以不同方式参与到规划中。

该县 80% 的土地是公共开阔场地。风景优美的开阔场地是该县的经济支柱，所以如何让公共场地和私人住宅完美融合，如何管理该地区的整体生态系统，成为规划的最关键问题。团队首先使用了地理信息系统（Geographic Information System, GIS）对有 3.3 万居民居住的场地进行调查。在项目的早期开发阶段，规划团队制作了一张调查地图，能显示出当地开发对农业、林业、泛滥平原以及湿地资源的影响。在国家公园管理局（National Park Service）、美国森林管理局和几个当地机构的帮助下，设计团队制作了 100 多张图纸，包括自然和人工环境的，从植被、湿地和野生动物到交通、公用事业设施、文化历史遗迹等，同时团队为该规划成立了一个组织，以协调各种议程。

最终规划的核心是一个执行标准的审核系统，只要居民的行为对他们的邻居以及周围环境不造成破坏，那么他们就可以自由支配自己的土地。为了保护该地敏感的生态，政府采用了一系列的经济政策，如通过制定房产转让税，增大土地信托等（很好地保护了森林和当地的农业用地），并修订现有的法规条例以更大程度地满足社区的经济利益。

由于人们对产权的观点多种多样，项目在进行过程中也遇到了多次挑战。在该工程开始的几周之前，布雷迪枪支管制修正案的通过导致大量民兵聚集在弗拉特黑德县的集市广场上抗议所有的政府管制，包括刚刚制定的新县城规划。在项目进行期间，反对者使用炸弹威胁，迫使合作规划联盟董事会成员不得不在卡利斯佩尔（Kalispell）的警长办公室里才能安全开会。虽然该规划在弗拉特黑德县的行政委员会上一致通过，却在 1996 年的一次备受争议的公投中被否决。虽然各个部门以及社区采纳了该规划的很多方面，但是该规划本身从来没有得到完整的实施。2005 年，该县着手了一个新的总体规划，因为政府认为虽然相同的发展压力目前依然存在，但是人们对于一个综合性总体规划的渴求和支持显然比以前更强烈。

项目成员

总体规划：DW 设计事务所

总设计师：库尔特 · 卡伯特森

项目管理：狄安娜 · 韦伯（Deanna Weber）

GIS 专家：史蒂夫 · 马伦（Steve Mullen）

项目规划：比尔 · 凯恩（Bill Kane）、马蒂 · 泽勒（Marty Zeller）、托马斯 · 盖尔（Tomas Gal）

委托方：合作规划联盟

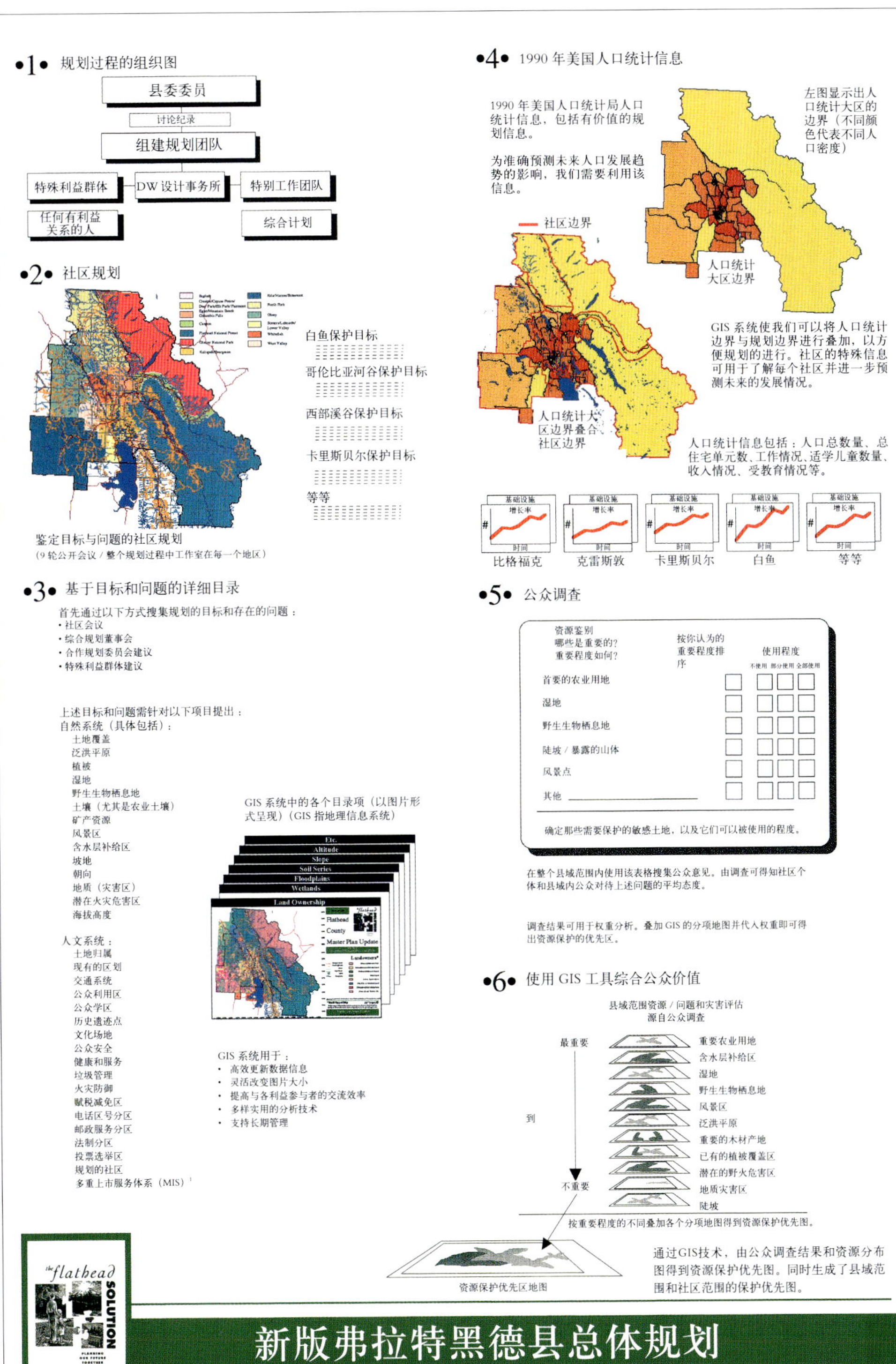

1　多重上市服务体系（Multiple Listing Services，MLS）：一种用于房地产交易的信息管理系统，能将房地产开发商、代理商、经纪公司所拥有的代售信息集合在一起，基于互联网而建立的房源信息数据库。——译者著

（左图）早期的规划图表，有助于人们更好的理解如何在该规划过程中最大限度地使土地与公共价值保持一致。

（上图）这个区域规划覆盖了一块如罗得岛州（Rhode Island）大小的土地，规划更多关注利益相关者在规划后所得的利益。

沿太浩湖北岸的非自治城镇经济出现停滞，失去了其旅游目的地的地位，政府也没有从政治上或者税收支持上来改变现状。可喜的是，一系列的战略规划使该区域的利益相关者聚集到一起，利用他们的影响力吸引了大量可持续性再投资。

案例分析：
北太浩湖

太浩湖，加利福尼亚州

联合各种分散的利益集团，让他们再投资，保证当地旅游业的蓬勃发展

20 世纪 90 年代中期，北太浩湖度假区的基础设施和建筑环境逐步衰败，滑雪游客日益减少。该地许多旅游度假区周边环境的开发一直没有跟上步伐，比如早在二战之后建成的斯阔谷度假区，周边的环境仍没有开发。造成这种状况的原因在于这里是非自治乡镇，它们的发展既没有正式规划的指导，也没有当地税收的直接支持。

20 世纪 60 年代末期颁布的环境条例严格限制了该地区的发展，以至于难以展开新的开发和改造。曾经具有趣味的商业核心区和住宿设施，现已变得陈旧破烂，人们也不太关顾。太浩湖曾经是短途旅行者的天堂，然而这种旅行方式却使该地的交通更加拥挤，空气污染更加严重，旅馆收入急剧减少。社区没有资金建设人行道等最基本的基础设施，使行人兴致大减，并影响了当地商人的生意（他们中有 80% 依赖于旅游业）。这些利益相关者未能形成一致的声音，也未能在县一级政府机构产生任何影响，而且他们也没有解决基础设施和运输问题的能力。各个城镇开展了许多关于运输、市场、娱乐、重现开发和营销方面的研究。但是他们的意见总是相互冲突，或者是因为该地区坚决反对任何政府部门的干预，难以为基础设施的建设筹到资金，也难以形成解决问题的方法。

1995 年，普莱瑟县（Placer County）聘请到 DW 设计事务所为该地区进行一个旅游发展的总体规划。在接下来的 8 年时间里，DW 设计事务所共完成了三期规划方案，基本能解决

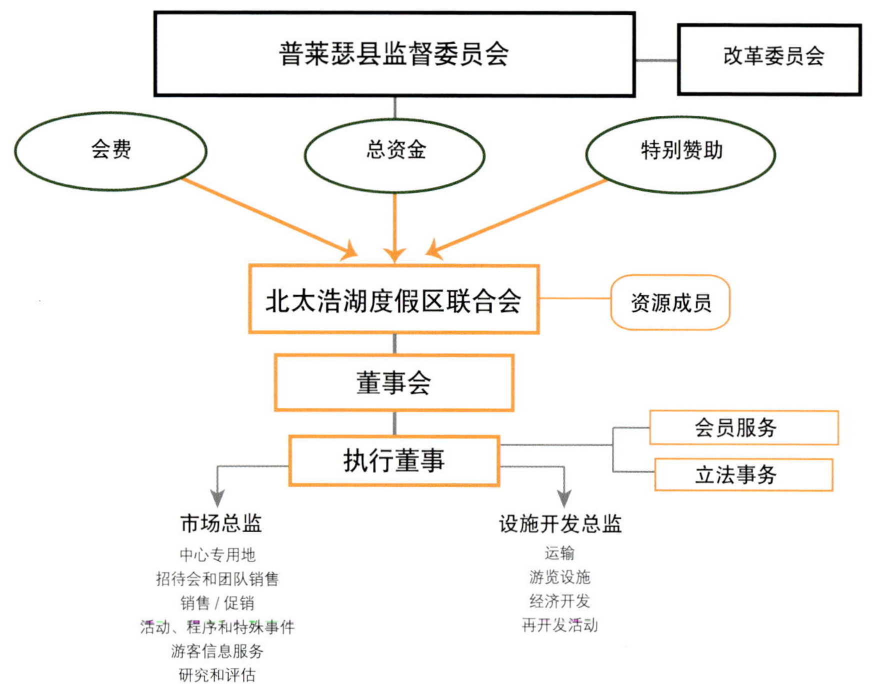

（上图）上述框架图是经过两年谈判后的结果，利益相关者聚集在一起成立了度假区协会，以解决税收等众多问题。

（右上图）休闲爱好者的消费是北太浩湖岸附近的非自制城镇经济的主要来源，但这种经济模式有个缺陷，它们有时会以不明显的方式给基础设施和社区带来不良影响。

这些日益复杂的问题。规划的实质是以旅游业为基础的经济规划，用于指导该县进行整体改善，增加公共基金，以吸引更多的私人投资。针对每个方案，规划师都成立了市民咨询委员会，举办公众听证会，评估该地区的优势和不足，并站在与同类型的旅游区竞争的高度，发布各种规划文件，提出优先项目和建议。

第一期总体规划里，规划师将之前的研究整合到一起，为当地政府提供了一个解决目前问题的方法。他们的分析表明，北太浩湖区曾经是整个山脉中公共投资金额最低、市场预算最少和公共交通投入最少的度假区。在了解到这样的情况后，设计师们首先将焦点转向寻找投资方面，通过给予该地区的七个社区以政策辅助，同时利用并增加公共投入，使这两种手段成为促进更多私人投资的催化剂，以筹措到更多资金。此外，通过联合当地商会和旅游局下的500家企业，规划小组特别成立了一个具有董事会性质的度假区协会，作为大小型旅馆、滑雪区、零售界和餐馆等业界的代表。这个组织代替县政府部门，具有对当地实行改革的权力。该规划还增加了暂居税（transient occupancy tax, TOT），为基础设施的建设筹措资金。同时，规划为该县另外制定了一个税收分配机制，该措施在1997年的公共投票中以明显优势通过。此外，规划团队还针对季节性的交通堵塞和交通需求，成立了一个以创建高效环保公共交通系统的基金组织，而交通问题是北太浩湖区最重要的持续性挑战之一。

第一期规划实施三年后，度假区协会为了鼓励游客经常前来游玩，希望DW设计事务所帮助他们将暂居设施投资设为优先投资项目。但是当时，度假区协会却成为其自身成功的牺牲品：当地政府将不符合规划目标和超出该协会能力的项目强加给该协会，包括日托和工薪阶层的住房问题。因此，该协会只是在内部公布了新的暂居设施投资的旅游规划，最后还没来得及向公众推广。2004年，协会将工作重心转向了社区投资问题，也就是那一年接手的一个能清楚阐述协会角色的新规划。这项文件中，要利用协会的力量解决旅游业对当地造成的影响，比如支持建设一个非常完善的娱乐中心，给游客提供更多的体验，并同意房屋委员会所提倡的建设工薪阶层住房的想法。该规划强调对土地的关注，将区域经济活力与生态系统的恢复联系在一起，因为该区域的发展在很大程度上依靠其风景质量，在对所有基础设施进行改善时，必须强调对当地优美风景的保护。但是在2004年的一次公共论坛中，团队重申了度假区协会不是一个政府单位，不具备解决社会问题的专业技能、培训及财政支持，希望以此得到政府的协助和支持。

北太浩湖区连续的三期总体规划，其结果具有长远的积极效应。从最大程度上看，一旦度假区协会能充分发挥作用，并且暂居税能增加的话，投资者就能在斯阔谷（Squaw Valley）和北极星（Northstar）等地区同时推进全新的数百万美元的开发项目。其影响在地方层面上的作用将是极其显著的。暂居税收使几个社区的商业核心区得到了适度改善，同时也鼓励了私人空间的改善。当太浩湖市铺设步行道和排水系统，以营造一个适合步行的优美环境时，路边的土地所有者也立即开始改进他们的建筑和环境。2004年的总体规划开始实施一年之后，地方政府称赞它在整合部门和消除奖助经费的竞争方面，跨出了重要的一步，并承诺再引入210万美元资金投入到全新的基础设施建设、道路和交通的改善之中，使道路交通能够通达北海岸的各个社区。

项目成员

总体规划：DW设计事务所

总设计师：理查德·肖（一期和二期）、丽贝卡·齐默尔曼（三期）

项目管理：丽贝卡·齐默尔曼（一期和二期）

规划师：萨拉·蔡斯（Sarah Chase）、埃米·凯普伦、克里斯滕·怀特（Kristen White）

委托方：加利福尼亚州普莱瑟县、北太浩湖度假区联合会（North Lake Tahoe Kesort Association）

旅游数据：BBC研究室（一期）

交通顾问：LSC交通咨询公司（一期和三期）

调查数据：RRC协会（一期和三期）

游客数量的上升使这个世界最顶级风景区的边缘风景质量降低。一些利益相关者认识到了这一点并积极行动起来，他们希望为景区重新规划了一个入口社区，以创建一个进入峡谷的入口通道，使游客能尽情享受风景的同时，也能享受便利。

案例分析：
峡谷森林村

大峡谷，亚利桑那州

入口社区的目的在于减轻大峡谷景区边缘的压力

与很多国家公园一样，大峡谷南部边缘设有一条通道，能引导人们欣赏到引人入胜的风景，但是也必须对其进行保护。大峡谷国家公园每年接待约 500 万游客，这对峡谷脆弱的生态系统而言是很大的挑战，并且经费的削减也造成了一系列问题，比如峡谷边缘社区的基础设施负担过重。在 20 年的争论中，政府逐渐认同了一个对峡谷最有益的发展方式，他们决定在峡谷南部边缘引入公交系统，禁止私家车的进入，并将其配套的服务站移到峡谷外的入口社区里。

1989 年，设计师帮助开发商规划设计了这样一个入口社区，在离峡谷南部边缘 7 英里的塔斯恩镇（Tusayan）规划一个综合性的开发项目，包括提高工作人员的居住环境、必要的社会服务和一条通往峡谷的轻轨。这个社区将能利用旅馆和商店的收入补助永久住宅项目和塔斯恩镇没有的社区服务，包括消防、急救、医药、银行、教堂和一所学校。为了保证旅游收入的长期稳定，风景旅游区的开发必须与风景区的理念贯穿统一，强调环境保护的重要性，还要满足峡谷南部边缘社区的经济和社会的需求。开发商以凯巴布国家森林（Kaibab National Forest）里南边的 2100 英亩私有土地换得了邻近塔斯恩镇的 270 英亩可开发土地。由于公园的引人注目，设计师认为该项目必须具有多方面的可持续性，成为一个国际教学的典范。因此他们组建了一个包括法律、规划和“绿色”建筑专家在内的团队。

该项目受到了许多利益相关者的

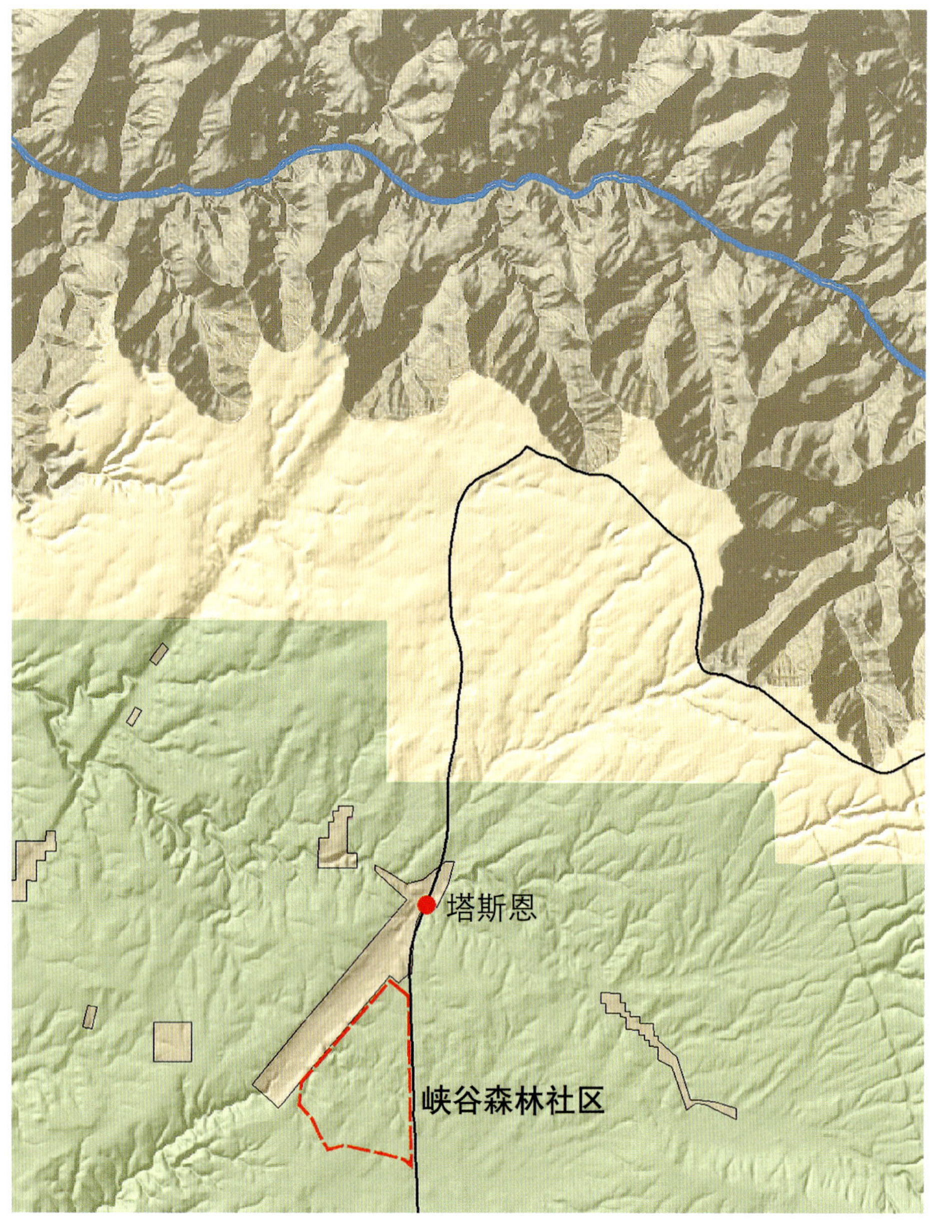

（上图）该场地位于沿大峡谷南部边缘，是主要旅游景点的正南方，但离景区边缘有足够远的距离。塔斯恩镇的飞机场位于场地西北外缘。位于峡谷底部的科罗拉多河用蓝色线条显示出来。

（对页图）塔斯恩镇过去的开发缺乏政策指导，未能构建出大峡谷的入口区。该镇为游客和员工提供的服务不仅分散，而且住宿条件简陋。

严格审查，包括环保组织、印第安部落、工人，甚至游客。这个设计包括公园员工和塔斯恩镇人的住宅区、为游客服务的酒店、特点鲜明的印第安工匠市场、教堂、其他社区机构以及北亚利桑那博物馆卫星设备。这些设施为风景区增加了一些文化教育的内涵。逐步减少零售商店和酒店，以使当地土著的竞争者获益。新建建筑要求遵循历史风格，并且是简洁的“绿色”建筑。

可持续性是该项目最具有说服力的方面，无论是环境、经济，还是社会问题，都将人们团结在一起。整个社区将被建设成符合 LEED 认证体系标准的社区，审核局确定其达到了“绿色”建筑标准。可持续性还体现在普遍使用的光伏电池和太阳能的接受设计等方面，而这里将成为美国最大规模的太阳能安装社区。环境科学家劝告不要使用地下水井，因为它会耗尽景区边缘的地下含水层。土著印第安人部落同意环境科学家的观点，认为如果使用地下水井的话，会影响大峡谷的温泉，其后果不堪设想。通过雨水收集、低流量节水装置、中水再利用和太阳能污水处理等设施的设计，该团队获得了法律约束力的支持，尽量不使用地下水。

该规划通过了联邦政府、州及县的政府官员的批准；也受到了霍皮族、纳瓦霍族和哈瓦苏派族（Havasupai）部落的支持；还获得了环保主义者的赞同；得到了文化组织，包括大峡谷相关组织的信任。当然，也有个别组织反对该规划，诸如塞拉俱乐部，他们认为不应对峡谷的游客数量进行限制。此外，塔斯恩镇当地的土地所有者和商人也强烈反对该规划，原本他们试图对当地的旅游贸易业进行垄断，而该规划使他们的梦想变成炮灰。至于附近的棋杆镇（Flagstaff）和威廉姆斯镇（Williams）社区，部分人能看到改善峡谷游览体验带来的利益，而部分人却仅仅看到了由于规划带来的潜在竞争威胁。

最终，该规划在该县的计划委员会中，以 7 比 1 的优势通过；在县议会的投票中一致通过。但是，由于亚利桑那州法律允许任何重新分区的决策都可以进行当地公民投票，因而持反对意见的商业界，便与环保组织中反对开发的人士，以及希望在全国范围内进行投票的人士达成联盟。在一次分裂的且花费巨大的竞选之后，可可尼诺县（Coconino County）的投

RV PARK
PIZZA
WE COOK PIZZA AND PASTA
Carvel
GENERAL STORE
STEAKHOUSE

GIFT SHOP
1 HOUR PHOTO
HELICOPTER & AIRPLANE TOURS
TOURIST INFORMATION
conoco
Food Mart
ATV TOURS

IMAX

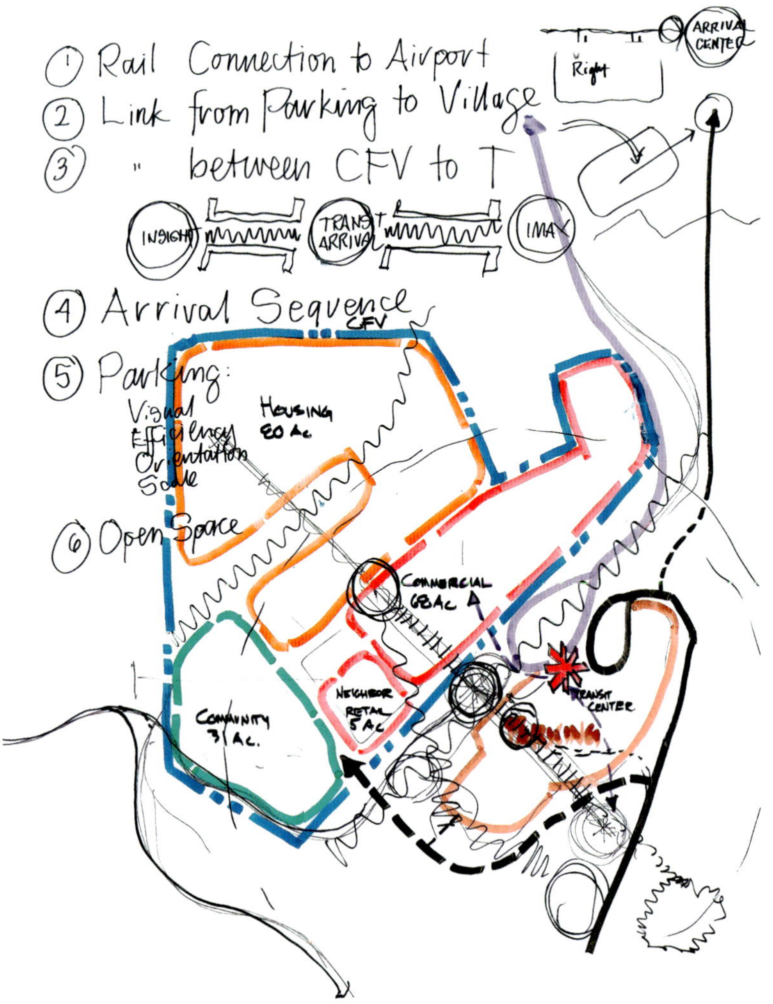

票人否决了建设大峡谷森林社区的提议。该项目于 2000 年 11 月被否决，之后没过几天，当地的商人便开始在开塔斯恩镇建设一个旅游购物中心。

该镇现在依然没有学校，且员工住宅依旧破旧，也没有应有的社会服务。公园里面的员工住宅也仍旧由大量破旧的房屋构成，包括房车也是一样破旧。塔斯恩镇居民获得医药、消防、银行和其他社区服务设施的唯一途径是联邦政府的支助和大峡谷社区获得的收入。塔斯恩镇的发展水平仍旧很低，发展速度依旧缓慢。

项目成员

总体规划：DW 设计事务所

总设计师：库尔特 · 卡伯特森

项目管理：狄安娜 · 韦伯、萨拉 · 蔡斯 · 肖

委托方：大峡谷有限合作公司（Grand Canyon Exchange Limited Partnership）

合伙人：汤姆 · 德保罗（Tom DePaolo）

建筑师：鲍勃 · 伯克拜尔（Bob Berkebile）、BNIM 建筑设计事务所（BNIM Architects）

管理：韦恩 · 海厄特（Wayne Hyatt）、海厄特和斯塔布菲尔德（Hyatt and Stubblefield）

（上图）该团队将新村庄的优点，与从大峡谷到南部边缘的交通连接起来，提供步行入口通道。

（对页图）该总体规划为大峡谷创建了一个入口社区。透视图从上至下，显示出该规划建议的步行道路和开放空间，中心公众聚集空间，员工住宅和太阳能污水处理设施。

高速公路
180/64
国家公园服务住宅
国家公园的服务办公室
二期仓库及停车场
CFV 宿舍
自行车和散步廊道
CFV 公寓
停车场内
酒店
校内风景
CFV
联排别墅
国家公园管理
处转接中心
酒店
教堂
社区中心
服务站
街区商业中心
基础设施
教堂
公园
学校
狭长的吉
姆峡谷
办公楼（两层）
医疗室/补给站
到塔斯恩的步
行廊道
消防站/警察
分局
IMAX电影院
酒店
美国退伍军人协会
高速公路
180/64
塔斯恩

多年来当地政府一直打算在玻利维亚的梅蒂蒂区域建立一个生态旅游区。政府集中了该区域内部和外部的各种力量，终于将生态旅游区建成。为了保证该生态旅游区的长期繁荣，规划设计时主要考虑旅游区经济、社会和环境的可行性。

案例分析：
查拉澜湖生态旅游区

梅蒂蒂国家森林公园，玻利维亚

这个生态旅游基地在很多方面达到了可持续发展

1976 年，人们提出在玻利维亚的查拉澜湖畔创建一个生态度假村的想法。当时一个旅行社在拉巴斯市（La Paz）成立了一个具有原始风格的旅馆，并从塔卡纳族与盖丘亚族的印第安部落附近的圣何塞村（San José de Uchupiamonas）中聘请了几个原以打猎为生的向导。由于该地区有很多猴子、野猪和美洲虎等多种动物，该旅行社希望引入野生动物观光游，由于场地的限制，该提议没有成功，最终被放弃。过了几年，当《重返图伊奇》（Back from Tuichi）一书公开发行之后，该地成为背包族的旅游胜地，该书的作者是以色列探险家尤思·金斯贝格（Yossi Ghinsberg），当该书再版时，书名改成了《亚马逊之心》（Heart of the Amazon）。

书中讲述了作者惨痛的冒险经历，1982 年他在玻利维亚热带雨林中迷失了三周之久，险些丧命于此。之后他被圣何塞的一个猎人及向导救出，之后金斯贝格总是尽力帮助该村庄的人们。传统村民以砍伐当地的大量红木、做向导和为石油勘测者提供帮助为生。1991 年，当一些居民决定在查拉澜湖岸建设一个游客旅馆时，金斯贝格把这些人介绍给保护国际（Conservation International, CI），该组织是一个以环境保护为目的的非营利性组织，当然也包括热带环境的保护。但第二次旅游提议也以失败告终，然而保护国际对积极创造生态旅游胜地是否能保护热带雨林的当地居民的问题，已经进行了长期的争论，他们对这块地区非常感兴趣，并对该地区的

为了在查拉澜湖区创建一个生态旅游度假区，项目设计团队深入村民之中，尽可能地对项目展开详细深入的介绍，让村民了解建设的可行性。

生物多样性进行了评估。在 1995 年，玻利维亚政府建设了一个包括查拉澜湖地区和圣何塞村在内的 7000 平方英里的梅蒂蒂国家公园，在国家公园的建立过程中，保护国际在该地区生物多样性的评估方面起到了重要作用。

科学家认为，梅蒂蒂地区是地球上生物多样性最复杂的野生动植物保护区之一。保护国际选择在该地区开展一个全新的生态旅游项目。他们通过小型运输机将一些设备运到这个偏远的地区，并利用电量能支撑 5 个小时的电动划艇在贝尼河 Beni River 和图伊奇河 Tuichi River 中通航。当时，当地的圣何塞人希望建设生态小屋来获取经济利益，因此，保护国际为杜绝（减少）乱砍滥伐现象，同时避免国家公园内部的石油开采行为，他们在公园内设置了监控系统。在规划过程中，该组织意识到只有通过把项目所有权交给当地居民，保护野生动植物的目的才能达到。如果这个生态旅游区能够获得成功，保护森林将成为当地居民新的谋生手段，反过来还将激励当居民成为脆弱风景环境的守卫者。

新型生态旅游区规划设计是 DW 设计事务所的一个公益性项目，包括经济、社会和环境方面的评估，及其设施方面的设计。金斯贝格帮助村民从泛美开发银行（Inter-American Development Bank）筹措到了 125 万美元的贷款，其中 20 万美元用于进行查拉澜湖生态旅游区的建设。

为了使项目具有可行性，设计团队从财政预算和市场需求分析开始着手项目。规划设计都是在场地现场完成的，这也是一项巨大的挑战。当地政府为设计团队建造了一个简单的居所供其成员生活和居住，有简单的桌椅供设计人员使用。在某种程度上由于受到美国国防部禁毒部门的严格限制，这里方圆 50 英里范围内没有公用设施和任何形式的地标。团队通过全球定位系统和测绘仪测量到的数据，绘制了一副粗略的地图。

设计师与保护国际和康奈尔大学的生态学教授一起，调查了当地的野生动植物、土壤和其他环境条件，勘探了能保护游客免受动物、昆虫和强降雨的袭击的乡土建筑形式及其场地位置。他们与 25 个圣何塞村居民在场地上的简单工作室里工作，包括场地设计和规划设计，所有这些都取决于当地技术条件和大量的实地考察内容。当地的居民完全融入整个工作当中，他们废寝忘食，不思昼夜，以至于设计师们不得不和他们一起工作到很晚。设计师还担任临时建筑师和施

该团队与村民一起，应用从附近森林中可持续获得的材料提高当地的建筑技术。

（左图）当地工匠利用被劈开的栲恩特棕榈树（chonta palms）的木条作木屋的墙壁，利用扎塔树（jatata）的叶子作为屋顶。

（右图）村民撕开植物的纤维材料，用作捆绑的扎带。

（上图）他们进行规划设计的桌子是由圣何塞的村民制作的，连同这个临时的住所，供他们睡觉。

（对页图）设计师做出了总体规划和一系列单体建筑的设计。

工监理的工作。在整个设计过程中，他们了解了当地的建筑施工材料，掌握了在当地高温高湿环境中施工时，如何防止建筑材料快速分解的方法，并掌握某些局部小气候环境的特点。设计利用的各种材料都可以持续地从当地的森林中获得，例如栲恩特棕榈可用作小屋的墙壁，而扎塔塔的叶子可以用作屋顶材料。

为应对这里特殊的挑战，如脆弱的生态环境、未接受教育的土著居民，同时为便于游客的集中管理，以及降低项目对该地区的整体影响，设计小组将一组小型建筑集中在了湖边。这使该项目的建设可以很有弹性，并可以根据市场的需求和项目的资金随时进行调整。这个团队还在营销、管理、后勤工作、食物准备和导游等方面对村民进行了培训。

查拉澜湖生态旅游区自 1998 年开业以来，已经由圣何塞人管理了几年，现在生态旅馆有 24 个床位。这里的建筑利用的是太阳能；同时，规划中特别打造的一口浅井给该地区提供丰富的水源。设计的步行路网使游客不管有没有向导，都可以进入周围的雨林中参观和探险。业界普遍认为，生态旅游区的这些设施，不仅能满足游客的需求，同样能满足当地人日常生活需求。2001 年 2 月，当地社区获得了该旅馆的所有权。目前，有 74 个家庭通过参与生态旅游的管理和运营等工作，定期的获得其直接经济利益。

该生态旅游区的风光刊登在北美的几个专业旅游公司的目录里，《户外》（Outside）杂志和《华盛顿邮报》等出版物也为该旅馆做过专题报道。查拉澜湖的环境，是一个有云雾弥漫的湖边低山丛林，因为其完美的道路系统和“巧夺天工之美”，受到了旅行家的极力赞颂，而其小木屋和旅馆被誉为样式新颖且舒服的房屋。它被认为是高档次的景区，而不是图伊奇河对岸的粗野帐篷式的野营房，那些野营房以不可持续的方式运营，造成了环境的退化。

项目成员

项目协调：乔·维埃拉（Joe Vieira）、国际环保组织（Conservation International）

总体规划：DW 设计事务所

总设计师：库尔特·卡伯特森

景观设计：约翰·苏亚雷兹（John Suarez）

项目建筑师：里奇·卡尔（Rich Carr）

委托方：国际环保组织

合作者：吉多·马玛尼（Guido Mamani）、泽农·利马可（Zenon Limaco）和亚力杭德罗·利马可（Alejandro Limaco）、在规划工作中发挥重要作用的旅游企业家和村民

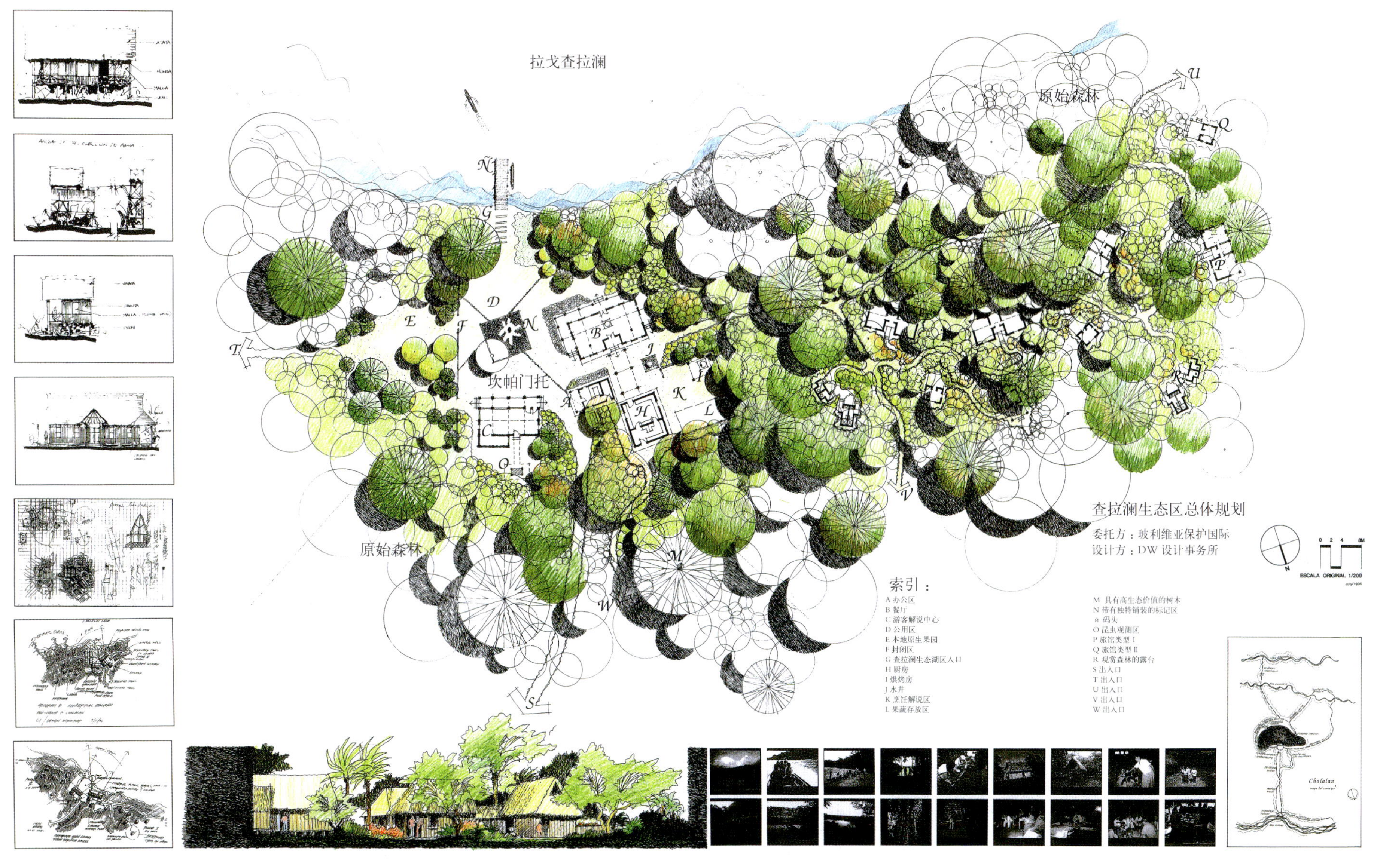

拉戈查拉澜
原始森林
坎帕门托
原始森林
查拉澜生态区总体规划
委托方：玻利维亚保护国际
设计方：DW 设计事务所
ESCALA ORIGINAL 1/200
索引：
A 办公区
B 餐厅
C 游客解说中心
D 公用区
E 本地原生果园
F 封闭区
G 查拉澜生态湖区入口
H 厨房
I 烘烤房
J 水井
K 烹饪解说区
L 果蔬存放区
M 具有高生态价值的树木
N 带有独特铺装的标记区
ñ 码头
O 昆虫观测区
P 旅馆类型 I
Q 旅馆类型 II
R 观赏森林的露台
S 出入口
T 出入口
U 出入口
V 出入口
W 出入口
Chalalan

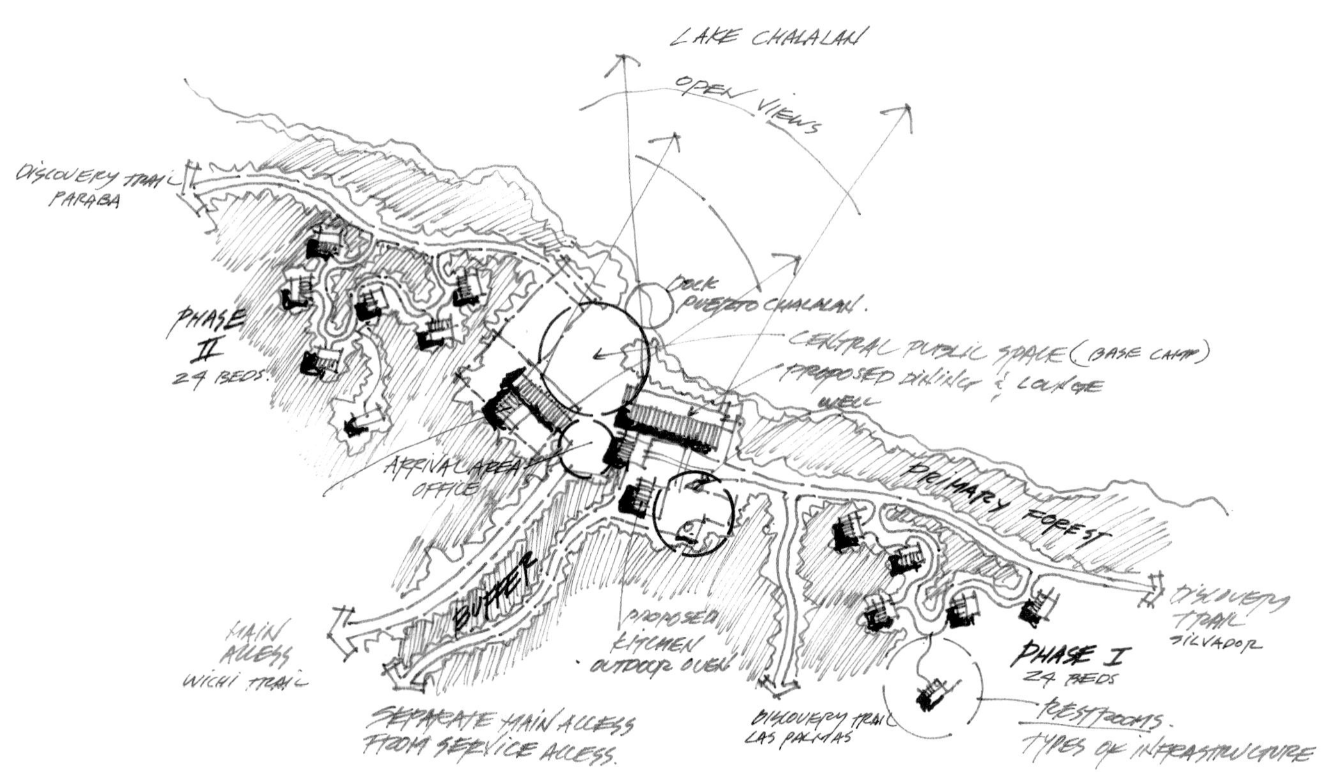

餐馆、休闲建筑坐落在湖边，这样人们能最大范围的欣赏湖边的美景。而单个小屋聚集在森林的穹顶之下，树木的枝叶交错其间，将小木屋掩映在湖边的林中。

为防止木屋被腐蚀，查拉澜湖边的小屋底部都被架空；同时为防止昆虫进入，所有的窗户都配有纱窗。

深度探究

困境：南太浩湖的环境和经济在过去的几十年里逐渐衰退，到 20 世纪 80 年代，积累的问题已经非常棘手。盲目的开发给这个城市带来很多复杂的环境和经济问题。

完美目标：

社区
创建一个全新的公共空间使该镇停止衰退，条带状的开发模式使街道成为人们相互交流的场所，并建设了一个中心集散场地。

环境
通过过滤径流和减少人为干扰，改善湖泊水质；将村庄小道和公共交通连接起来，营造一个适宜散步的村庄，有效减少交通流量和空气污染；保护大树。

经济
通过与滑雪区的连接，改造部分旧城区，将南太浩湖重建为一个度假天堂；公共基金和私人投资共同支持该项目的建设，提高房产价值，增加税收。

艺术
提升建筑环境的风格以匹配该区域的壮丽景观；营造一些鼓励人们进行探索的空间，构建一个能欣赏山峦湖泊景观的有序景观廊道。

主题：居民、官员和开发商一起合作，能克服各种困难，为太浩湖构建一个环境和经济都可持续发展的理想蓝图；这将使人们团结在一起，重新将该地区改造为一个吸引人的胜地。

深度探究：
公园大道的改造

南太浩湖，加利福尼亚州

经济的振兴挽救了国家珍贵的自然环境

概述

太浩湖社区克服了很多环境及经济上的问题，开展了一个耗资2.6亿美元的综合性改造项目，包括建立一个高山滑雪索道和综合转接中心。项目的规划、审核、授权和施工过程共历经11年时间，在这整个过程中，项目团队需要不断加强政府与个人的关系，同时需要与不同利益相关者进行深入谈判。这一公众参与过程说服当地政府为规划提供立法支持，并修订相关条例；同时使政府了解改造后的好处，精心部署发展资金，共同谱写新的未来。规划阐明了死板的环境条例严重阻碍了当地经济发展的事实，规划同时赢得了太浩湖区域规划委员会（the Tahoe Regional Planning Agency, TRPA）和太浩湖保护协会（the League to Save Lake Tahoe）（两个以坚定的环境保护立场而盛名于世的组织）的支持。

历史/背景

20世纪五六十年代，由于具有良好的休闲养生旅游资源，太浩湖区域成为最受加利福尼亚人喜爱的旅游胜地。但接下来的盲目开发给这里风景优美的资源带来巨大灾难。加利福尼亚州政府和内华达州政府为了遏制这种情况的继续恶化，于1969年成立了太浩湖区域规划委员会以及一系列的环保社团组织（如太浩湖保护协会），他们号召制定严格的环境保护条例，并且这些条例要以法

深度探究

案的形式颁布，使其具有权威性。尽管有一系列的法案指导未来的发展，并且都已经落实到位，但是分配下来的资金却远远不能满足这项投资的需求；更严重的是，由于新的规划对环境以及资金挑战严峻，导致几乎没有新的投资商来本地投资。而环境条件也更为恶劣：湖泊水质没有得到改善；太浩湖区域规划委员会没有资金支持环保工作；本镇的经济逐渐衰退；利益相关者之间存在严重的斗争。

1984 年，南太浩湖市要求加利福尼亚州立法机构公布该市为衰退地区，从某种意义上说，这需要立法者进一步扩大衰退地区的定义，从而将环境的衰退也包含进去。衰退区能为该市的发展提供新的力量，它被允许重新成立一个新的再开发委员会，着手环境状况和住户情况的调查，并通过增加税收和发行市政债券，重建一个经济体制以向环保项目出资。

在该委员会的支持下，城市首先建造了一座大使套房酒店（the Embassy Suites Hotel）(1986~1988 年)，这增加了收入也刺激了当地税收。紧接着，天堂滑雪度假区（Heavenly Ski Area）的官员又引入了索道计划，将南太浩湖与滑雪区连接起来。索道建设是关键的工程，它将直接影响“公园大道”的再开发。但在当时，由于经济的衰退和不确定性，不管是天堂滑雪度假区的负责人还是再开发委员会都没有承诺对工程进行投资。

过程

索道的修建面临重重困难。曾有许多规划顾问和开发商都试图改造南太浩湖的部分地区，但是由于环保条例的限制，缺乏资金以及缺乏对未来发展的展望，最终都以失败告终。而本次再开发委员会的成员（包括城市政府官员、属于日本人所有的天堂滑雪度假区的代表人、产权人和开发商）也未能就此事达成一致。值得庆幸的是，委员会仍努力推行该议程，他们和政府达成一致，先修建一个综合性区域，而该区域可以通过未来的索道同天堂滑雪度假区连接起来。以此慢慢实现修建索道的想法。

1992 年，DW 设计事务所承接了该市中心区 34 英亩场地的总体规划项目，他们邀请了众多行业的专家共同组成规划团队，他们包括建筑师、土木工程师、交通规划师、市场研究员和经济学家、土壤科学家、水文学家、乡土植物和树木保护专家、滑雪

Tahoe Aims for Change: From Seedy to Sleek

By Jim Carlton

South Lake Tahoe, Calif.

THIS CROWDED RESORT TOWN is trying to lose its seedy image by going green.

The bustling south shore of Lake Tahoe, unlike the more open and upscale north-shore area, is undergoing an estimated $500 million makeover to replace most of its 1950s and 1960s-era budget motels with sleeker, more environment-friendly buildings. Already in place are an Embassy Suites Resort and two Marriott vacation properties, plus a new $28 million gondola that conveniently whisks skiers from the town's center to the slopes of the nearby Heavenly Ski Resort.

PROPERTY REPORT

The facelift, being paid for with a combination of municipal bonds and California state funds, is winning accolades from environmentalists, among others, because it has been designed to take up as much as a fifth less land space than the earlier construction.

Not only will that bring an aesthetic improvement to the year-round mountain resort, but it is expected to significantly reduce the engine oil and other contaminants that flow with rain and snow runoff into Lake Tahoe on the border between California and Nevada. In recent decades, overdevelopment on Lake Tahoe's shores has turned its famed crystalline waters cloudier.

Richard Shaw/Design Workshop Inc.

This **miniature golf course** *has been torn down to make way for a more upscale South Lake Tahoe.*

"We think the environmental benefits of this project are substantial," says Rochelle Nason, executive director of the League to Save Lake Tahoe, a local environmental group, which had bitterly resisted many other large-scale developments in the past.

The Lake Tahoe redevelopment scheme, following a type of development known as "land intensification," is one of the more ambitious involving this Western tourist attraction. Urban planners say such development, featuring fewer but taller buildings that use less land, could serve as a model to many sprawling urban areas, such as greater Los Angeles.

Blessed by stunning scenery, including Ponderosa pine forests and snow-capped mountains hemming a mirror-like lake, the resort has long been a draw for its hiking and water sports in summer, and skiing in winter. Tahoe's location bordering Nevada, once the only state in the U.S. that allowed casinos, had made it a gambling destination, too.

But the gambling business, some locals say, didn't spur the right kind of development. "A lot of the motels were designed for people to have a roof over their head and a bed so they could go gamble," recalls Lew Feldman, a local attorney who has represented the project's developers, including Marriott.

Outside the casino district, the lakefront began to fill in the 1970s and 1980s with new subdivisions catering to second-home owners. Prompted by a public outcry over the pell-mell growth, the Tahoe Regional Planning Agency was formed in 1970 to rein in development. Given final say on all projects around the lake's entire 72-mile shoreline, the agency succeeded in corralling the region's runaway growth. However, it also came under fire from some motel owners who said it prevented

Please Turn to Page B8, Column 1

Tahoe Aims to Change Seedy, Polluted Ways

Continued From Page B1

them from making modest upgrades to their aging establishments.

Agency officials deny they hampered motels from making improvements and regular maintenance. Planners say that economic problems—caused by a glut of motels—prevented the lodging owners from keeping their property in good repair.

Whatever the cause, South Lake Tahoe had gained such a bad reputation by the 1980s that local officials say their

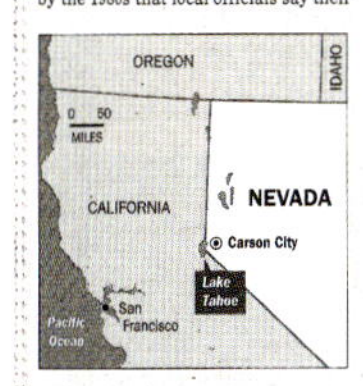

community began to lose tourism business to other resorts. Then, the proliferation of casinos nationwide further siphoned off gamblers.

Meanwhile, during those decades, lake pollution continued. According to the League to Save Lake Tahoe, the lake's cleanliness has declined to the point that the water's clarity has sharply diminished. A white plate that could be seen at 102 feet in 1965 can now be seen at only about 70 feet. In 1997, the region's efforts gained national attention when President Clinton attended a federal government summit here to coordinate various state, county and federal environmental projects in the area, including erosion-control efforts.

"The city of South Lake Tahoe decided they had to change their direction, or they wouldn't have a future," says Richard Shaw, a principal of Design Workshop, an Aspen, Colo., design firm that has helped spearhead the local makeover.

In 1989, city officials declared much of their half-mile motel strip along U.S. Highway 50 (which runs from Maryland's coast to Sacramento, Calif.) a blighted zone and formed a redevelopment agency to clean it up. Using its power of eminent domain, the city demolished about a half-dozen motels and shops lining the edge of U.S. 50 nearest

New **hotels and shops**, *set back from the street, have been designed to fit in with Tahoe's natural surroundings.*

Layne Moss/Design Workshop Inc.

the Nevada border after paying off the owners. Then, in 1990, in place of the tumbledown motels, a 400-room Embassy Suites Resort was built.

The following year, the redevelopment agency commissioned Design Workshop to develop a map for a much larger project on roughly 34 acres of land where nearly two dozen motels, mostly one-story wood-frame buildings with neon signs, and small businesses were situated. The project was endorsed by the local planning agency and environmentalists because it was designed to reduce the footprint of developed land and add retention basins to catch and filter street runoff before it could wash into the lake.

Through the 1990s, however, the city encountered some obstacles in pursuing the plan. Some motel owners sued for, and won, more money after their properties were condemned. Owners of the now-razed Red Carpet Inn, for example, said they managed to increase to $4.1 million from $3.2 million the total the city paid for their property.

More hurdles had to be overcome after the projects were issued construction permits in 1996. For example, the regional planning agency has a 28-foot, or three-story height limit, but the plan called for buildings as high as 76 feet, or six floors, so buildings would take up less land. Developers gained an exemption after showing that the buildings would be set back about 75 feet from the highway so their added height wouldn't obscure mountain views.

Other troubles popped up. For example, the project's principal developer, Maine-based **American Skiing** Co., then-owner of Heavenly Ski Resort announced in early 2000 it was in such financial straits it could no longer back two big vacation-ownership hotels it was planning to build. But Marriott stepped in to take the place of American, which has since sold the resort to Colorado's Vail Resorts. Vail officials said a major reason they decided to buy Heavenly was the redevelopment plan for South Lake Tahoe.

Since then, the redevelopment has proceeded fairly smoothly. In November, Marriott opened its 261-room Timber Lodge and 199-room Grand Residence Club. More attractions, including a new cinema complex and ice-skating rink, are set to open next winter. Across the street on the north side of U.S. 50, a hotel and convention center is planned on property owned mostly by **Harrah's Entertainment** Inc.

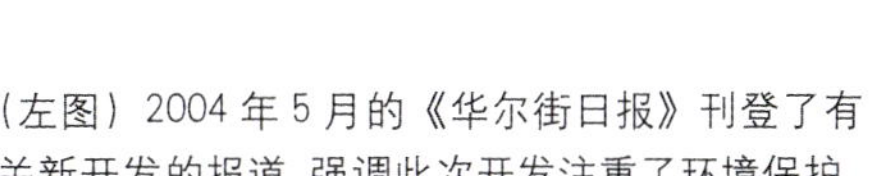

（左图）2004 年 5 月的《华尔街日报》刊登了有关新开发的报道，强调此次开发注重了环境保护。

（右图）早期效果图显示，索道建设在南太浩湖和天堂滑雪度假区之间，通过降低两地间的车流量，减少空气污染。

深度探究

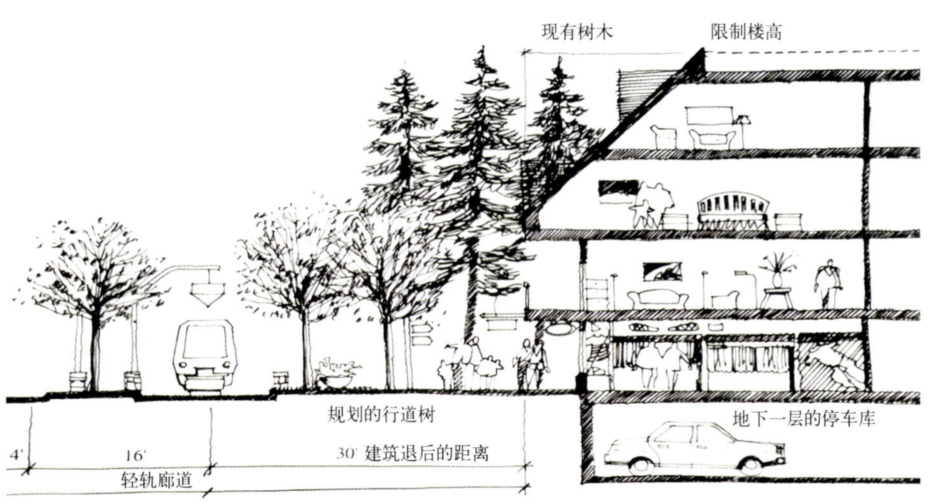

停车场、零售、住宅的垂直分层分布示意图，场地密度必须满足高山索道（位于钟楼之中）和附近交通转换中心的建设。

区规划者和索道工程师。然而，仍有许多因素对该项目造成障碍，包括该地区低迷的经济，和该镇新出现的为滑雪者和赌徒提供的廉价汽车旅馆而产生的破败不堪的名声。好在城市仍然保留了再改造的权利和力量，这使得南太浩湖的改造得以有效进行。

场地分析、政治环境评估、资金供应体制和重新开发的法律地位显示，项目区域是导致湖泊水质恶化的最大污染源，同时也是经济效益最低的地区，许多现存建筑都没有再利用的价值。在这样的情况下，规划团队认识到，这里最需要的是一个有关未来的规划蓝图，该蓝图应否定之前的盲目开发模式，并且能明显推动社区的发展。

第一步是创建一个规划方案，方案中必须使重新开发的支持者能得到经济和市场上的利益。整个规划团队花费了近一年的时间完成了方案的制订，方案要让再开发委员会明白，由太浩湖区域规划委员会颁布的条例在新的规划中不能继续使用。设计团队开始在展示改造可能带来的积极贡献的目的方面，与委员会展开了一系列的非正式洽谈。

实物展示包括在当时环境条例规定下所建成的开发项目模型。为了保护山地景观视线，太浩湖区域规划委员会规定楼高限制在 32 英尺以内，还要求任何新开发的项目都要降低其占地面积。楼高限制意味着建筑不得不在场地平面上扩展，因此占地面积不可能减少。这也意味着没有空间，也就没有太浩湖区域规划委员会希望的宽敞人行道。规划团队阐述可允许高层建筑存在的理由：我们只要将轻轨两面的建筑退后就能保证欣赏山地景观的视线，甚至可以营造专门的景观廊道来强调观景视线，并使构图更具有艺术性。这个模型也说明了太浩湖区域规划委员会禁止地下建筑的建设（考虑到有可能影响到地下水）与建设地下停车场的想法相违背。规划团队也阐释了可以用环保的方式处理一些棘手的问题，比如可以通过在场地内设滞留池、人工湿地，以及降低地下水位等方式来保证排放到湖中的水能达到一定的标准。

为了满足人们利用索道上山滑雪的需求，规划团队提出在靠近索道的地方修建中转中心的想法，能有效减少滑雪度假区的汽车数量，改善空气质量——这后来成为加利福尼亚州给予资助的项目。规划团队为该地区的

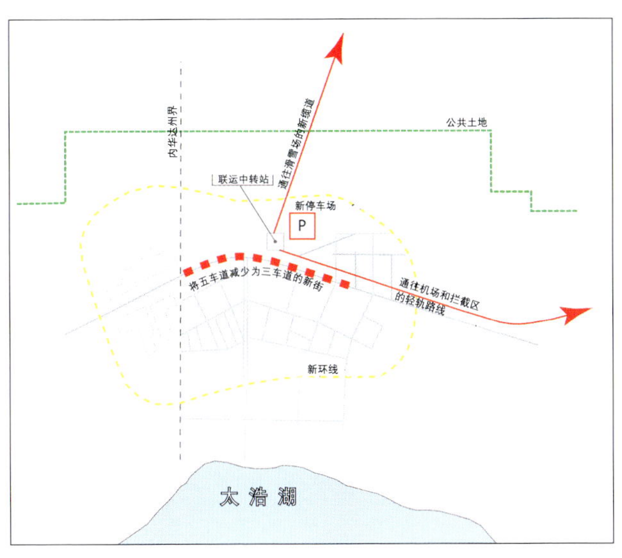

早期的概念包括轻轨和环形道路的设计，方便车辆从 50 号公路下来欣赏该地独特的风景。模型的制作向人们直观展示出，突破建筑高度限制且不遮挡欣赏山地景观视线的设计方式。

通过在场地内营造新公共空间及其连接廊道，改造项目强调了南太浩湖的步行体验。

发展探索了一套新方法，通过引入交通中转站、综合性使用区，以及多种环保措施，规划达到了太浩湖区域规划委员会提出的目标。委员会官员逐渐意识到，在某些方面，他们的法规条例是与风景环境保护的大目标不一致的，他们开始积极地同规划团队一起，重新制定条例以适应新形势的开发。

随着规范制度的松懈和公共支持范围的增大，改造项目中的个人开始在场地上竞争最有利的位置。社区规划帮助指导一系列的再设计，促使利益相关者能深入了解循环模式、公共空间和交通使用的设计等问题。该市投资了5000万美元以保证项目的顺利开发，但仍有一些外部事件干扰项目的进行。1996年，公开募资获得成功，美国滑雪公司认为，当地的商业和酒店资产与天堂滑雪度假区之间的联系对其成功至关重要，于是收购了该度假区和酒店的改造权。该公司具有在山脉上投资的资金，也愿意建设索道。截止到1999年，耗资2800万美元的缆车道修建成功，但场地上除了索道，其他设施仍未修建。滑雪公司在此时遭受到一系列挫折，他们将酒店卖给了成立于2000年的马里奥特集团（Marriott Corporation），并在两年之后，将天堂滑雪区卖给了威尔滑雪度假村（Vail Resorts）。而设计团队在之前就设想到了许多有关制度管理上可能遇到的问题，这使得项目并没有受到太大的影响，并于2002年11月得以重新展开。

结果

该地区的整个再开发项目用了11年时间才算真正建设完成。尽管它在早期就得到公众的支持，但是由于过去在南太浩湖有许多的项目都以失败告终，因此在开发建设过程中人们常常感到绝望，认为它也不会被建成。任何单个团体或者企业都没有能力管理如此大规模的复杂项目，更不用说解决在开发过程中遇到的困难了。有时，唯一理性的行为就是不管遇到什么事情，或是运用什么方式，都要坚定地继续前进，解决当前的问题并相信经过这个过程最终会有很好的结果。该地区的正确经济目标一旦被确立，人们就会团结在规划蓝图周围，与设计团队一起成为解决问题者、协调者和蓝图守护者，如：具有奉献精神的当地人：卢·费尔德曼（Lew Feldman），负责协调公私合作关系的

DISCOVERY
GALLERY

（对页图）索道终点位于两栋新建的、并且底层为零售酒店的建筑之间，其标志是具有钟楼的尖顶。

（上图）新型的私密空间，就像这个小巧精致的泳池，是对大街道景观的一种补充，沿着主干道的车辆入口的去除，扩大了沿街景观面积，使上图这种大街道景观成为可能。

项目律师同时也是再开发委员会理事的杰伊·冯·克鲁格（Jaye Von Klug），和天堂滑雪区副总裁斯坦·汉森（Stan Hanson）等。

最终，这里共建有700间两大类酒店客房，一类是分时度假酒店，另一类是时段所有权的酒店，分类的目的是为了保证该地区能得到长期而稳定的收入。为了加强美感效果，建筑的风格必须与太浩湖山地旅馆的建筑风格类似，并且要与山脉间隔一定距离，这样才能保证风景区优美的景观视线。项目留出20%的住宅作为经济适用房，以满足急切的社会需求和复杂多样的社会结构。项目还促进了其他改造工程，包括街道对面占地19英亩的场地开发。项目还重建了一条两边有许多零散店铺的主干道，该主干道直接通往一处禁止汽车通行的景区，通过零售区和住宅区的兴建和改造，使该地区得到了复兴；美丽的景观大道、能提供休闲和交流场所的公共空间，以及一条连接滑雪山的快速道路（两侧的次级道路入口的数量由27块减少到2块），为进入该地区的人们提供了便利。

相比其他曾在太浩湖实现的项目，这个规划执行了更高的环境标准，所以太浩湖区域规划委员会非常赞赏该规。它的成功之处在于一个整体交通系统的建设，减少了10%的车流量，保护了100多棵的现有成年常绿针叶树，规划还使用开放空间替换了原有的行道树和广告牌，同时利用人工湿地每年过滤掉1000磅的污染物。

项目成员

总体规划：DW设计事务所

总设计师：理查德·肖

项目管理：狄安娜·韦伯、史蒂夫·诺尔（Steve Noll）、泰伯·斯威特（Taber Sweet）

景观设计：盖尔斯·索恩利（Gyles Thornely）、苏珊娜·里奇曼、科里·布鲁克斯（Corey Brooks）、罗布·布里登（Rob Breeden）、里奇·卡尔、里奇·夏普（Rich Sharp）、丹尼斯·乔治（Denise George）

委托方：南太浩湖市再开发委员会、马里奥特集团、天堂滑雪度假区、跨塞拉利昂投资公司（Trans Sierra Investments）

总体规划建筑师：科特尔·格雷比尔·约（Cottle Graybeal Yaw）、荣格·布南楠（Jung Brannen）

建筑师：荣格·布拉米恩建筑事务所（Jung Bramien Architects）、西奥多·布朗（Theodore Brown）及合作者

合作者：卢·费尔德曼/费尔德曼、肖和德沃尔公司

索道将滑雪者带到重新开发的区域，这里建有一系列让人们聚集在一起的开放空间。

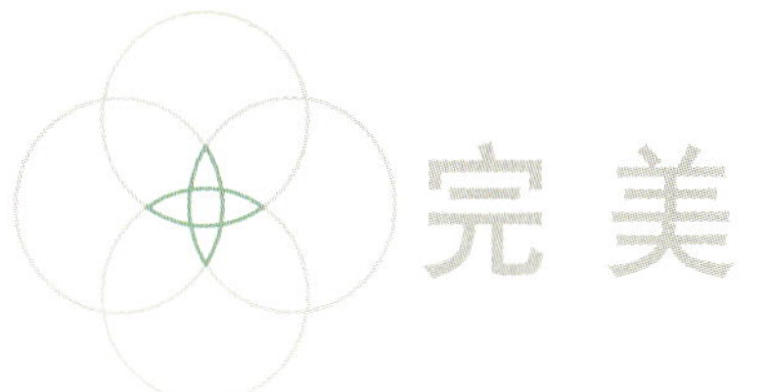

完美

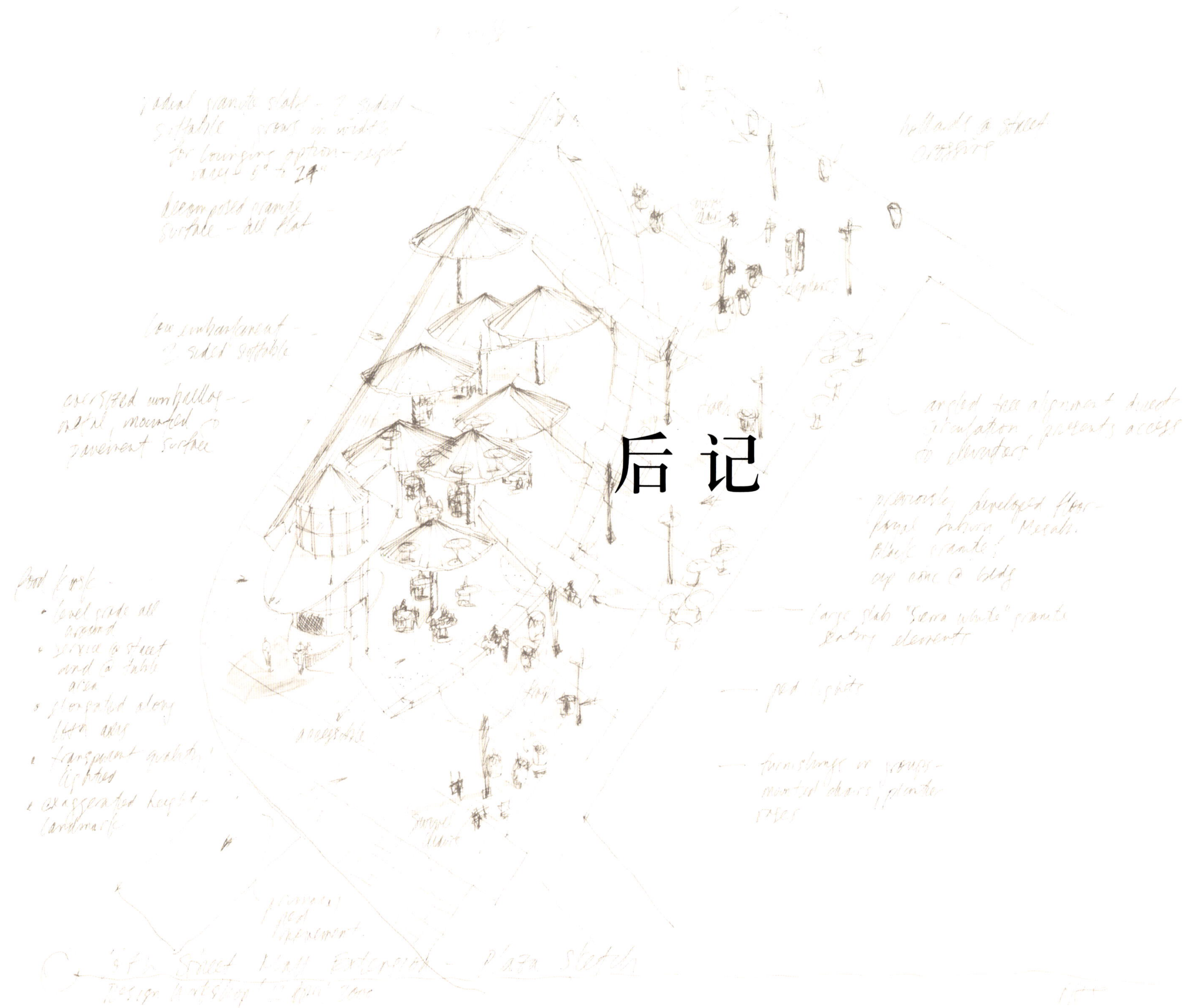

后 记

本书通过讲述历年来我们完成的项目，阐述了完美设计的本质，最重要的是，这也是一本关于人的书——他们为了达到共同的完美设计目标而团结在一起。从一开始，合伙人们就在工作上追求更高的目标，更完美的设计，许多专业人士加入后的这些年，我们公司已经在全美各地和南美洲成立了10多个设计分公司，所有这些分公司同总部有着一致的设计目标和设计理念。工作室的环境氛围让人们聚集在一起，相互学习、相互质疑、共同进步、相互支持，通过逐步的培养，使我们的业务水准更高。我们争取在风景园林、社区规划和城市设计方面做出优秀的成绩。要实现这些，我们需要有大客户、艰巨的项目和团结一致的同事。完美是一种品质，只能经受时间的考验。DW设计事务所从最初创立到现在，经历的岁月比它最初创始人的人生历程还要久远，因为DW设计事务所一直坚持这种设计信念，就是完美的设计需要多代人的努力才能证明完美的价值。完美既不是一个产品也不是一个方法，它是一种思维方式——一种基于信任、透明性和整体性的文化。DW设计事务所的设计师是我们不断向前发展的原动力，他们使公司发展得更高、更远，在我们追求完美之旅的过程中，我们的设计师也会不断追求更高品质的设计。

合伙人

乔·波特：美国景观设计师协会会员（FASLA），于 1969 年合伙创建 DW 设计事务所。波特获得了犹他州立大学景观设计学士学位，伊利诺伊大学硕士学位。他是美国路易斯安那州立大学的景观系和北卡罗来纳州立大学设计学院的助理教授。最近，他又被丹佛科罗拉多大学建筑与规划系聘请为副教授。波特是蒙大拿州和北卡罗来纳州的注册景观设计师，是城市土地协会的正式成员，于 1988 年成为美国景观设计师协会会员。他还是美国景观设计基金会的董事成员之一，同时也是设计创新中心的前任主席。

唐·恩赛因：美国景观设计师协会会员（FASLA），于 1969 年合伙创建 DW 设计事务所。恩赛因获得了犹他州立大学景观学士学位，密歇根大学硕士学位。北卡罗来纳州立大学设计学院的助理教授，犹他州立大学景观设计与环境规划系的讲师。密歇根州和北卡罗来纳州的注册景观师。

库尔特·卡伯特森：美国景观设计师协会会员（FASLA），DW 设计事务所董事长和执行总裁，DW 设计事务所南美洲分公司主席。卡伯特森是路易斯安那州立大学的本科毕业生，在南卫理公会大学获得了地产方面的企业管理硕士学位。他是城市土地协会的正式成员，参与了休闲开发协会，担任过青年企业组织落基山分会的主席。他是敦巴顿橡树园（Dumbarton Oaks）、美国景观设计师协会以及城市设计协会的会员，获得过奥地利维也纳经济大学（Wirtschaft Universitat）的全额奖学金。他目前是人文景观基金会的联合主席，美国亚利桑那州、佛罗里达州、爱达荷州、路易斯安那州、内华达州、新墨西哥州、得克萨斯州、犹他州、弗吉尼亚州和怀俄明州的注册景观设计师。

理查德·W·肖：美国景观设计师协会会员（FASLA），1976 年加入 DW 设计事务所。肖毕业于犹他州立大学，并于哈佛大学设计研究生院获得雅各布·威登曼（Jacob Weidenman）出国旅行奖学金及硕士学位。他是美国城市土地协会的正式成员，营销开发委员会和休闲开发委员会会员。他在哈佛大学设计专业发展系列教学中教授过度假景区设计。他的作品从小尺度的私家花园设计到大尺度的度假景区再开发、规划与设计，获得过多个奖项与表彰。美国景观设计师协会会员，景观基金会董事，亚利桑那州、内华达州以及怀俄明州的注册景观设计师。

格里·奥克斯：DW 设计事务所董事长及首席运营官。1981 年从明尼苏达大学获得学士学位后就加入 DW 设计事务所。并于 1995 年在丹佛的科罗拉多大学获得房地产与建设管理硕士学位。城市土地协会（Urban Land Institute）正式成员，明尼苏达大学的建筑与景观学院董事会成员，景观基金会、美国景观设计师协会（ASLA）总裁圆桌会议董事。科罗拉多房地产委员会及美国景观设计师协会会员，艾奥瓦州注册景观设计师。

丽贝卡·齐默尔曼：研究方向为房地产咨询服务、市场和经济分析以及旅游策划。于 1985 年从三一大学毕业后就加入了 DW 设计事务所。1992 年于丹佛市科罗拉多大学获得企业管理硕士学位，是城市土地协会（Urban Land Institute）正式成员，休闲开发委员会主席，也是城市土地协会房地产学院的讲师。旅行与旅游研究委员会成员。她在旅游策划以及度假景区再开发方面拿到了多个奖项，被《丹佛商业杂志》（Denver Business Journal）收录到 2004 年度土木工程、建筑学、施工领域的名人录，1999 年该杂志评为 40 位最佳商业领袖之一，2000 年被《今天的亚利桑那女性》（Today's Arizona Women）杂志评选为百位杰出亚利桑那州女性企业家之一。

托德·约翰逊：美国景观设计师协会会员（FASLA），1996 年加入 DW 设计事务所。他是 DW 设计事务所史维特斯（Civitas）丹佛分公司的合伙创始人与负责人。他于犹他州立大学获得景观学士学位，并于哈佛大学设计研究生院荣获硕士学位。在哈佛耶路撒冷协会的帮助下，完成了大马士革门区域的城市总体规划，并获得了《进步建筑》年度评奖项目中的城市规划一等奖。他是城市土地协会（ULI）和美国景观设计师协会（ASLA）成员，科罗拉多大学建筑与规划系兼职副教授。

特拉·巴奇：公司新股东，也是 DW 设计事务所盐湖城分公司负责人。他于犹他州立大学获得景观学士学位，并于哈佛大学设计研究生院荣获硕士学位。凭着杰出的设计才能获得了哈佛雅各布·威登曼（Jacob Weidenman）奖。他是 LEED 认证的景观设计师，是城市土地协会（ULI）和美国景观设计师协会（ASLA）会员，也是犹他州的注册景观设计师。

格伦·沃尔特斯：佐治亚大学学士、宾夕法尼亚大学硕士。2002 年加入 DW 设计事务所，其专长是富有创造性的土地规划，景观设计和地产发展。沃尔特斯在宾夕法尼亚大学学习期间，曾获"创造性成就奖"的殊荣。他是通过了绿色建筑设计（LEED）认证的景观设计师，同时也是美国规划协会（APA）、美国景观设计师协会（ASLA）、美国城市土地利用协会（ULI）的会员、景观设计基金董事会董事。他还是佐治亚州、北卡罗来纳州和南卡罗来纳州的注册景观设计师。

吉姆·麦克雷：擅长综合利用发展规划、城镇中心规划、设施规划和新社区规划。1996 年加入 DW 设计事务所。此前 10 年在洛杉矶任 Emmet L. Wemple 联合会项目经理。加利福尼亚理工专科大学景观设计学学士、丹佛科罗拉多大学城市设计专业硕士。曾指导多个景观设计项目，并多次获得殊荣。他是绿色建筑设计（LEED）认证的景观设计师、国际购物中心协会（ICSC）会员，曾多次参加 ICSC 会议。麦克雷还是四个州的注册景观设计师。

杰夫·齐默尔曼：1990 年加入 DW 设计事务所，目前是公司领导团队中的核心人物。擅长山脉与暖季节的度假地规划、高尔夫球场的规划与设计、公园与开放空间规划以及社区发展规划。明尼苏达大学景观设计学学士，在校期间，曾获 ASLA 学生奖殊荣。之后，他继续在哈佛和人力资源管理学专业培训班学习了一些课程。他是美国城市土地利用协会（ULI）、美国高尔夫球场管理总监协会（GCSAA）和美国景观设计师协会（ASLA）会员，科罗拉多州注册景观设计师。

丽贝卡·里昂纳多：2005 年加入 DW 设计事务所，是公司最新的合伙人，目前负责奥斯汀办公室的事物。波尔州立大学建筑学院环境设计专业学士、城市与区域规划硕士。她曾多次参加 APA 会议，并多次担任项目负责人并获 ASLA、APA 和 NAC 奖项。里昂纳多为 APA 科罗拉多分部、科罗拉多规划协会以及健康山脉社区的董事成员。最近被评为 APA 协会成员，形态设计规范协会和新城市会议会员。她也是 LEED 认证的景观设计师，规划、促进以及形态设计规范方面的注册师。

近几年的工作成员

Aboulafia, Sari
Aceto, Nick
Adams, Carol
Adams, Peter
Auffenberg, Marquita
Albert, Mike
Albright, Patricia
Alden, Jeremy
Aldrete, Laura
Alexander, Tiffany
Alexander, Valerie
Al-Hatabeh, Hesham
Allen, Alisa
Allen, Joe
Allen, Tawny
Allis, Ashley
Al-rubaiy, Amir
Alsup, Jim
Amalong, David
Ambron, Corinne
Ames, Lisa
Amore, Richard
Anderson, Eric
Anderson, Kelly
Andreasen, Joseph
Armani, Lorna
Asad, Rafeeq
Atterbury, Chad
Austin, Norecia
Bader, Michael
Bailey, Amanda
Baird, Deborah
Baker, Shannon
Baker, Scott
Balabani, Monica
Balcer, Christian
Balgooyen, Steve
Balzer, Jennifer
Banks, Robin
Barbour, John
Barré, Kirsten
Barrett-Osborne, Hillary
Basso, Cristian
Bathgate, Judy
Battleson, Jay
Bayens, Cari
Beals, Jeramy
Bear, Jennifer
Bedell, Mark
Bell, Dave
Bellville, Linda
Bennish, Christopher
Benton, Emily
Berg, Robb
Bergeron, Kate
Bernard, Eric
Berney, Rachel
Bernotas, Christopher
Betz, Robin
Beyer, Marc
Bhuthimethee, Tara
Blau, Ryan
Blue, Amie
Boesch, Amara
Bogaski, Kathy
Boggs, Zachary
Boik, Jeramy
Boldu, Mariana
Borkovetz, Rick
Borthwick, Bradley
Bousquet, Marla
Boyd, Phyllis
Bradley, Kobi
Bradley, Michael
Braun, Peter
Braun, Rebecca
Breeden, Robert
Brenes, Juan Garcia
Britton, Pamela
Brockwell, Geraldine
Brooks, Corey
Brown, David
Brozo, Steven
Brunet, Thomas
Bruno, Vincent
Budge, Michael
Budge, Terrall
Burkhardt, Roger
Burns, Mimi
Busch, Carmen
Byers, Casey
Byron, Shawn
Byun, HyunJung
Cagnina, Maria
Cahir, Kathryn
Callaway, Darla
Campbell, Craig
Campbell, Jill
Campbell, Sara
Campbell, Cameron
Campos, Pedro
Canfield, Jessica
Cantola, Julie
Capron, Amy
Carlson, David
Carr, Rich
Carrizo, Valeria
Carroll, Pat
Case, Diedra
Castillo, Fernando
Cenzano, Christina
Cerqueira, Andrea
Chanslor, Mary Alison
Charles, Joseph
Chau, Eddie
Chavez, Rosa
Chen, Ting-chieh
Cheri, Robin
Cherny, Larisa
Cheung, Kenneth
Chidgey, Dominic
Chiesa, Alejandra
Chipman, Robert
Chomiak, Scott
Choules, Julie
Christensen, E.
Churchill, Beth
Clark, Erin
Clark, Kate
Cohon, Cindy
Cole, Walter
Colgan, Breena
Collinsworth, Stephanie
Colson, Holly
Condon, Anne
Consiglio, Dina
Conviser, Jack
Cook, Brian
Cook, Troy
Corban, Susan
Corbett, Brian
Cornish, Amy
Costner, Jerod
Cress, K.C.

Culbertson, Kurt
Cullimore, Blake
Curtis, Jim
Czerny, Craig
Dake, Glen
Dallmann, Gustavo
Dapolito, Dana
Daruich, Julia
Davidson, Tracy
Davis, David
Davis, Heather
Delcambre, Carla
Desjardins, Anne
Dewing, Mary
Dillon, Eric
Dimmig, Janna
Dorward, Sherry
Doskocil, Megan
Dowgiallo, Emily
Du, Fenglin
Du, Shaobo
Dwight, Andrew
Egan, Sara
Ehlers, Trevor
Ellis, Dave
Emilie Gravel, Anne
Ensign, Donald
Erickson, Nathan
Erle, Claudia
Escorcia, Kelly
Espinosa, Paula
Espinosa, Megan
Essex, Katherine
Estes, Michelle
Evans, Amy
Evans, Mathew
Faber, Natalie
Faber, Stephen
Fay, Jennifer
Feldmann, Mark
Ferguson, Bruce
Fernandez de Boggs, Isabel
Ferster, Jason
Fish, Benjamin
Fisher, Jack
Fitzgerald, David
Fogle, Jamie
Fontaine, Sara
Foote, Vince
Ford, Daniel
Forry, Shannon
Foss, Marilyn
Fowler, Drake
Fox, Mary
Frailey, Brian
Francis, Kenneth
Frankel, Marjorie
Fredd, Felicia
Frk, Bret
Fry, Katherine
Fuller, Christopher
Gagne, Anna
Gailey, Izzi
Galante, Cherrie
Garcia, Celine
Gardiner, Devin
Garibotti, Laura
Gavalas, George
Gelman, Ariel
George, Denise
Gerring, Geoffrey
Gerstenberger, Hillary
Gildner, Geoff
Giner, Florencia
Giunta, James
Glazier, Christine
Goodner, William
Granade, Pam
Grant, Andrea
Gray, Alan
Gregory, David
Greig, Bruce
Gress, Amber
Grigsby, Stephanie
Grillo, Natalie
Gustafson, Bradley
Haas, Jennifer
Hall, Ty
Hamlin, Caprice
Hammond, Whit
Hamula, Justin
Hanson, Scott
Harding, Bryan
Hardison, Brandon
Hardy, Chrisy
Hare, Charles
Harrington, Teresa
Harris, Luke
Harwood, Trevor
Haswell, Jim
Haughey, Megan
Hauri, Sharen
Hawkes, Jennifer
Hay, Justin
Haynes, John
Hazzard, Bruce
Heath, Jamie
Hebron, Leslie
Hegvik, Emily
Hellund, Paul
Hendrickson, Ken
Henry, Heather
Herd, Chad
Herman, Brenda
Hershberger, Bonny
Hershberger, Mark
Hicks, Jay
Higgins, Megan
High, Lindsay
Himick, Jason
Hindman, Amanda
Hochrein, Joe
Hoden, Ash
Hoetmer, Larry
Hoffman, Michael
Hogan, Matt
Homuth, Sarah
Horchner, Dale
Horn, Claudia Meyer
Hottel, Elyse
Houghton, Amy
Howe, Kimberly
Hoyt, Eliot
Hoyt, Kirby
Huang, Wen
Hubbert, Kimberly
Huerta, Christina
Huey, Larry
Hughes, Gayle
Hulton-Larson, Lindy
Hunsinger, Patricia
Huntington, Javaz
Huo, ZhenZhou
Iadevaia, Will
Ingram, Todd
Isaacson, Elias
Jacobs, Shira
Jaszczak, Ela
Jaszczak, Joanna
Jeffreys, Philip
Jennings, Jill
Jennings, John
Johns, Gregory
Johnson, Dorinda
Johnson, Jerrod
Johnson, Kristofer
Johnson, Natalie
Johnson, Rebecca
Johnson, Scott
Johnson, Todd
Johnson, Nancy
Johnston, John
Johnston, Sophie
Jones-Wilson, Shafee
Jordan, Scott
Junge, Erik
Kalback, Lindsay
Kambic, Kathleen
Kameron, Scott
Kane, Bill
Kearns, Monica
Keefe, SusieBest
Kelley, Sarah
Kelly, Lara
Kennen, Kate
Kenyon, David
Kessel, Laura
Kest, Jarrett
Kiersztyn, Nicole
Kiley, Christopher
Kim, Seung
Kim, YunSoo
Kirby, Kevin
Kirby, Lisa
Kirk, Catherine
Kirschner, Lisa
Kitkrailard, Wiriya
Kjolseth, Silvia
Klein, Thomas
Klever, Chad
Kmetzsch, Justin Carl
Kneisel, Connie

Knightley, Angela
Koh, Moon-Gi
Kolberg, Judy
Kone, Alex
Koske, Philip
Koto, Karl
Kring, Rebecca
Kronenwetter, Angie
Kruse, Alexis
Kvarfordt, Kristofor
Ladner, Conners
Lagarrigue, Juan
Lamprell, Susan
Landis, Matthew
Langdon, Micah
Langhart, Karen
Lares, Dee
Larson, Bill
Larson, Michael
Larson, Heather
Lasek, Matt
Laser, Ginger
Lassiter, Allison
Layton, Dinah
Lee, Linda
Lee, Eunjeng
Lee, HaeIn
Lee, Insil
Leib, Karrie
Leijonhufvud, Jenny
Lendon, David
Leonard, Gregory
Leonard, Rebecca
Liechty, David
Lilyblade, Sara
Lindars, Scott
Liu, Yu-ju
Liu, Yuwen
Locke, Nancy
Lopez, Juliana Maria
Lopez, Mark
Lusi, Mike
MacKinnon, Lorelei
MacRae, James
Madden, Matthew
Madden, Nicole
Majcher, Todd
Malby, Sean
Mannelly, Brian
Mansfield, Jacqueline
Mardones, Cristian
Marquis, Matthew
Martignoni, Maria Jimena
Martin, Sophie
Massey, Kurt
Mathe, Carol
Mathis, Joseph
Mathis, Sam
Matsuda, Tetsu
Mattil, Marcy
McCall, Derek
McCown, Ken
McCubbin, MaryBeth
Mcginnis, Cathy
McGrew, Julie
McGuire, Lisa
McKeown, Keith
McLean, Scott
McMenimen, Jeff
McMillan, Meg
McMurray, Erik
Meacci, Grant
Meeker, Andy
Mendenhall, Allyson
Meriwether, Melanie
Merkl, Stacey
Meyer, Drew
Michael, Jesse
Mikkelson, Kristi
Milano, Matthew
Miles, Leigh Ann
Miles, Matthew
Miller, Laura
Miller, Suzanne
Mills, Jennifer
Milnes, Daniel
Misheau, Anne
Mitchell, Shannon
Mitchell, Michael
Mitton, James
Mizer, Heath
Molins, Maria
Molska, Kasia
Mondragon, Anna
Monteith, Nancy
Monteverde, Monique
Montgomery, Kim
Moore, Ethan
Moran, Jennifer
Morgan, Devon
Morgan, Heather
Moschetti, Andrea
Moses, Val
Moss, Layne
Mouzo, Sebastian
Moyse, Shari
Muir Owen, Sara
Mulholland, Alison
Mullen, Steve
Mullins, Ann
Murphy, Chad
Murray, Cecilia
Murray, Jocelyn
Nakano, Deb
Naknakorn, Ekpanith
Naus, Stacy
Navarro, Judith
Neale, Steven
Neder, Mariela
Negretti, Glenn
Nelson, Aaron
Nevins, Bob
Newman, Gweneth
Nicholas, David
Nichols, Lynn
Noble, Josh
Nolan, Rebecca
Noll, Steve
North, Peter
Norwood, Carrie
Oaksford, Emily
Oberliesen, Susan
Ochis, Gregory
Ochis, Heidi
Oden, Hunter
Okuma, Faith
Olson, Katherine
O'Meilia, Katy
Oost, Dennis
O'Rourke, Valerie
Ortiz, Marcos
Ortiz, Sebastian
Owen, Cameron
Owen, Travis
Oz-Golden, Liza
Padalino, Timothy
Page, Jan
Palmberg, Britt
Parker, Douglas
Parker, Jordan
Paul, Marie
Peck, Sarah
Peralta, Carla
Perkins, William
Pero, Nino
Peters, Scott
Petersen, Kirsi
Pickett, Jennifer
Pierce, Benjamin
Pinto, Cristhian
Pitenko, Olga
Pitts, James
Porter, Joe
Porter, Margaret
Price, Rose Marie
Prosperi, Juliana
Pruett, Theresa
Pulsipher, Marcus
Putra, Angga
Raber, Cynthia
Rachmawati, Kartika
Raol, Susan
Rashbaum, Lisa
Redcay, Brittain
Reich, Bill
Rhoades, Conrad
Rice, Jennie
Richman, Suzanne
Riera, Ana
Rilzeff, Kathy
Robertson, Jonathan
Rocha, Adrian
Rodgers, Robyn
Roggenburk, Betsy
Roman, Michael
Roverud, Eric
Rovzar, Mariana
Ruggeri, Deni
Ruhland, Kelly
Russig, Cornelia
Ryan, Marc
Sachs, Sarah
Sager, Marsha

Sanderson, Wayne
Sandridge, Jim
Sands, Alesha
Santana, Luiz Sergio
Santana, Peggy
Sanzone, Sheri
Sauve, Sophie
Saw, Olivia
Saydek, John
Scarpitti, Christina
Schenk, Patty
Schildwachter, Meredith
Schmidt, Melanie
Schneiderman, Leah
Schoeder, Todd
Schroder, Max
Schuler, Dee
Schwellenbach, Susan
Scott, Jill
Scovell, Shannon
Seely, Becky
Segura, Carolina
Serna, Suzanne
Serquis, Solange
Sevy, Sara
Shade, Coleen
Sharp, Rich
Shaw, Karen
Shaw, Richard
Shaw, Sarah
Shawaker, Matt
Shi, Xiangdong
Shoplick, Jane
Silveira, Pablo
Silverman, Laura
Simon, Keith
Simpson, Kelly
Sippy, Jacob
Siroky, Jared
Slifer, Seth
Sloop, Caitlin
Smiley, Stephanie
Smith, Karla
Smith, Kelan
Smith, Reshelle
Smith, Scott
Smith, Terri
Smith, Les
Smith, Scott
Snyder, Thomas
Soares, Tattana Maria
Socha, Roger
Soden, Mark
Somerfeldt, Cheryl
Son, Glenda
Soper, Nicholas
Souza, Aaron
Sparks, Will
Spears, Steven
Sperat, Carol
Squadrito, Paul
Stach, Glenn
Stacishin-Moura, Elizabeth
Staley, William
Stander, Marilee
Starcher, Amanda
Staroska-McCoy, Jenny
Steinberg, Marcy
Stenquist, Tina
Stepp, Paula
Stevens, Michael
Stevens, Patti
Stevens, Tom
Stewart, Greg
Stokes, Jacqueline
Storheim, Steven
Strachan, Kim
Stutzman-Solitario, Leslie
Suarez, John
Supawongse, Chon
Sutherland, Annie
Sutherland, Jennifer
Sutterfield, Chris
Swanson, Kim
Sweet, Taber
Sylvester, Dana
Szabo, Trimbi
Szot, Amanda
Tablada, Michael
Takeuchi, Lin
Tanner, James
Tanniehill, Ramona
Tarbet, Jennifer
Tautges, Alan
Taylor, Scott
Tennian, Sarah
Teo, Lai-teck
Tepper, Laura
Tepper, Rachel
Thiltgen, Anne
Thomas, Briana
Thomas, Henry
Thompson, Linda
Thornely, Gyles
Thurlow, Alexis
Tidbeck, Elin
Tie, Sara
Timmer, Julie
Timmons, Sean
Titera, Emily
Tolderlund, Leila
Toliver, Merrilee
Toneatto, Andres
Tremblay, Emilienne
Trivedi, Dipti
Troukens, Philippe
Truesdale, Kristy
Trujillo, Bruce
Turner, Kristin
Turner, Rebecca
Tutkaluk, Kat
Vaca, Alfredo
Valinotto, Maria Cecilia
VanDerWal, Benny
VanGilder, Jennifer
VanWoerkom, Jessica
Variava, Binaifer
Vehige, Donald
Velasquez, Alvaro
Vincent, Sulin
Viola, Sylvie
Vogele, Ad
Vora-Akhom, Kotchakorn
Walls, Curtis
Wallstrom, Pete
Walsh, Chris
Walsh, Kristen
Walters, Glenn
Wang, Fan
Wang, Jinglan
Ware, Charles
Washburn, Lori
Watada, Stuart
Waters, Missy
Watters, Emie
Way, Gregg
Weber, Deanna
Wells, Andrew
Wells, Joe
Wenskoski, Todd
Wescoat, Chappell
Wesselman, Rick
Westermann, Marcelo
White, Kristen
Wick, Myron
Wilkinson, Dick
Williams, Kimberly
Wilson, Pamela
Winters, Alexis
Witherspoon, Gregory
Wittman, Matt
Wohlfarth, Jeff
Wolf, Anna
Wolfgang, Greg
Wood, Carlie
Wood, Jerome
Wood, Aaron
Woodruff, Julie
Woodruff, Douglas
Woods, Linda
Worthley, Gary
Wright, Kristi
Wyda, Stephen
Wyszynski, Brandon
Yamada, Sergio
Yela, Allison
Yoshimura, Daisuke
Young, Jessie
Zimmermann, Jeffrey
Zimmermann, Rebecca
Zinn, Rebecca
Zodrow, Michelle

参考文献

Adler, Mortimer. *The Time of Our Lives,* New York : Holt, Rinehart and Winston, 1970.

Aguilar, Orson. *Why I Am Not an Environmentalist*, http://www.alternet.org/envirohealth/22002/ May 17, 2005.

Anderson, Ray. *Mid-Course Correction,* White River Junction: Chelsea Green Publishing, 1998.

Bacon, Edmund N. *Design of Cities,* New York: Viking Press, 1967.

Baudrillard, Jean. *Simulacra and Simulation,* Ann Arbor: University of Michigan Press, 1994.

Carter, Stephen L. *Civility: Manners, Morals, and the Etiquette of Democracy*, New York: Basic Books, 1998.

Christensen, Clayton M., Anthony, Scott D., and Roth, Erik A. *Seeing What's Next*, Boston: Harvard Business School Press, 2004.

Cronon, William. *Uncommon Ground: Rethinking the Human Place in Nature,* New York: W.W. Norton & Company, Inc., 1996.

Daly, Herman E. *Beyond Growth: The Economics of Sustainable Development,* Boston: Beacon Press, 1996.

DeBord, Guy. *The Society of the Spectacle,* New York: Zone Books, 1994.

Diamond, Jared. *Guns Germs and Steel,* New York: W.W. Norton & Company, Inc., 1996.

Doppelt, Bob, *Leading Change Toward Sustainability*, Sheffield: Greenleaf Publishing, 2003.

Doxiadis, Constantine. *Anthropolis: City for Human Development,* New York. Norton, 1974.

________. *Ecology and Ekistics,* Boulder, Colorado: Westview Press, 1977.

________. *Ekistics: An Introduction to the Science of Human Settlements,* London: Hutchinson, 1968.

Gardner, Howard. *Changing Minds: The Art and Science of Changing Our Own and Other People's Minds,* Boston: Harvard Business School Press, 2004.

Gladwell, Malcolm. *Blink: The Power of Thinking Without Thinking,* New York: Little, Brown and Company, 2005.

________. *Tipping Point*, Boston: Little, Brown and Company, 2000.

Grove, Andrew S. *Only the Paranoid Survive: How to Exploit the Crisis Points that Challenge Every Company,* New York: Currency Doubleday, 1999.

Hegemann, Werner, and Elbert Peets. *The American Vitruvius: An Architects' Handbook of Civic Art,* New York: Princeton Architectural Press, 1988 reprint.

Jacobs, Jane. *The Death and Life of Great American Cities,* New York: Random House, 1961.

_______. *Systems of Survival: A Dialog on the Moral Foundations of Commerce and Politics,* New York: Random House, 1992.

_______. *The Nature of Economies,* New York: Modern Library, 2000.

Kemmis, Daniel. *Community and the Politics of Place*, Norman, Okla.: University of Oklahoma Press, 1990.

Klaus, Susan L. *A Modern Arcadia: Frederick Law Olmsted Jr. and the Plan for Forest Hills Gardens,* Amherst: University of Massachusetts Press, 2002.

Kuhn, Thomas, *The Structure of Scientific Revolutions*, Chicago: University of Chicago Press, 1970.

Kunstler, James Howard. *The Geography of Nowhere,* NewYork: Simon & Schuster, 1993.

McHarg, Ian. *Design with Nature,* Garden City, N.Y.: Natural History Press, 1969.

May, Rollo. *The Courage to Create,* New York: W.W. Norton & Company, Inc., 1975.

Naisbitt, John. *Megatrends,* New York: Warner Books, 1982.

Olsen, Joshua. *Better Places, Better Lives: A Biography of Jim Rouse,* Washington, D.C.: Urban Land Institute, 2003.

Porter, Joe. "Collaborative Community-Building," *Practicing Planner,* Vol. 2, No. 4, Winter 2004. http://www.planning.org/practicingplanner/member/04winter/case1.htm

Putnam, Robert D. *Bowling Alone: The Collapse and Revival of American Community*, New York: Simon & Schuster, 2000.

Ray, Paul and Sherry Anderson. *The Cultural Creatives,* New York: Harmony Books, 2000.

Root-Bernstein, Robert and Michele. *Sparks of Genius*, Boston: Mariner Books, 2001.

Schama, Simon. *Landscape and Memory,* New York: Vintage Books, 1994.

Schon, Daniel. *The Reflective Practitioner: How Professionals Think in Action*, New York: Basic Books, 1983.

Schwartz, Peter. *The Art of the Long View: Planning for the Future in an Uncertain World*, New York, Doubleday, 1991.

Senge, Peter, Otto C. Schwarmer, Joseph Jaworski and Betty Sue Flowers. *Presence, Human Purpose and the Field of the Future,* Cambridge: The Society for Organizational Learning, 2004.

Shaw, George Bernard. *Man and Superman: A Comedy and A Philosophy,* Baltimore, Maryland: Penguin Books, 1931. First published 1903.

Shaw, Sarah Chase. *New Gardens of the American West,* New York: Watson Guptill, 2004.

Sorkin, Michael. *Some Assembly Required,* Minneapolis: University of Minnesota, 2001.

Surowiecki, James. *The Wisdom of Crowds: Why The Many Are Smarter Than the Few and How Collective Wisdom Shapes Business, Economies, Societies, and Nations*, New York: Doubleday, 2004.

Thoreau, Henry D. *The Natural History Essays*, Salt Lake City: Peregrine Smith Books (reprint), 1980.

Treib, Marc. "Must Landscapes Mean? Approaches to Significance in Recent Landscape Architecture," *Landscape Journal*, Vol. 14: No. 1, 1995.

Unwin, Raymond. *Town Planning in Practice: An introduction to the art of designing cities in suburbs,* New York: Princeton Architectural Classic Reprint, 1994 (originally published in 1909).

Yankelovich, Daniel. *Coming to Public Judgment: Making Democracy Work in a Complex World,* Syracuse, N.Y.: Syracuse University Press, 1991.

______. *The Magic of Dialogue*, New York: Simon and Schuster, 1999.

致 谢

在本书完成之际，我们要对DW设计事务所中为本书的出版付出心血的以下同仁们表示衷心的感谢：负责该书策划、出版的托德·约翰逊；花费大量时间和心血组织编辑工作的乔·波特；首先提出著书想法的库尔特·卡伯特森；负责该书校对、审核工作的格雷格·奥克斯、唐·恩赛因、理查德·肖和丽贝卡·齐默尔曼。此外，感谢佩默·布里顿——高效团队的培训师——在本书的编写过程中给了我们很大的帮助。托德·温斯克斯奇，从最初策划该书时就给予了指导性的建议，并帮助形成了书的整体框架。感谢之前的员工马克·瑞恩，他完成了该书第一稿的平面排版工作。感谢那些帮助我们收集资料，整理资料，或者是提供资料的同仁，他们是：吉姆·麦克雷、苏·施韦仑巴赫、安娜·蒙德拉贡、约翰·苏亚雷斯、格雷格·威瑟斯庞、费恩·欧库马、马克·沙沃克、朱迪·科尔伯格、克里斯汀·特纳、卡罗尔·斯贝尔特、布雷特·法兰克福、琳达·汤普森、唐·因赛、多瑞·约翰逊、鲍·凯格林纳、科比·浩特、汤姆·森德、珍妮弗·凡·吉尔得、扎克·博格斯、蕾拉·托德纳得。感谢那些帮助修改书中图片的同仁，他们是：凯迪卡·瑞奇麦瓦迪、苏珊妮·塞尔纳、尼诺·佩罗、大卫·里奇、科斯·麦克欧恩、杜凤林、杰西·迈克尔、营·张、姆吉·苏梅、卡罗琳娜·塞古拉、南希·蒙提斯、罗伯特·麦苏达。感谢本书评审员，其中内部评审员包括：尼诺·佩罗、凯利·卢兰得、克兰·史密斯、娜塔莉·格里诺。外部评审员包括：我们之前的合作者迪克·威尔金森和文斯·福特、哈佛设计学研究院的卡尔·斯坦尼兹、奥斯汀得克萨斯大学的福尔兹·斯坦纳、查芬/光亮房产公司创始人吉姆·查芬、凯瑞 & 斯塔布律师事务所律师韦恩·凯瑞、VOA助理研究员景观设计师瑞贝·罗伯特、美国国家公园局查尔斯·博巴姆、伊利诺伊大学吉姆·维斯特、景观设计师比尔·约翰逊、经济学家迈克尔·霍夫曼，以及作家乔伊·瀚金。许多DW设计事务所外的同仁也给予了本书很多帮助，他们为我们提供案例的背景资料，使其更加准确和翔实，他们帮助的项目和他们的名字如下：

生命的果园：德里·威格瑞恩，来自索米尔社区土地信托机构

黑梳山：格雷格·格里菲斯，摄影家

峡谷森林村：格兰德·詹米基，韦恩·凯瑞

查拉澜生态小屋项目：斯蒂芬·爱德伍德，来自保护国际，以及摄影家塞尔吉奥·巴依维安

彻罗基的再次开发：丹佛公共图书馆的瑰·德拉蒙德·格里格，西部历史摄影协会会员

克拉克县湿地公园：拉斯韦加斯瓦舍合作委员会伊丽莎白·贝克莫、美国地质勘探所帕特·格兰斯、克拉克县公园和社区服务所的布鲁斯·斯利特和杰夫·哈里斯

有关“连接”的议题：佐治亚州萨凡纳历史社会学院曼迪·约翰逊

弗拉特黑德县总体规划：弗拉特黑德区域规划办公室前任副主任汤姆·詹茨、保护同盟合伙人马蒂·泽勒、冬季运动有限公司前任主席迈克尔·科尼斯，以及维兹社区的斯蒂夫·穆恩

比尔特摩庄园的旅馆：比尔特摩庄园的凯瑟琳·摩西

25号州际高速公路保护走廊：科罗拉多伟大户外协会的内特·弗斯特、摄影师约翰·菲尔德

小奈尔：科罗拉多巴索尔特的科特卡优设计协会的约翰·科特尔

有关“自然”的议题：加利福尼亚州汉福德国王县图书馆的加利·卢卡斯

匹兹堡二战纪念馆：慈善资源团体的切利尔·凯瑞、令人尊重的约翰·G·布鲁斯基、斯坦尼·J·罗曼和雕刻师拉里·柯克兰

里奇盖特：科罗拉多州孤树发展办公室

滨河公园：科罗拉多州历史社会协会瑞贝卡·林特兹

核桃溪野生生物保护地：美国鱼类和野生生物保护署的戴夫·谢斐尔和马克·马克森恩

我们非常感谢你们对本书的帮助和指导！

项目名称及索引

所获奖项

DW 设计事务所在众多专业设计团体中享誉美名，被认为是一家富有创造力和想像力的规划设计公司。下列所列事项为 DW 事务所曾获得的奖项。

The Village at Ribbon Creek, Kananaskis County, Alberta, Canada, Merit Award, Colorado Chapter - American Society of Landscape Architects, 1982

North Village at Mt. Crested Butte, Colorado, Honor Award, Colorado Chapter - American Society of Landscape Architects, 1984

Castle Rock Master Plan, Castle Rock, Colorado, Merit Award, Colorado Chapter - American Society of Landscape Architects, 1985

Village at Blue Mountain, Collingwood, Colorado, Honor Award Colorado Chapter - American Society of Landscape Architects, 1985

The Meadows, Castle Rock, Colorado, Merit Award, Colorado Chapter - American Society of Landscape Architects, 1986

Wolf Creek Valley, Mineral County, Colorado, Honor Award Colorado Chapter - American Society of Landscape Architects, 1986

Canyon Village Lodging Redevelopment, Yellowstone National Park, Honor Award, Colorado Chapter - American Society of Landscape Architects, 1987

Seventh Street Esplanade, Glenwood Springs, Colorado, Merit Award, Colorado Chapter - American Society of Landscape Architects, 1987

Berger Residence, Aspen, Colorado, Merit Award, Colorado Chapter - American Society of Landscape Architects, 1988

Cherry Creek Redevelopment, Denver, Colorado, Merit Award, Colorado Chapter - American Society of Landscape Architects, 1988

Red Mesa Communication, Denver, Colorado, Merit Award, Colorado Chapter - American Society of Landscape Architects, 1988

Estrella New Community, Goodyear, Arizona, Merit Award, Colorado Chapter - American Society of Landscape Architects, 1989

Kananaskis Village, Alberta, Canada, Merit Award, Colorado Chapter - American Society of Landscape Architects, 1989

Kananaskis Village, Alberta, Canada, National Regional Merit Award, Canadian Society of Landscape Architects, 1989

Getz Residence, Aspen, Colorado, Honor Award, Colorado Chapter - American Society of Landscape Architects, 1990

Little Nell Hotel, Aspen, Colorado, Honor Award, Colorado Chapter - American Society of Landscape Architects, 1990

The Hills Park Las Vegas, Nevada, Merit Award, Colorado Chapter - American Society of Landscape Architects, 1991

Bow Canmore Visual Impact Assesment, Alberta, Canada, Merit Award, American Society of Landscape Architects – National, 1991

Banff Downtown Enhancement Conceptual Plan, Alberta, Canada, 1st Place, International Design Competition, 1992

Banff Downtown enhancement Conceptual Plan, Alberta, Canada, National Citation Award, Regional Merit Award, Canadian Society of Landscape Architects, 1992

Bow Canmore Visual Impact Assesment, National Merit Award, Regional Honor Award, Canadian Society of Landscape Architects, 1992

Aguas Claras Minas, Gerais, Brazil, Honor Award, Colorado Chapter - American Society of Landscape Architects, 1992

Banff Downtown Enhancement Conceptual Plan, Alberta, Canada, Honor Award, Colorado Chapter – American Society of Landscape Architects, 1992

Rosa Vista Resort Community, Urban Design Citation, Progressive Architecture, 1993

Summerlin New Community, Nevada, Gold Nugget Merit Award for Best Community Site Plan, Pacific Coast Builders, 1993

The Hills at Summerlin, Las Vegas, Nevada, Merit Award, Arizona Chapter – American Society of Landscape Architects, 1993

Special Events Piece, New Year's Card, Gold Award, Society for Marketing Professional Services, 1994

Special Market Brochure, Gold Award, Society for Marketing Professional Services, 1994

Snowmass Ski Area, Colorado, Ski Area Award, Colorado Chapter – American Society of Landscape Architects, 1994

Starr Pass,Tucson, Arizona, Merit Award, Arizona Chapter – American Society of Landscape Architects, 1994

Verde River Greenway, Cottonwood, Arizona, Honor Award, Arizona Chapter – American Society of Landscape Architects, 1994

Loveland: In the Nature of Things report, Colorado, Merit Award, Colorado Chapter – American Society of Landscape Architects, 1995

Special Events Piece, New Year's Card, Gold Award, Society for Marketing Professional Services, 1995

Special Market Brochure, Silver Award, Society for Marketing Professional Services, 1995

Flathead County Master Plan, Montana, Honor Award, Colorado Chapter – American Society of Landscape Architects, 1995

High Desert Community, Albuquerque, New Mexico, Honor Award, Colorado Chapter – American Society of Landscape Architects, 1995

Maricopa Association of Governments Desert Spaces Plan, Arizona, Merit Award, Arizona Chapter – American Society of Landscape Architects, 1995

Mill Creek, Illinois, Honor Award, Illinois Chapter – American Society of Landscape Architects, 1995

The Life and Times of George Edward Kessler, Research & Communication Merit Award, Colorado Chapter – American Society of Landscape Architects, 1995

Town of Vail Comprehensive Open Lands Plan, Colorado, Merit Award, Colorado Chapter – American Society of Landscape Architects, 1995

Snake River Basin Plan, Colorado, Outstanding Efforts in Smart Growth and Development, Colorado Governor's Award, 1995

Little Nell Base Redevelopment, Aspen, Colorado, Award of Excellence, Urban Land Institute, 1995

Flathead County Regional Master Plan, Montana, Merit Award, American Society of Landscape Architects – National, 1995

North Lake Tahoe Tourism Development Master Plan, California, Merit Award, American Society of Landscape Architects – National, 1995

Town of Vail Comprehensive Open Lands Plan, Colorado, Merit Award, American Society of Landscape Architects – National, 1995

Town of Vail Comprehensive Open Lands Plan, Colorado, Honor Award, Colorado Chapter – American Planning Association, 1995

Direct Mail Piece, Corporate Announcements, Silver Award, Society for Marketing Professional Services, 1996

Donnell Residence, Jacobs Residence, New Mexico, Western Garden Design Award of Excellence, Sunset magazine, 1996

Special Events Piece, New Year's Card, Gold Award, Society for Marketing Professional Services, 1996

Clark County Wetlands Park, Nevada, Excellence in Communications, Landscape Architecture Magazine, 1996

Clark County Wetlands Park, Nevada, President's Award of Excellence, Colorado Chapter – American Society of Landscape Architects, 1996

I-25 Conservation Corridor Plan, Colorado, Merit Award, Colorado Chapter – American Society of Landscape Architects, 1996

Los Padillas Elementary School, New Mexico, Honor Award, Colorado Chapter – American Society of Landscape Architects, 1996

Santa Fe County Visual Inventory and Analysis, New Mexico, Honor Award, Colorado Chapter – American Society of Landscape Architects, 1996

McDowell Mountain Ranch, Scottsdale, Arizona, Merit Award, Pacific Coast Builders Gold Nugget Awards, 1996

Design Workshop, Inc., Company of the Year, Service category, Colorado Association of Commerce and Industry, Colorado Business magazine, Coopers & Lybrand L.L.P., 1996

San Luis Valley Trails and Recreation Master Plan, Colorado, Smart Growth Award, Colorado Governor's Office, 1996

Santa Fe County Visual Inventory and Analysis, New Mexico, Smart Growth Award, Colorado Governor's Office, 1996

McDowell Mountain Ranch Community Center & Trails, Scottsdale, Arizona, Environmental Excellence Award of Merit, Valley Forward Association, 1996

Las Campanas Golf Clubhouse, Grand Award, National Association of Home Builders, 1996

Barr Lake Conservation Vision, Colorado, Land Stewardship Award, Colorado Chapter – American Society of Landscape Architects, 1997

Rio Grande Botanic Garden, Award of Excellence, New Mexico chapter – American Society of Landscape Architects, 1997

Los Angeles River Corridor, California, Honor Award for Communication, American Society of Landscape Architects, 1997

Rocky Mountain Arsenal National Wildlife Refuge, Commerce City, Colorado, Honor Award, Colorado Chapter – American Society of Landscape Architects, 1997

San Luis Valley Trails and Recreation Master Plan, Colorado, Honor Award, Colorado Chapter – American Society of Landscape Architects, 1997

I-25 Conservation Corridor, Colorado, Smart Growth Award, Colorado Governor's Office, 1997

Clark County Wetlands Park, Nevada, Merit Award, American Society of Landscape Architects, 1997

Maricopa Association of Governments Desert Spaces Plan, Arizona, Environmental Excellence Award of Merit, Valley Forward Association, 1997

South "Y" Transit Transfer Station, South Lake Tahoe, California, Helen Putnam Award - Public Works & Transportation Excellence, League of California Cities, 1997

W.A. Hover Building (Denver office of Design Workshop), Community Preservation Award, Historic Denver Inc., 1997

Barelas Streetscape, Albuquerque, New Mexico, Community Award of Excellence City of Albuquerque Environmental Planning Commission, 1997

High Desert Community, Albuquerque, New Mexico, Community Award of Excellence, City of Albuquerque Environmental Planning Commission, 1997

High Desert Sustainable Community, Award of Honor, New Mexico Chapter – American Society of Landscape Architects, 1997

Ski Tip Town Homes, Award of Merit for Best Condo/ Attached Home, PCBC/ Western Building Show and Builder Magazine, 1997

Tesuque Residence, Award of Excellence, New Mexico Chapter – American Society of Landscape Architects, 1997

Arbolera de Vida Master Development Plan (Sawmill Neighborhood), President's Award of Excellence for Planning and Urban Design, Colorado Chapter – American Society of Landscape Architects, 1998

Chalalan Ecolodge, Merit Award for Design, Colorado Chapter – American Society of Landscape Architects, 1998

Commons Neighborhood, Honor Award for Planning and Urban Design, Colorado Chapter – American Society of Landscape Architects, 1998

"Landschaft und Gardenkunst: The Contribution of German-Americans to the Development of American Landscape Architecture" research project, Research & Communication Merit Award, Colorado Chapter – American Society of Landscape Architects, 1998

Platte Canyon Outdoor Resource Master Plan, Smart Growth and Development Award, Colorado Governor's Office, 1998

Canyon Forest Village Master Plan, Merit Award, American Society of Landscape Architects – National, 2000

Pikes Peak Resource Plan Management, Merit Award, American Society of Landscape Architects – National, 2000

Arbolera de Vida, Community Building by Design Award, American Institute of Architects / HUD, 2001

La Posada Resort and Spa, Honor Award, New Mexico chapter - American Society of Landscape Architects, 2001

The Colony at White Pines, President's Award of Excellence, Colorado Chapter - American Society of Landscape Architects, 2002

Redstone Parkside, 2002 Award of Merit for Design/Planning, The Envision Utah – Governor's Quality Growth Award, 2002

Superstition Area Land Trust and Superstition Area Land Plan, Award of Merit, Valley Forward Association, 2002

Lake Tahoe Sand Harbor Restoration and Facilities Upgrade, Merit Award, Washoe County Design Awards Program, 2002

Summerlin, Merit Award, Awards for Excellence: New Community, Urban Land Institute, 2002

Mesdag Residence, Honor Award, Colorado Chapter - American Society of Landscape Architects, 2002

Light Residence, Merit Award, Colorado Chapter - American Society of Landscape Architects, 2002

Wexner Residence, Honor Award, Colorado Chapter - American Society of Landscape Architects, 2002

Wise Residence, Honor Award, Colorado Chapter - American Society of Landscape Architects, 2002

Stock Farm, Merit Award and Land Stewardship Award, Colorado Chapter - American Society of Landscape Architects, 2002

Fitzsimmons Army Base Redevelopment, Award for Technology-led Economic Development, U.S. Department of Commerce, 2003

The Commons/ Riverfront Park, Charter Award, Congress for the New Urbanism, 2003

Rocks at Reatta Pass, Best Community Site Plan, Gold Nugget Award, Pacific Coast Builders, 2003

Grand Junction Veterans Cemetery, Exceptional Design Services, Division of Veteran Affairs, 2003

Santa Fe Community College District Plan and The Villages of Rancho Viejo, Innovation in Private Zoning, New Mexico chapter – American Planning Association, 2003

Goldwater Boulevard Tributary Wall, Honor Award, Arizona ASLA, 2003

16th Street Mall Extension, Honor Award for Urban Design, Colorado Chapter - American Society of Landscape Architects, 2003

Fitzsimmons Army Base Redevelopment, Merit Award for Planning, Colorado Chapter - American Society of Landscape Architects, 2003

Rancho Viejo Water Management Manual, Honor Award and Land Stewardship for Planning, Colorado Chapter - American Society of Landscape Architects, 2003

Crown Residence, Merit Award, Colorado Chapter - American Society of Landscape Architects, 2003

Pole Residence, Merit Award, Colorado Chapter - American Society of Landscape Architects, 2003

Teton Club, Merit Award, Colorado Chapter - American Society of Landscape Architects, 2003

Tessler Residence, Merit Award, Colorado Chapter - American Society of Landscape Architects, 2003

Dorros Residence, Merit Award, Colorado Chapter - American Society of Landscape Architects, 2003

Marriott Grand Residence Club, California Construction, Best of 2003

Rocks at Pinnacle Peak Multi-Family Residential, Crescordia Environmental Excellence Award, Valley Forward Association, 2003

Kierland Commons, Site Development and Landscape Design - Commercial Plazas, Crescordia Environmental Excellence Award, Valley Forward Association, 2003

Rocks at Pinnacle Peak, Best Community Site Plan (0 to 15 Years), Award of Merit Excellence and Value, Gold Nugget Awards Program, Pacific Coast Builders, 2003

Lair of the Golden Bear Family Camp, University of California, Berkeley, Merit Award, Northern California Chapter - American Society of Landscape Architects, 2004

Dorros Residence, Award of Excellence (Regional Awards), Sunset Western Gardens Design Award, 2004

Aspen Sundeck, Merit Award for Planning, Gold Nugget Award, Pacific Coast Builders, 2004

The Inn on Biltmore Estate, Award of Excellence (Large-Scale Projects), North Carolina Chapter - American Society of Landscape Architects, 2004

Kierland Commons, Honor Award, Arizona Chapter - American Society of Landscape Architects, 2004

Rocks at Pinnacle Peak, Merit Award, Arizona Chapter - American Society of Landscape Architects, 2004

Santa Fe Community College District Master Plan, Merit Award, Colorado Chapter - American Society of Landscape Architects, 2005

Gardens on El Paseo, Merit Award, Colorado Chapter - American Society of Landscape Architects, 2005

Union Park Design Guidelines, Honor Award, Colorado Chapter - American Society of Landscape Architects, 2005

Private residence, Aspen, Colorado, Honor Award, Colorado Chapter - American Society of Landscape Architects, 2005

Book/monograph, Marketing Excellence Award, Colorado Chapter - Society for Marketing Professional Services, 2005

Nevada Department of Transportation, Project of the Year, Nevada Chapter - American Society of Landscape Architects, 2005

Mesa Arts Center, Tempe, Arizona, Award of Excellence, Urban Land Institute, 2006

Private residence, Denver, Colorado, Dream Garden Award, Sunset magazine, 2006

图片来源

除非以下特别注明，所有照片版权均归 D.A.Horchner/Design Workshop 所有，所有插图均归 Design Workshop 所有。

位置注释如下：(a) 上，(b) 下，(l) 左，(c) 中，(r) 右

目录

005 (l) © Sergio Ballivian

前言

013 Design Workshop
018 (l) Design Workshop
021 Tom Craig/Opulence Studios, Inc.

第 1 章　自然

030 (l) NASA photo
031 © Sime/eStock Photo
032 © Wendy Shattil/Bob Rozinski
033 Photograph in permanent collection of the Kings County Library, Hanford, CA. Also part of the San Joaquin Valley and Sierra Foothills Photo Heritage Project.
036 Design Workshop
039 (l) Design Workshop
041 (b) Design Workshop
043 Design Workshop
051 © Willard Clay
057 Photograph by John Fielder
069 Courtesy of U.S. Geological Survey
071 Courtesy of U.S. Geological Survey

第 2 章　场地

078 (l) © Julia Timmer
080 © Michael S. Yamashita/CORBIS
083 © Royalty Free/Corbis
088 Design Workshop
089 Courtesy of City of Albuquerque
093 © Greg Griffith/ Mountain Moments Photography
094 Design Workshop
095 (r) © Greg Griffith/ Mountain Moments Photography
098 © Greg Griffith/ Mountain Moments Photography
099 (l) © Greg Griffith/ Mountain Moments Photography
100 Used with permission, Biltmore Estate, Asheville, NC.
121 (a) Photo Courtesy of The Charitable Resources Group, Sewickley, PA.; (bl) Photo Courtesy of Judge John G. Brosky; (br) Photo Courtesy of Stanley J. Roman
122 (a) Design Workshop (b) Map from Greater Pittsburgh Convention and Visitors Bureau (www.visitpitts-burgh.com)
123 Design Workshop
125 Design Workshop
127 Design Workshop
128 Design Workshop

第 3 章　社区

132 (l) © Margaret Bourke-White/ Time Life Pictures/Getty Images
133 Design Workshop
134 © John Loengard/Time Life Pictures/Getty Images
140 (a) © Eagle's Eye Photo Imaging, Albuquerque, NM
146 Design Workshop
150 © Jay Simon
151 Illustration by Carl Dalio/carldalio.com
162 (a, b) Design Workshop
167 Illustration by William Rotsaert for Rancho Viejo de Santa Fe, Inc.
168 Design Workshop

第 4 章　连接

177 (a) Courtesy of the Georgia Historical Society, Savannah; (b) © Veer Images
178 (a) Photo courtesy of DigitalGlobe; (b) "Illustration" by Elliot Arthur Pavlos, from DESIGN OF CITIES by Edmund Bacon, copyright © 1967, 1974 by Edmund N. Bacon. Used by permission of Penguin, a division of Penguin Group (USA) Inc.
179 © Bob Krist/CORBIS
180 © Lester Boswell/ Getty Images
191 (bl) Courtesy of Cottle Carr Yaw Architects; (al, ar, br) Design Workshop
192 Design Workshop
193 (b) Design Workshop
194 (l) Design Workshop
206 Denver Public Library, Western History Collection, X-24537
208 Denver Public Library, Western History Collection, X-24514
212 Illustrations by Sneary Architectural Illustration
214 Image, Courtesy of Colorado Historical Society (F26,913), All Rights Reserved
215 Image, Courtesy Colorado Historical Society (Map G4314D4A5, 1874, G5a), All Rights Reserved
217 Landiscor, Inc.
222 © Dann Coffey/danncoffey.com
224 Illustrations by Sneary Architectural Illustration

第 5 章　引领改变

229 (l) Design Workshop ; (c) Drawing by Jeffery Joyce
230 © WalterDaran/HultonArchive/ Getty Images
231 © 1959 Arnold Newman
232 © Phil Schermeister/CORBIS
234 Illustration by Sneary Architectural Illustration
236 Design Workshop
237 © CORBIS
238 (a) Design Workshop ; (b) © Kevin R. Morris/CORBIS
243 © Court Leve/Gravity Hook
248 Base map courtesy of Coconino County US Geological Survey
249 Design Workshop
251 (l) Drawings by Jeffery Joyce
252 Conservation International
253 Conservation International
254 © Joe Vieira
255 © Joe Vieira
256 Design Workshop
259 Conservation International
262 (a, c) © Tahoe Daily Tribune; (b) Design Workshop
263 (l) Reprinted by permission of The Wall Street Journal, Copyright © 2003, Dow Jones & Company, Inc. All Rights Reserved Worldwide. Lic#1377740437120
265 (br) Design Workshop